"十三五"国家重点图书出版规划项目

智能制造
系|列|丛|书

虚拟现实与增强现实技术

赵罡 刘亚醉 韩鹏飞 肖文磊 编著

VIRTUAL REALITY
AND AUGMENTED REALITY

清華大學出版社
北京

图书在版编目(CIP)数据

虚拟现实与增强现实技术/赵罡等编著. —北京：清华大学出版社，2022.4 (2024.8 重印)
(智能制造系列丛书)
ISBN 978-7-302-59654-7

Ⅰ. ①虚… Ⅱ. ①赵… Ⅲ. ①虚拟现实 Ⅳ. ①TP391.98

中国版本图书馆 CIP 数据核字(2021)第 249684 号

责任编辑：袁 琦 王 华
封面设计：李召霞
责任校对：赵丽敏
责任印制：杨 艳

出版发行：清华大学出版社
网 址：https://www.tup.com.cn，https://www.wqxuetang.com
地 址：北京清华大学学研大厦 A 座　　**邮 编**：100084
社 总 机：010-83470000　　**邮 购**：010-62786544
投稿与读者服务：010-62776969，c-service@tup.tsinghua.edu.cn
质量反馈：010-62772015，zhiliang@tup.tsinghua.edu.cn
印 装 者：涿州市般润文化传播有限公司
经 销：全国新华书店
开 本：170mm×240mm　　**印 张**：14.75　　**字 数**：293 千字
版 次：2022 年 4 月第 1 版　　**印 次**：2024 年 8 月第 3 次印刷
定 价：79.00 元

产品编号：079369-01

智能制造系列丛书编委会名单

Foreword | 丛书序 1

制造业是国民经济的主体，是立国之本、兴国之器、强国之基。习近平总书记在党的十九大报告中号召："加快建设制造强国，加快发展先进制造业。"他指出："要以智能制造为主攻方向推动产业技术变革和优化升级，推动制造业产业模式和企业形态根本性转变，以'鼎新'带动'革故'，以增量带动存量，促进我国产业迈向全球价值链中高端。"

智能制造——制造业数字化、网络化、智能化，是我国制造业创新发展的主要抓手，是我国制造业转型升级的主要路径，是加快建设制造强国的主攻方向。

当前，新一轮工业革命方兴未艾，其根本动力在于新一轮科技革命。21世纪以来，互联网、云计算、大数据等新一代信息技术飞速发展。这些历史性的技术进步，集中汇聚在新一代人工智能技术的战略性突破，新一代人工智能已经成为新一轮科技革命的核心技术。

新一代人工智能技术与先进制造技术的深度融合，形成了新一代智能制造技术，成为新一轮工业革命的核心驱动力。新一代智能制造的突破和广泛应用将重塑制造业的技术体系、生产模式、产业形态，实现第四次工业革命。

新一轮科技革命和产业变革与我国加快转变经济发展方式形成历史性交汇，智能制造是一个关键的交汇点。中国制造业要抓住这个历史机遇，创新引领高质量发展，实现向世界产业链中高端的跨越发展。

智能制造是一个"大系统"，贯穿于产品、制造、服务全生命周期的各个环节，由智能产品、智能生产及智能服务三大功能系统以及工业智联网和智能制造云两大支撑系统集合而成。其中，智能产品是主体，智能生产是主线，以智能服务为中心的产业模式变革是主题，工业智联网和智能制造云是支撑，系统集成将智能制造各功能系统和支撑系统集成为新一代智能制造系统。

智能制造是一个"大概念"，是信息技术与制造技术的深度融合。从20世纪中叶到90年代中期，以计算、感知、通信和控制为主要特征的信息化催生了数字化制造；从90年代中期开始，以互联网为主要特征的信息化催生了"互联网＋制造"；当前，以新一代人工智能为主要特征的信息化开创了新一代智能制造的新阶段。

这就形成了智能制造的三种基本范式,即:数字化制造(digital manufacturing)——第一代智能制造;数字化网络化制造(smart manufacturing)——“互联网+制造”或第二代智能制造,本质上是“互联网+数字化制造”;数字化网络化智能化制造(intelligent manufacturing)——新一代智能制造,本质上是“智能+互联网+数字化制造”。这三个基本范式次第展开又相互交织,体现了智能制造的“大概念”特征。

对中国而言,不必走西方发达国家顺序发展的老路,应发挥后发优势,采取三个基本范式“并行推进、融合发展”的技术路线。一方面,我们必须实事求是,因企制宜、循序渐进地推进企业的技术改造、智能升级,我国制造企业特别是广大中小企业还远远没有实现“数字化制造”,必须扎扎实实完成数字化“补课”,打好数字化基础;另一方面,我们必须坚持“创新引领”,可直接利用互联网、大数据、人工智能等先进技术,“以高打低”,走出一条并行推进智能制造的新路。企业是推进智能制造的主体,每个企业要根据自身实际,总体规划、分步实施、重点突破、全面推进,产学研协调创新,实现企业的技术改造、智能升级。

未来20年,我国智能制造的发展总体将分成两个阶段。第一阶段:到2025年,“互联网+制造”——数字化网络化制造在全国得到大规模推广应用;同时,新一代智能制造试点示范取得显著成果。第二阶段:到2035年,新一代智能制造在全国制造业实现大规模推广应用,实现中国制造业的智能升级。

推进智能制造,最根本的要靠“人”,动员千军万马、组织精兵强将,必须以人为本。智能制造技术的教育和培训,已经成为推进智能制造的当务之急,也是实现智能制造的最重要的保证。

为推动我国智能制造人才培养,中国机械工程学会和清华大学出版社组织国内知名专家,经过三年的扎实工作,编著了“智能制造系列丛书”。这套丛书是编著者多年研究成果与工作经验的总结,具有很高的学术前瞻性与工程实践性。丛书主要面向从事智能制造的工程技术人员,亦可作为研究生或本科生的教材。

在智能制造急需人才的关键时刻,及时出版这样一套丛书具有重要意义,为推动我国智能制造发展做出了突出贡献。我们衷心感谢各位作者付出的心血和劳动,感谢编委会全体同志的不懈努力,感谢中国机械工程学会与清华大学出版社的精心策划和鼎力投入。

衷心希望这套丛书在工程实践中不断进步、更精更好,衷心希望广大读者喜欢这套丛书、支持这套丛书。

让我们大家共同努力,为实现建设制造强国的中国梦而奋斗。

周济

2019年3月

Foreword | 丛书序 2

技术进展之快，市场竞争之烈，大国较劲之剧，在今天这个时代体现得淋漓尽致。

世界各国都在积极采取行动，美国的“先进制造伙伴计划”、德国的“工业 4.0 战略计划”、英国的“工业 2050 战略”、法国的“新工业法国计划”、日本的“超智能社会 5.0 战略”、韩国的“制造业创新 3.0 计划”，都将发展智能制造作为本国构建制造业竞争优势的关键举措。

中国自然不能成为这个时代的旁观者，我们无意较劲，只想通过合作竞争实现国家崛起。大国崛起离不开制造业的强大，所以中国希望建成制造强国、以制造而强国，实乃情理之中。制造强国战略之主攻方向和关键举措是智能制造，这一点已经成为中国政府、工业界和学术界的共识。

制造企业普遍面临着提高质量、增加效率、降低成本和敏捷适应广大用户不断增长的个性化消费需求，同时还需要应对进一步加大的资源、能源和环境等约束之挑战。然而，现有制造体系和制造水平已经难以满足高端化、个性化、智能化产品与服务的需求，制造业进一步发展所面临的瓶颈和困难迫切需要制造业的技术创新和智能升级。

作为先进信息技术与先进制造技术的深度融合，智能制造的理念和技术贯穿于产品设计、制造、服务等全生命周期的各个环节及相应系统，旨在不断提升企业的产品质量、效益、服务水平，减少资源消耗，推动制造业创新、绿色、协调、开放、共享发展。总之，面临新一轮工业革命，中国要以信息技术与制造业深度融合为主线，以智能制造为主攻方向，推进制造业的高质量发展。

尽管智能制造的大潮在中国滚滚而来，尽管政府、工业界和学术界都认识到智能制造的重要性，但是不得不承认，关注智能制造的大多数人(本人自然也在其中)对智能制造的认识还是片面的、肤浅的。政府勾画的蓝图虽气势磅礴、宏伟壮观，但仍有很多实施者感到无从下手；学者们高谈阔论的宏观理念或基本概念虽至关重要，但如何见诸实践，许多人依然不得要领；企业的实践者们侃侃而谈的多是当年制造业信息化时代的陈年酒酿，尽管依旧散发清香，却还是少了一点智能制造的气息。有些人看到"百万工业企业上云,实施百万工业 APP 培育工程"时劲头十足,可真准备大干一场的时候,又仿佛云里雾里。常常听学者们言,CPS(cyber-physical systems,信息-物理系统)是工业 4.0 和智能制造的核心要素,CPS 万不能离开数字孪生体(digital twin)。可数字孪生体到底如何构建?学者也好,工程师也好,少有人能够清晰道来。又如,大数据之重要性日渐为人们所知,可有了数据后,又如何分析?如何从中提炼知识?企业人士鲜有知其个中究竟的。至于关键词"智能",什么样的制造真正是"智能"制造?未来制造将"智能"到何种程度?解读纷纷,莫衷一是。我的一位老师,也是真正的智者,他说:"智能制造有几分能说清楚?还有几分是糊里又糊涂。"

所以,今天中国散见的学者高论和专家见解还远不能满足智能制造相关的研究者和实践者们之所需。人们既需要微观的深刻认识,也需要宏观的系统把握;既需要实实在在的智能传感器、控制器,也需要看起来虚无缥缈的"云";既需要对理念和本质的体悟,也需要对可操作性的明晰;既需要互联的快捷,也需要互联的标准;既需要数据的通达,也需要数据的安全;既需要对未来的前瞻和追求,也需要对当下的实事求是……如此等等。满足多方位的需求,从多视角看智能制造,正是这套丛书的初衷。

为助力中国制造业高质量发展,推动我国走向新一代智能制造,中国机械工程学会和清华大学出版社组织国内知名的院士和专家编写了"智能制造系列丛书"。本丛书以智能制造为主线,考虑智能制造"新四基"[即"一硬"(自动控制和感知硬件)、"一软"(工业核心软件)、"一网"(工业互联网)、"一台"(工业云和智能服务平台)]的要求,由 30 个分册组成。除《智能制造:技术前沿与探索应用》《智能制造标准化》《智能制造实践》3 个分册外,其余包含了以下五大板块:智能制造模式、智能设计、智能传感与装备、智能制造使能技术以及智能制造管理技术。

本丛书编著者包括高校、工业界拔尖的带头人和奋战在一线的科研人员,有着丰富的智能制造相关技术的科研和实践经验。虽然每一位作者未必对智能制造有全面认识,但这个作者群体的知识对于试图全面认识智能制造或深刻理解某方面技术的人而言,无疑能有莫大的帮助。本丛书面向从事智能制造工作的工程师、科研人员、教师和研究生,兼顾学术前瞻性和对企业的指导意义,既有对理论和方法的描述,也有实际应用案例。编著者经过反复研讨、修订和论证,终于完成了本丛书的编写工作。必须指出,本丛书肯定不是完美的,或许完美本身就不存在,更何况智能制造大潮中学界和业界的急迫需求也不能等待对完美的寻求。当然,这也不能成为掩盖丛书存在缺陷的理由。我们深知,疏漏和错误在所难免,在这里也希望同行专家和读者对本丛书批评指正,不吝赐教。

在"智能制造系列丛书"编写的基础上,我们还开发了智能制造资源库及知识服务平台,该平台以用户需求为中心,以专业知识内容和互联网信息搜索查询为基础,为用户提供有用的信息和知识,打造智能制造领域"共创、共享、共赢"的学术生态圈和教育教学系统。

我非常荣幸为本丛书写序，更乐意向全国广大读者推荐这套丛书。相信这套丛书的出版能够促进中国制造业高质量发展，对中国的制造强国战略能有特别的意义。丛书编写过程中，我有幸认识了很多朋友，向他们学到很多东西，在此向他们表示衷心感谢。

需要特别指出，智能制造技术是不断发展的。因此，“智能制造系列丛书”今后还需要不断更新。衷心希望，此丛书的作者们及其他的智能制造研究者和实践者们贡献他们的才智，不断丰富这套丛书的内容，使其始终贴近智能制造实践的需求，始终跟随智能制造的发展趋势。

2019年3月

Preface | 前言

虚拟现实技术和增强现实技术为制造业中的产品设计、智能制造、测量装配等环节提供了新工具和新方法，对促进现代制造业的转型升级显示出巨大潜力。笔者自2002年在国外从事博士后研究时开始接触虚拟现实技术，回国以后又在姚福生院士支持下，得以持续开展研究。近年来课题组依托北京航空航天大学"虚拟现实技术与系统国家重点实验室"和"航空高端装备智能制造技术工信部重点实验室"，围绕虚拟现实技术和增强现实关键核心技术及其在智能制造领域的应用开展了积极探索，与航空航天等龙头企业合作，承担和参与了多项国家级和省部级项目，积累了一些应用体会。

本书对虚拟现实技术和增强现实技术理论及其在制造领域的应用进行了由浅入深的介绍，并结合课题组多年的项目开发经验给出了一些实际应用案例。主要内容如下。第1章描述了虚拟现实技术和增强现实技术的发展历史以及国内外的研究现状，并对虚拟现实和增强现实系统进行了分类说明，最后对虚拟现实技术和增强现实技术在不同领域的应用进行了概述。第2章阐述了模型的表达方式和工业交换标准，并对虚拟现实技术和增强现实技术中采用的图形绘制技术进行了介绍。第3章对航空航天智能制造领域经常涉及的大规模CAD模型的绘制关键技术进行了重点论述，分别阐述了大规模CAD模型的预处理方法、模型剔除和自适应绘制、数据压缩和实时绘制以及沉浸式绘制技术。第4章简要介绍了增强现实技术使用的摄像机模型和投影变换，重点阐述了三维跟踪注册技术。第5章针对工业制造场景缺乏纹理注册特征的难题，重点阐述了课题组在基于直线特征和轮廓特征的三维注册技术所做的工作。第6章对虚拟现实技术和增强现实技术开发过程中常用的内核引擎和开发平台进行了介绍，基于此可以快速地开发虚拟现实和增强现实原型系统。第7章介绍了虚拟现实技术和增强现实技术在数字孪生中的应用，提供了课题组实施的3个典型案例，案例在国内航空企业进行了验证。第8章对虚拟现实技术和增强现实技术在制造领域不同环节的应用进行了介绍。

全书由赵罡和肖文磊负责整体策划和编写，刘亚醉负责第2、3、7章内容以及第1、6、8章部分内容撰写，韩鹏飞负责第4、5章内容以及第1、6、8章部分内容撰写。书中部分内容涉及一些课题组已经毕业的博士生的论文工作，包括谈敦铭、薛俊杰、曹宪、戴晟等，在此一并感谢。全书书稿由刘亚醉进行统一整理和编辑。

虚拟现实与增强现实技术发展快，涵盖范围广，相关的书籍也有很多。本书涉及的只是其在智能制造中的一部分典型应用技术，管中窥豹，算是抛砖引玉。虽然笔者尽了很大努力，但水平所限，不妥之处仍在所难免，敬请同行专家学者和广大读者批评指正。

特别感谢虚拟现实技术与系统国家重点实验室赵沁平院士对课题组长期以来的指导和支持！感谢中国商飞北研中心许澍虹研究员为本书提供的部分技术资料和长期以来的深度合作与支持！同时也感谢清华大学出版社责任编辑袁琦和王华两位老师的辛勤付出！

赵　罡

2021年10月

Contents | 目录

第1章

绪 论

1.1 VR与AR的概念

1.1.1 VR与AR的定义

虚拟现实(virtual reality,VR)技术是一种利用计算机技术模拟生成三维空间虚拟环境,并为用户提供多种逼真的感官体验(包括视觉、听觉、触觉等)的真实感模拟技术。虚拟现实技术作为仿真技术的一个重要分支,综合了多种现代科学技术,包括计算机图形学、互联网技术、人机接口技术、多媒体技术等,是一门具有挑战性的交叉科学技术。虚拟现实环境能够为用户提供与真实环境高度相似的体验,仿佛身临其境一般。除此之外,用户借助于头戴式设备、触觉手套等外部设备,可以与虚拟现实环境进行实时交互,动态改变虚拟现实场景,实时接收虚拟现实环境提供的多种类型的反馈,从而更进一步地提高用户在虚拟现实环境中的体验。

虚拟现实需要具备的3个特征包括:沉浸感(immersion)、交互性(interactivity)和想象力(imagination),也称为虚拟现实的3I特征(I为描述3个特征的英文词汇的首字母)[1]。

1. 沉浸感

沉浸感主要描述的是用户在虚拟现实环境下的真实感程度。理想的虚拟现实环境应当具有高度的沉浸感,让用户无法分清楚虚拟环境与真实环境,使其在虚拟环境中的感受与在真实环境中的感受一致,使得用户能够全身心地在虚拟现实环境中进行操作。

2. 交互性

交互性是指用户能够在虚拟环境中对物体进行操作,并且得到操作反馈。交互性涉及虚拟环境中的对象在真实环境中物理现象的模拟,用户对物体的操作必须符合现实世界的物理规律,否则会给用户造成对周围环境理解的困扰。除此之外,实时性是衡量交互性好坏的主要指标之一。实时性越高,在与虚拟场景进行交互时感受的延迟越小,用户体验就越好,反之亦然。

3. 想象力

想象力指的是用户在虚拟现实环境中应当具备高度灵活、可扩展的想象空间。虚拟现实除了对真实环境的模拟之外，还允许用户在虚拟现实环境中进行想象，构造一些现实环境下不存在的场景，能够让用户从想象的环境中获取现实环境下无法获得的知识，从而提高人类对现实环境的认知。

图 1-1　增强现实实例

增强现实（augmented reality，AR）技术是一种实时地计算摄像机的位置及姿态并在摄像机捕捉到的真实场景的画面上叠加相应虚拟信息的技术。它将虚拟信息（包括计算机生成的图形、文字、声音、动画等）实时地叠加到由相机捕捉到的现实画面之上，以达到对真实世界进行增强的目的。如图 1-1 所示，一个虚拟花盆被叠加渲染到一幅图像之上，该图像是由相机拍摄得到的真实世界图像，通过调整虚拟花盆的渲染位姿和尺度，可以在视觉上给人一种“虚拟花盆存在于真实世界中”的逼真体验，达到虚实融合效果。

1.1.2　VR 与 AR 的发展简史

虚拟现实技术的发展经历 4 个阶段：

1. 探索阶段（20 世纪 30 年代—60 年代）

虚拟现实这个词语最早出现在 20 世纪 30 年代斯坦利 · G. 温鲍姆（Stanley G. Weinbaum）的科幻小说《皮格马利翁的眼镜》[2]中，该书被认为是探索虚拟现实的第一部科幻作品。该书介绍了以全息护目镜为基础的虚拟现实系统。

20 世纪 50 年代，由电影摄影师莫顿 · 海利希（Morton Heiling）构想并创造了一个能够为人类所有感官提供体验的设备，并于 1962 年制造了首个原型系统，如图 1-2 所示，命名为“Sensorama”[3]，该设备在播放影片时能够同时为人类带来视觉、听觉、嗅觉、触觉的体验。他以驾驶直升机、骑自行车等运动体验为基础制作了 5 部电影。但是受限于当时人类的认知水平，并没有人能够认识到这是一项革命性技术。

1960 年，莫顿 · 海利希发明了第一款头戴式显示器（head mounted display，HMD）——球形电子眼罩（telesphere mask）[4]，如图 1-3 所示，并注册了专利。该设备能够进行 3D 显示，并提供立体声。但是该设备无法进行交互，且缺少运动追踪功能。

1961 年，两位美国飞歌（Philco）公司的工程师开发出了首款具有运动追踪系

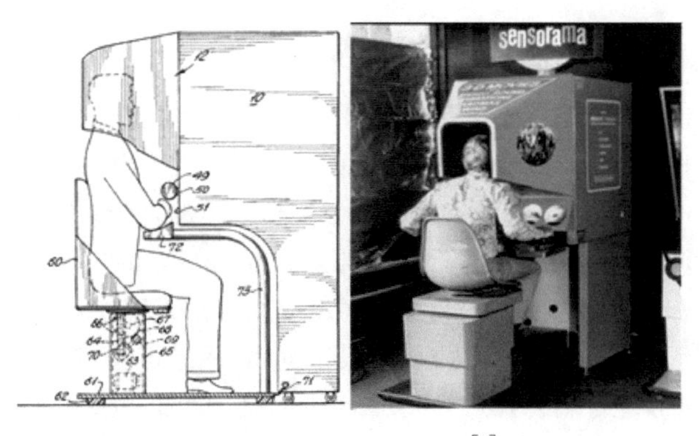

图 1-2　Sensorama 设备[3]

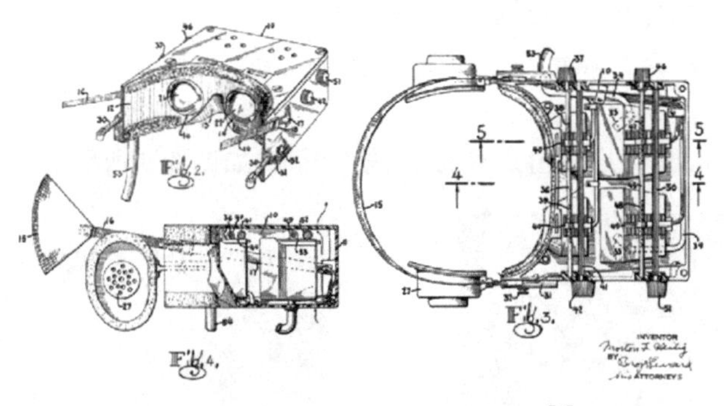

图 1-3　球形电子眼罩设备设计图[4]

统的 HMD——headsight[5]，该设备为每一只眼睛提供单独的显示屏幕和运动追踪系统，允许用户通过转动头部观察周围环境。该设备的设计初衷并非应用于虚拟现实，而是用于美国军方以沉浸式方式远程查看危险情况。该设备以闭路摄像机作为视频输入，缺乏计算机图形生成功能的集成。

1968 年，计算机图形学之父伊凡·苏泽兰（Ivan Sutherland）开发了世界上第一台计算机图形驱动的虚拟现实头戴式设备[6]，该设备包含了头部位置追踪系统，如图 1-4 所示。受限于当时不成熟的软硬件设备，该设备过于沉重，在使用时不得不悬吊在房顶上，它也被后人称为“达摩克利斯之剑”。

图 1-4　伊凡·苏泽兰与他的“达摩克利斯之剑”[6]

2. 萌芽阶段(20 世纪 70 年代—80 年代)

1971 年,弗里德里克·布罗克斯研制了一款具有力反馈功能的原型系统——Grope-Ⅱ[7]。用户可以借助一个外部操作器对虚拟环境中的对象进行移动、抓取等操作,并且可通过传感器让用户感受到被操作物体的重量。

1974 年,迈伦·克鲁格建立了一个名为 Videoplace 的实验室[8],旨在让用户在不借助任何外部设备的情况下与虚拟环境交互。该系统还允许位于不同地方的用户在虚拟环境下进行通信。用户面对投影屏幕,通过摄像机拍摄用户的轮廓,与计算机生成的图形进行融合,然后再投影至屏幕上,通过传感器捕捉识别用户的身体姿态,可以在屏幕上显示爬山、游泳等情境,如图 1-5 所示。

1978 年,麻省理工学院创建了阿斯彭电影地图(Aspen Movie Map)项目[9],该项目通过采集阿斯彭城市每个季节各个城市街道的图片,经过计算机处理之后,为用户提供三种虚拟交互模式:夏季、冬季和三维模式。通过该系统,用户仿佛置身于阿斯彭城市,能够足不出户地浏览城市街景,如图 1-6 所示。

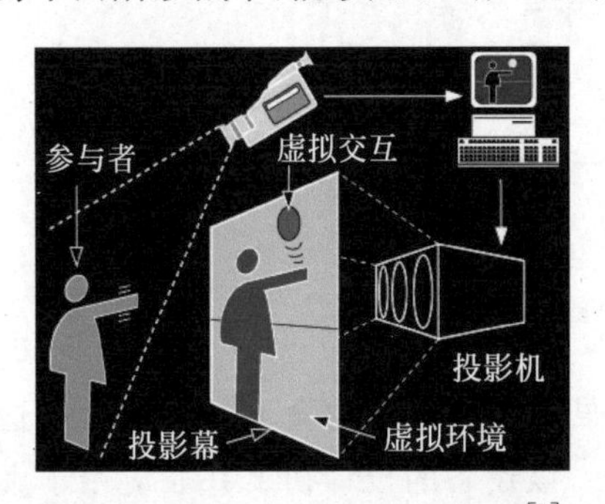

图 1-5 Videoplace 虚拟交互场景[8]

图 1-6 阿斯彭电影地图项目[9]

1983 年,美国国防部(United States Department of Defense)制订了广域网仿真技术研究计划,随后美国硅图(SGI)公司开发了网络虚拟现实游戏空战(DogFlight)。

1985 年,美国航空航天管理局 NASA 的斯科特·费舍尔(Scott Fisher)研发了数据手套(data glove)[10]。数据手套是一种轻柔的、可穿戴的手套装置,可以测量手掌的弯曲程度、关节的动作以及手指的分合等,通过计算机编程能够操控数据手套实现特定的功能。数据手套是虚拟现实外设最早的原型,与之原理类似的还有数据衣。

1986 年,斯科特·费舍尔研发了第一套基于头盔和数据手套的 VR 系统虚拟交互环境工作站(virtual interactive environment workstation,VIEW)[10]。这是第一款相对完整的 VR 系统,不仅能够通过头戴设备进行沉浸式的体验,还可以通过外部设备进行场景交互,被应用到了科学数据可视化、空间技术等领域。

1987 年,可视化编程实验室(visual programming lab,VPL)的贾瑞恩·拉尼

尔(Jaron Lanier)[11]使得“虚拟现实”广为人知,至此虚拟现实成为计算机领域主要的研究方向之一。VPL 研发了多种与虚拟现实相关的产品,包含数据手套、数据衣、眼镜电话、音量控制软件等,如图 1-7 所示。VPL 成为第一家销售虚拟现实设备的公司。

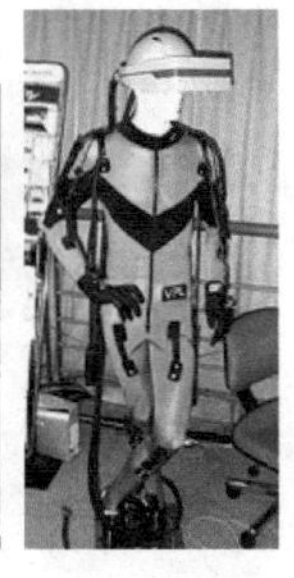

图 1-7　VPL 虚拟现实产品[11]

3. 发展阶段(20 世纪 90 年代—21 世纪初)

1991 年,世嘉(SEGA)公司发行了世嘉虚拟现实(SEGA VR)耳机街机游戏和世嘉驱动器(Mega Drive)[12]。配备液晶显示屏、立体耳机和惯性传感器,能够追踪用户的头部运动,如图 1-8 所示。同时,推出了虚拟游戏,成为全球第一大的多人虚拟现实游戏平台。然而由于技术的限制,SEGA 公司宣布该设备将永久处于原型阶段。现在看来,这无疑是 SEGA 公司的重大决策失败。

图 1-8　世嘉虚拟现实设备[12]

1991 年,Virtuality Group 推出了一系列街机游戏和设备[13],如图 1-9 所示,玩家通过佩戴一套 VR 眼镜,能够在游戏机上体验沉浸式游戏,设备延迟低于 50ms,同时,不同的设备能够借助于网络进行互联,从而为玩家带来多人游戏的体验。

图 1-9　Virtuality Group 虚拟现实设备[13]

1992年,卡罗莱纳·克鲁丝-内拉(Caro-lina Cruz-Neira)开发了大型VR系统——沉浸式投影(洞穴式自动虚拟系统,cave automatic virtual environment,CAVE)[14],这是一种基于投影的虚拟现实系统,并在国际图形学会议上受到广泛关注。CAVE系统一般由4个投影屏幕组成,4个投影屏幕构成一个立方体结构,用户正前方、左侧和右侧采用背投投影方式,底面采用正投投影方式。通过高性能工作站向投影屏幕交替显示计算机生成的立体图像,观察者佩戴立体眼镜和一种六自由度的头部跟踪设备,将观察者的视点位置实时地反馈到工作站中,进而动态地调整投影画面的位置,提升观察者的真实感体验。

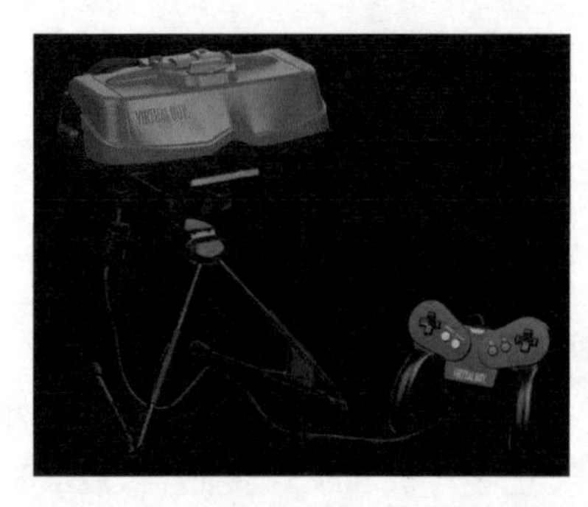

图1-10 Virtual Boy游戏机[15]

1995年,任天堂发布了Virtual Boy虚拟现实游戏机[15],如图1-10所示。它被认为是第一款能够显示立体3D图形的游戏机。Virtual Boy配备一个能够显示3D图形的视频头戴显示器,通过视差的方式使人产生一种十分真实的深度幻觉,该设备还配备了一个控制器用于玩家与虚拟环境的交互。任天堂公司承诺该设备能够进行多人游戏,但是由于多种原因,多人游戏一直没有发布。此外,该设备存在定价过高、3D效果不够优秀、便携性差等问题而没有完成指定销售量,最终被任天堂公司下架。

1996年,世界首次虚拟现实博览会在伦敦开幕,这是一场没有场地、没有真实展品的虚拟博览会,用户可以通过互联网在全球各个角落观看这次博览会,浏览虚拟展品。

4. 成熟阶段(21世纪初至今)

在进入21世纪之后,随着计算机技术的飞速发展,虚拟现实技术在软件和硬件方面都得到了较快提升,使得基于大型数据的声音和图像实时动画制作成为可能,极大地推动了虚拟现实技术在各行各业的应用。此外,多种新型实用的输入输出设备不断地出现,也为虚拟现实技术的生态构造补上了重要的一环。

在软件方面,以计算机图形学为基础的现代计算机绘制技术极大地提升了用户在虚拟现实环境中的真实感体验。这些技术包括:光线追踪(ray tracing)、光线投射(ray casting)、抗锯齿(anti-aliasing)、环境遮罩(ambient occlusion)、光子映射(photon mapping)等。尤其是随着英伟达公司在1999年8月发布了NVIDIA GeForce 256第一款现代意义上的显卡,以图形处理单元(graphics processing unit,GPU)为基础的绘制技术使得虚拟现实场景在真实感绘制方面有了更进一步的提升。

在硬件方面,许多商业化虚拟现实穿戴式设备逐步走进了人类的生活中。

2012年,Oculus Rift头戴式设备[15]在众筹网站Kickstarter上线,如图1-11

所示，仅用3天时间就筹集到100万美元，首轮融资1600万美元。2013年推出了开发者版本[16]，并发布了20余款虚拟现实游戏。2014年，Facebook以20亿美元收购Oculus公司。2016年，推出了Oculus Rift CV1消费者版本。2018年推出了Oculus Go，配备宽四边形高清晰度(wide quad high definition，WQHD)显示屏，具有立体声效果，能够提供数千款VR游戏和全景视频体验。2020年，推出了第二代Oculus Quest，在渲染性能上进一步提升，单眼分辨率达到了1832×1920像素，显示屏刷新率达到90Hz，而且更轻，仅重503g。

2014年，谷歌推出了纸板眼镜Cardboard[17]，如图1-12所示，该项目是谷歌工程师花费6个月时间打造出来的实验项目，旨在打造一款将智能手机变成虚拟现实设备的原型设备。该设备售价仅15美元，用户也可以下载谷歌提供的图纸自己制作一个Cardboard。该设备为虚拟现实的普及打下了非常广泛的群众基础。

图1-11 Oculus Rift头戴式设备[15]

图1-12 纸板眼镜[17]

2016年，谷歌公司发布了Daydream虚拟现实平台[18]，同时发布了对应的解决方案，包含头戴式设备(图1-13)和遥控器的设计方案、手机硬件认证和应用商店开发等。兼容Daydream规范的手机标识为“Daydream-ready”。Daydream平台是在开源手机操作系统安卓(Android)的基础之上建立起来的，该平台实际上是为VR应用的开发提供了一套开发标准，为虚拟现实的规范化提供了一个参考。

图1-13 Daydream头戴式设备[18]

增强现实起步稍晚。如图1-14所示，1968年伊凡·苏泽兰创建了第一个增强现实原型系统，它使用一个光学透视式头盔显示器，通过两个六自由度的跟踪器进行跟踪注册，但由于当时计算机处理性能的限制，只能实时显示非常简单的线框模型[19]。1992年，“增强现实”一词首次由波音公司在其设计的辅助布线系统中提出[20]。汤姆·考德尔(Tom Caudell)和戴维·米泽尔(David Mizell)认为，相比于虚拟现实，增强现实因为不需要对整个场景都进行渲染绘制，因此在算力和资源消耗上更具优势，但同时为了使虚实融合的精度更高、效果更逼真，对实时三维注册技术的要求更高了。1994年，保罗·米尔格拉姆(Paul Milgram)和岸野文雄(Fumio Kishino)提出了“现实——虚拟连续统一体”，描述了从真实环境到虚拟环境的跨度，真实场景和虚拟场景分布在两端，在这两者之间接近虚拟场景的是增强虚拟，接近真实环境的是增强现实，位于中间的部分统称为混合现实[21]。1997 年，拉纳尔多·阿祖马（Ronald Azuma）提出的增强现实的定义认为增强现实技术应具有三个具体特征：三维注册、虚实融合以及实时交互[22]。目前米尔格拉姆和阿祖马提出的增强现实定义得到了世界范围内 AR 技术研究者们的普遍认可。

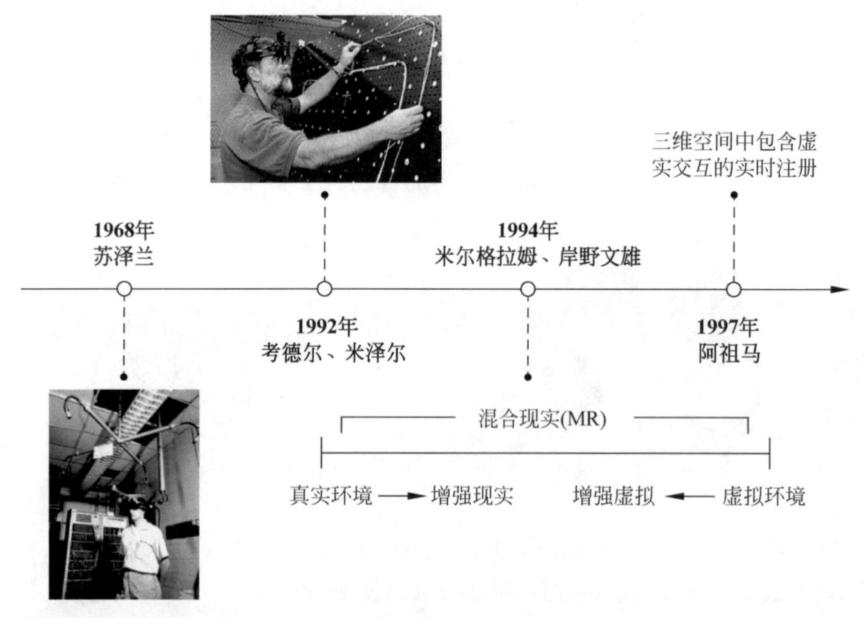

图 1-14 增强现实发展历史

1.1.3 VR 和 AR 的研究现状

虚拟现实技术仍然是目前的研究热点，国内外高校和公司都在关注虚拟现实技术的发展。总体来说，美国、德国、日本等国家在虚拟现实技术方面发展较早，而我国在虚拟现实技术方面起步较晚，但发展很快，在某些领域，大有后来居上之势。研究单位主要以北京航空航天大学、浙江大学、清华大学等院校为主。

1. 美国的研究现状

虚拟现实技术发明于美国，同其他高新技术一样，美国首先将虚拟现实技术用于军事训练、航空航天培训（宇航员、飞行员和相关维修人员培训等）的各种模拟训练系统的研发。

20 世纪 80 年代，以美国国防部和美国宇航局为首推动了虚拟现实技术在军事和航天方面的快速发展，取得了显著成就。美国宇航局 Ames 实验室对虚拟现实技术的发展起到了重要的作用[23]。1984 年启动了虚拟视觉环境显示（virtual

visual environment display,VIVED)项目,1986年开发了虚拟界面环境工作站(virtual interactive environment workstation,VIEW)。此外,Ames实验室还改造了HMD以及数据手套,使得这些设备能够进入工程化应用阶段。该实验室已经逐步建成了航空航天VR训练和维修系统。目前Ames正在开发一款模拟地外行星的VR系统——虚拟行星探索(virtual planetary exploration,VPE)[24],用户可以通过浏览器,足不出户地访问不同的行星系统,如图1-15所示。

图1-15 虚拟现实星球探索[24]

进入20世纪90年代以后,美国将虚拟现实技术转向民用技术的发展,许多高校和研究机构开始了虚拟现实相关的研究,并且催生了大量虚拟现实公司。北卡罗来纳大学计算机系[25]是虚拟现实研究领域比较著名的团队之一,主要在航空模拟驾驶、建筑仿真优化和外科手术仿真治疗等方面进行了深入研究。罗马琳达大学的医学中心[26]将虚拟现实技术用于神经疾病方面的研究,将数据手套作为手部颤动测量工具,并将手部运动实时地显示在计算机上,进而进行诊断分析。斯坦福研究院(Stanford Research Institute,SRI)[27]主要从事虚拟现实硬件的研究,包括定位设备、视觉显示器、光学设备、触觉和力反馈设备、三维输入输出设备等。SRI还利用虚拟现实技术进行军用飞机和车辆的驾驶训练,通过虚拟仿真降低事故率。乔治·梅森大学[28]研制了一套动态虚拟环境中的流体实时仿真系统。施乐公司[29]将虚拟现实和增强现实技术用于未来办公室项目,设计了一套虚拟现实窗口辅助办公系统。

近年来,以谷歌、脸书(Facebook)和苹果为首的科技公司在虚拟现实领域展开了激烈的市场竞争,发布了多款虚拟现实设备,将虚拟现实技术应用于手机、平板电脑等移动设备,使得虚拟现实技术能够走入千家万户,为用户带来前所未有的体验。

美国波音公司通过虚拟现实技术为波音737 Max 10探索更好的加工工艺,在虚拟现实环境下,能够为飞机的装配工艺提供更好的指导[30]。

2. 欧洲的研究现状

在欧洲,以德国、英国和瑞典为首的发达国家积极开展虚拟现实技术的理论研究和实际应用。

德国 FhG-IGD 图形研究所和德国计算机技术中心主要从事虚拟现实技术的研究,包括虚拟感知、虚拟环境下的控制、虚拟现实在空间技术方面的应用、虚拟训练等[31]。他们还开发了一套测试平台,用来评估虚拟现实技术对未来系统和操作界面的影响。此外,德国还将虚拟现实技术用于传统制造业的改造,可以降低产品的设计和制造成本,避免返工和研发风险,提高企业竞争力。此外,通过虚拟现实技术还可以进行员工培训,降低企业培训成本。

英国虚拟现实技术[32]在分布式并行处理、外部设备的设计和应用等方面处于领先地位。以内容生产、生活服务、技术引导为核心的虚拟现实和增强现实公司在教育、医疗、制造、金融等行业都有着很大的优势。

瑞典研发的 DIVE 分布式虚拟交互环境[33],是一个基于 UNIX 的、在不同节点上的多个进程可以在同一时间进行工作的异质分布式虚拟系统。

欧洲空客公司也将虚拟显示技术应用于飞机维修过程当中,能够大大降低成本[34]。

3. 日本的研究现状

日本有众多高校和研究所从事虚拟现实技术的理论研究和实际应用,此外,索尼和任天堂等日本游戏公司在虚拟现实游戏开发方面形成了一定的市场规模。

东京大学[35]为虚拟现实技术提供了一种新的显示方式,为了解决目前虚拟现实显示与交互存在的局限性,他们开发了一种全新的虚拟全息系统,该系统与 CAVE 系统类似,用户可以在其中进行漫游和交互。

日电(NEC)公司开发了一种虚拟现实系统[36],可以建立真实世界中的手与虚拟手之间的关系,能够让用户使用虚拟手操作虚拟模型。

日本奈良尖端技术研究院开发了一种嗅觉模拟器[37],借助于该模拟器,当用户在虚拟空间中靠近不同的水果时,可以通过控制外部装置向鼻尖处散发不同水果的气味,这是虚拟现实技术在除了视觉领域之外的重要研究突破。

索尼公司[38] 2016 年发布了头戴式虚拟现实设备——PSVR(PlayStation VR),借助于自身游戏平台 PlayStation,索尼公司发布了大量优质的虚拟现实游戏,牢牢占据了虚拟现实游戏市场。任天堂公司早在 1995 年就发布了一款虚拟现实设备——Virtual Boy,但是由于当时设计理念过于前卫,技术不够成熟,导致产品夭折。2019 年,任天堂重新布局虚拟现实市场,于 3 月发布了 Switch 游戏机的配件 Labo VR kit,能够将 Switch 游戏机变身为虚拟现实眼镜。

4. 我国的研究现状

虚拟现实技术的研究在我国起步较晚,但是随着计算机技术以及互联网技术在我国的快速发展，越来越多的高校开展了虚拟现实技术研究，同时也涌现出了大量虚拟现实企业。国家非常重视对虚拟现实与增强现实这项新技术的研究和应用推广，从国家层面制定了虚拟现实研究计划，科技部、国家自然基金委、工信部等部门都把虚拟现实技术列入了其设立的各类科技计划。

北京航空航天大学是国内最早从事虚拟现实研究和应用的高校之一，从最开始的理论研究，到现在的成果转换，北京航空航天大学将虚拟现实应用到了国防军事、航空航天、医疗手术、装备制造等各个方面。2007年，北京航空航天大学虚拟现实技术与系统国家重点实验室被批准建设[39]，实验室总体定位于虚拟现实的应用基础与核心技术研究，这是我国在VR/AR领域第一个也是唯一一个国家级重点实验室。实验室在赵沁平院士的带领下开发了我国第一个基于广域专用计算机网络的虚拟现实环境——分布式虚拟环境(distributed virtual environment NETwork，DVENET)，该系统支持异步分布式虚拟现实应用的开发，能够满足虚拟现实全周期、全过程的应用开发。此外，该实验室还研制了多款虚拟仿真器，包括直升机虚拟仿真器、坦克虚拟仿真器、虚拟战场环境观察器等，为我国的军事训练和航空航天训练提供多样化的虚拟仿真平台。实验室在原始创新的基础之上，发挥多学科交叉与军民融合优势，为虚拟现实技术在我国军用和民用的发展做出了引领性的贡献。

浙江大学计算机辅助设计与图形学国家重点实验室[40]在虚拟环境真实感知和虚实环境融合等方面开展了深入探索，该实验实还研究了多种虚拟现实关键技术，包括虚拟环境漫游技术、实时绘制技术、人机交互技术等，开发了虚拟现实平台，并应用在文化娱乐、国防安全、装备制造等领域。该实验室还研究了多种高效算法来提高虚拟绘制的实时性，包括虚拟环境中的快速漫游算法和递进网格的快速生成算法等，开发了虚拟建筑实时漫游系统，为用户提供交互手段用于提高用户在虚拟环境漫游过程中的真实感受。

清华大学虚拟现实与人机界面实验室[41]在虚拟现实人机交互和系统设计方面进行了深入的系统研究。同时也致力于研究和开发一些适用于大学和科研机构教学与研究使用的虚拟现实系统，提供整套解决方案，包括整套系统集成、重要人机交互设备以及仿真分析软件。研究成果包括：运用数据手套和位置跟踪器实现虚拟零件装配，通过虚拟现实进行手术仿真，开发了虚拟驾驶模拟系统和基于运动跟踪和多通道拼接大屏幕投影系统的虚拟操控场景仿真等。清华大学国家光盘工程研究中心通过QuickTime技术实现了足不出户地欣赏布达拉宫全景。

北京大学汪国平教授团队自主研发了超大规模分布式虚拟仿真支撑平台viwo[42]，用于飞行模拟的视景仿真系统等，取得了很好的效果。

北京理工大学长期致力于虚拟现实技术在国防系统的应用，为中国航天员科研训练中心成功研制了VR眼镜[43]，能够有效地缓解航天员在太空的心理压力，帮助我国航天员顺利完成长达1个月的在轨驻留任务。

北方工业大学增强现实与互动娱乐团队[44]在虚拟现实理论算法和应用开发方面开展了大量卓有成效的研究。他们通过硬件设备开发具有沉浸感的虚拟现实技术，成功研发了“北方工业大学虚拟校园”。此外，他们通过数字头盔、数据手套、立体投影、动感座椅等硬件设备制作了3D短片，通过120°环幕立体投影系统播放，有较强的立体效果，并正研发具有动感的4D短片；他们还建设了新媒体实验室，自主研制了虚拟驾驶系统、动作捕捉系统、虚拟幻象系统、赤影系统等。

北京科技大学人工智能与三维可视化团队[45]在虚拟现实方面研究了基于物理的流体三维真实感模拟及可视化，提出可交互的非均质流体动画三维建模，面向多相流场景的交互现象模拟，基于数据驱动的流体模拟等方面的研究方法。北京科技大学还开发了一款实用的纯交互式汽车模拟驾驶培训系统。

此外，国内从事虚拟现实与增强现实研究的高校和机构还包括：国防科技大学、天津大学、中国科学院自动化研究所、北京邮电大学、深圳大学、山东大学等，这些单位都在虚拟现实与增强现实技术理论及其应用方面取得了突出成绩，为该技术在我国的推广普及做出了贡献。限于篇幅，在此不一一赘述。

1.1.4 VR与AR的联系与区别

虚拟现实与增强现实联系十分紧密，存在诸多相似之处。

(1) 均需绘制虚拟信息：虚拟现实中的场景全部由计算机绘制的虚拟信息构成，用户完全沉浸在虚构的数字环境中；增强现实中的场景大部分是真实环境，同时叠加少量虚拟信息。因此，两者都需要计算机生成相应的虚拟信息。

(2) 均需用户使用显示设备：虚拟现实和增强现实都需要使用显示设备将计算机生成的虚拟信息呈现给用户。

(3) 均需进行实时交互：虚拟现实和增强现实作为两种虚实交互手段，与用户的实时交互是必不可少的。

虽然二者有着不可分割的联系，但是虚拟现实与增强现实之间的区别也很明显。

(1) 对于沉浸感的要求不同：虚拟现实强调用户在虚拟环境中的完全沉浸，将用户感官与现实世界隔离，使其完全沉浸在虚拟数字环境中，通常采用沉浸式的显示方式，如头盔显示器、CAVE系统等；但增强现实不仅不与现实环境隔离，反而强调用户在现实世界的存在，通常采用透视式头盔显示器。

(2) 对系统算力和资源的需求不同：虚拟现实系统由于需要实时渲染绘制全局场景，对系统算力和资源需求很高，需要大型专业投影设备；而在增强现实系统中，计算机不需要构建整个场景，只需要对叠加的虚拟物体进行渲染处理，因此计算量大大降低。

(3) 侧重的应用领域不同：虚拟现实系统强调用户在虚拟环境中的感官完全沉浸，重点应用于对高成本、高风险的真实环境进行预先模拟或过程仿真；增强现实系统侧重于增强用户对真实世界的认知，重点应用于对高复杂度、高难度的真实环境提供更直观、生动的辅助理解。

1.2 VR与AR的系统组成与分类

1.2.1 VR系统组成

一个典型的VR系统主要由计算机、输入输出设备、应用软件和数据库等部分组成，如图1-16所示。

1. 计算机

在虚拟现实系统中，计算机起着至关重要的作用，可以称为虚拟现实世界的“心脏”。它负责整个虚拟世界的实时渲染计算、用户和虚拟世界的实时交互计算等功能。计算机生成的虚拟世界具有高度复杂性，尤其针对大规模复杂场景的绘制，虚拟环境的绘制所需的计算量级是巨大的，因此虚拟现实系统对计算机的配置有着非常高的要求。

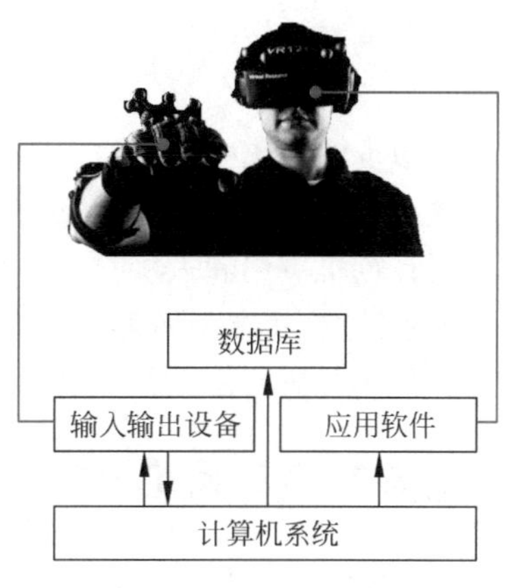

图1-16 VR系统组成

2. 输入输出设备

虚拟现实系统要求用户采用自然的方式与虚拟世界进行交互，传统的鼠标和键盘是无法实现这个目标的，这就需要采用特殊的交互设备，用来识别用户各种形式的输入，并实时生成反馈信息，将反馈信息输入虚拟环境中。目前，常用的交互设备包括用于手势输入的数据手套、用于语音交互的三维声音系统、用于立体视觉输出的头盔显示等。

3. 应用软件

为了实现虚拟现实系统，需要多种辅助软件协同工作。这些辅助软件被广泛用于构建虚拟世界所需的素材。例如：采用AutoCAD和Photoshop对前期采集的数据和图片进行整理；采用3ds Max、MAYA等三维设计软件对模型进行纹理贴图等操作；采用Audition、Premiere等软件准备音频素材。

为了有效组织各种媒体素材，形成完整的具有交互功能的虚拟世界，需要专业虚拟现实引擎，虚拟现实引擎负责完成虚拟现实系统中的模型组装、场景绘制、动画脚本控制、声音显示等工作。另外，它还要为虚拟世界和后台数据库、虚拟世界和交互硬件建立起必要的接口联系。成熟的虚拟现实引擎一般提供可扩展插件技术，允许用户针对不同的功能需求自主研发一些插件，实现虚拟现实场景的定制化。

4. 数据库

虚拟现实系统中,数据库主要用于存储虚拟现实系统需要的各种数据,包括地形数据、场景模型、模型动画等各方面信息。对于所有在虚拟现实系统中出现的物体,在数据库中都需要有相应的模型。

如今市面上的虚拟现实眼镜、虚拟现实头盔均为基于头盔显示器的典型虚拟现实系统。它由计算机、头盔显示器、数据手套、力反馈装置、话筒、耳机等设备组成。该系统通过计算机生成一个虚拟世界,然后借助头盔显示器输出一个立体现实景象;用户可以通过头的转动、手的移动、自然语言等与虚拟世界进行交互;计算机能根据用户输入的各种信息实时进行计算,及时对交互行为进行反馈,由头盔式显示器更新相应的场景显示,由耳机输出虚拟立体声音、由力反馈装置产生触觉(力觉)反馈。

虚拟现实系统中应用最多的交互设备是头盔显示器和数据手套。但是如果把使用这些设备作为虚拟显示系统的标志就显得不够准确。这是因为,虚拟现实技术是在计算机应用和人机交互方面开创的全新领域,当前这一领域的研究还处于快速发展阶段,头盔显示器和数据手套等设备只是当前已经研制实现的交互设备,未来人们还会研制出其他更具沉浸感的交互设备。

1.2.2 VR 系统分类

VR 系统按照不同标准分为三类[46]:

1. 桌面式虚拟现实系统

桌面式虚拟现实系统(desktop virtual reality system)是利用台式计算机或者入门级工作站实现虚拟仿真,借助于计算机的显示屏幕为用户提供一个可观察的虚拟现实窗口,通过外部设备(键盘、鼠标、手柄等)对虚拟现实场景进行操作。桌面式虚拟现实系统性价比高,开发成本较低,实用性较强,能够快速地开发虚拟现实应用。目前主要用于桌面游戏、计算机辅助仿真、建筑设计、医疗培训、科学数据可视化等方面。该系统通过计算机屏幕提供虚拟现实窗口,用户无法真正地进入虚拟现实世界,因此,桌面式虚拟现实系统的沉浸感体验较差。

2. 沉浸式虚拟现实系统

沉浸式虚拟现实系统(immersive virtual reality system)为用户提供一种完全沉浸式的虚拟现实环境体验,通过外部设备,将用户的各种感官封闭在虚拟现实环境中,利用 3D 声音、位置跟踪设备等缩小虚拟现实环境与真实环境之间的差异,进而提高用户的沉浸式体验。沉浸式虚拟现实系统是目前虚拟现实领域的主流技术,也是未来虚拟现实发展的主要方向之一。

常见的沉浸式虚拟现实系统包括可穿戴式头盔、大型环幕系统、CAVE 系统。一般用于娱乐或者验证某一猜想假设、训练、模拟、预演、检验、体验等方面。

沉浸式虚拟现实系统具备以下几个特征：

(1) 沉浸感。沉浸感是沉浸式虚拟现实系统首先具备的特征，也是与其他虚拟现实设备的主要区别之一。高度的沉浸感能够为用户创建一个几乎真实的虚拟环境，让用户在虚拟现实环境中的体验与在真实环境中的体验无差别。往往通过创造一个高度封闭的空间来实现高度的沉浸感。

(2) 实时性。由于用户处于沉浸式环境中，为了提高用户体验，减少用户感官误差，用户与外界环境的感知必须保持一致，这就要求沉浸式虚拟现实系统必须具备高度实时性。虚拟场景的绘制应当具备高度实时性，用户在虚拟现实环境中漫游时，保证虚拟现实环境的平滑变换，此外，用户在虚拟现实环境下的操作应当实时地反映到虚拟对象上。

(3) 集成性。沉浸式虚拟现实系统是一套复杂的系统，需要多种设备协同工作。因此，沉浸式虚拟现实系统需要具备一定的系统集成性，满足多种软硬件设备的高效集成。

(4) 并行能力。由于沉浸式虚拟现实系统的集成性，为了多种设备之间的协同工作，为了让用户产生全方位的沉浸感体验，系统需要具备多设备并行工作的能力。

(5) 开放性。开放性能够让更多新的设备接入沉浸式虚拟现实系统，通过不断迭代优化提高沉浸式虚拟现实系统的体验。

3. 分布式虚拟现实系统

分布式虚拟现实系统(distributed virtual reality system)是一个集成虚拟现实环境，由分布在不同物理空间的多个子虚拟现实环境通过网络连接而成。用户可以通过子虚拟现实环境与不同物理空间的用户交互，共享信息。该方法避免了物理上的限制，能够让身处不同物理空间的用户在同一个虚拟环境中进行交互，以达到协同工作的目的。

分布式虚拟现实系统需要网络支持，随着5G时代的到来，网速已经不再是限制分布式系统开发的主要因素，低延迟、高速率的网络将会为分布式虚拟现实系统提供更好的平台，有助于搭建更加实用的虚拟现实系统平台。

1.2.3 VR系统硬件设备

VR系统的硬件设备是VR系统的重要组成部分。普通计算机难以满足虚拟现实高度沉浸感的要求，需要专业的VR系统生成设备。此外，传统的键盘、鼠标、显示器等输入输出设备同样无法满足VR系统的交互式需求，因此，必须使用特殊的输入和输出设备，才能让用户在沉浸式虚拟环境中更自然地进行交互[47]。

下面从VR系统的生成设备、输入设备和输出设备三个方面对VR系统硬件设备进行介绍。

1. 虚拟现实系统的生成设备

虚拟现实系统的生成设备主要是用于创建虚拟环境的计算机，计算机设备的性能决定了虚拟现实系统的性能。虚拟现实系统需要计算机具备高速的中央处理器（central processing unit，CPU）和图形处理单元（graphics processing unit，GPU）处理能力，CPU 对于计算机运算能力的提升有着直接的影响，GPU 主要用于图形的绘制，决定了绘制效果好坏；此外，内存的速度和容量决定了系统处理图形的性能，虚拟现实系统往往需要大量内存的支持；系统输入/输出（I/O）同样重要，影响着各个模块之间的数据传输速率。下面根据计算机性能的优劣对虚拟现实系统的生成设备进行介绍。

1）高性能个人计算机

随着计算机技术的飞速发展，高性能个人计算机的出现能够在一定程度上满足虚拟现实系统的开发，它一般具有多个处理器，此外为了满足实时绘制需求，还配备了多个图形加速卡。常见配置为：第六代英特尔酷睿 i7 处理器、32GB 以上内存、256GB 以上固态硬盘、2TB 以上机械硬盘、高性能显卡（8GB 以上显存，320GB/s 显存带宽）等。

高性能个人计算机往往配备多个图形加速卡，是一种专门进行图形运算的图像适配卡，用于图形图像绘制和处理。能够极大地降低图形管理为 CPU 带来的压力。目前市场上主流图形加速卡有：NVIDIA GRID 系列和 NVIDIA Tesla 系列加速卡，以及 Radeon 系列加速卡。高性能个人计算机主要应用于家庭生活娱乐方面，能够足不出户地利用虚拟现实技术体验沉浸式的游戏和观看全景视频，满足个人用户对虚拟现实技术的好奇和探索。

2）高性能图形工作站

高性能图形工作站是一种专业从事图形图像处理的高档次专用计算机的统称。与普通计算机相比，具有更强的计算能力、更大的磁盘空间、更快的数据交换速率。图形工作站在大型虚拟系统开发方面具有一定优势。评价图形工作站的性能指标有如下四方面：

（1）specfp95 系统浮点数运算能力指标，specfp95 数值越高，系统的三维图像处理能力越强。

（2）xmark93 是系统运行 x-windows 性能的度量。

（3）plb 分为 plbwire93 和 plbsurf93，是由 specino gpc 分会制定的标准。plbwire93 表示几个常用 3D 线框操作的几何平均值，而 plbsurf93 表示几个常用的 3D 面操作的几何平均值。

（4）OpenGL 绘制能力。OpenGL 常用的性能指标有两个：cdrs 和 dx。其中，cdrs 包含 7 种不同的测试，是关于 3D 建模和再现的度量，它是以美国参数技术公司（Parametric Technology Corporation，PTC）的 caid 应用为基准的。dx 则基于 IBM 的通用软件包 Visualization Data Explorer，用于科学数据可视化和分析的能力测定，它包含10种不同的测试，通过加权平均来得出最终值。

目前市场上主要的图形工作站供应商包括惠普、戴尔、联想等公司。

高性能图形工作站主要应用于专业产品设计开发，能够在产品的早期设计阶段通过虚拟现实技术为后续的产品开发提供专业的指导意见，帮助开发者降低产品的研发成本。

3）高度并行计算机

高度并行计算机又称为超级计算机，是能够执行一般个人计算机无法处理的大量数据与高速运算的计算机。超级计算机和普通计算机的构成组件基本相同，但在性能和规模方面却有差异。超级计算机的主要特点包含两个方面：极大的数据存储容量和极快速的数据处理速度。在密集计算和海量数据处理等领域有着巨大作用。对于具有高度真实感、大规模的虚拟现实系统的开发，超级计算机有着重要意义。

超级计算机具备很强的数据处理能力，一般采用涡轮式设计，每一个刀片就是一个服务器，不同的服务器之间能够实现协同工作，并且能够根据实际开发的需求，动态调整服务器规模。随着各种技术的蓬勃发展，超级计算机已经成为世界各个国家在经济和国防方面的竞争利器。经过我国科研工作人员几十年的努力，2009年，我国成为美国之后第二个可以独立研制千万亿次超级计算机的国家。尤其在2016年神威太湖之光的出现，标志着我国已经在超级计算机领域处于世界领先地位。

2019年，我国在超级计算机的排名中占有两个位置，分别是排名第三的"神威·太湖之光"(Sunway TaihuLight)和排名第四的"天河二号"(TH-2)，如图1-17所示。"神威·太湖之光"已经全部使用国产CPU，我国成为继美国、日本之后全球第三个采用自主CPU建设千万亿次超级计算机的国家。"天河二号"的硬件系统由计算阵列、服务阵列、存储子系统、互联通信子系统、监控诊断子系统等五大部分组成。

超级计算机在大规模复杂产品的仿真模拟方面有着巨大的优势。国产大飞机C919的全机空气动力学验证在"天河二号"上完成，2年的气动优化实验6天就能够完成，节省了大量时间和成本[47]。

图1-17　神威·太湖之光和天河二号

4）分布式网络计算机

分布式网络计算机将计算任务通过网络分配给与之连接的多个工作站，通过互联网技术，可以在不同的物理位置进行协同任务的开发，每个用户可以通过网络访问共享数据，也可以对共享数据进行修改。根据分布式网络中不同节点之间的连接顺序，可以将分布式网络计算机简单划分为4种类型：单中心服务器，所有的客户端都连接到一个中心服务器上，服务器主要负责客户端任务的协调；多服务器环型网，用多个服务器代替中心服务器，每个服务器均具备协调客户端的能力，能够降低单中心服务器的压力；点到点局域网（local area network，LAN），不同的客户端之间通过用户数据协议（user data protocol，UDP）的方式进行连接，任何一个客户端都可以与其他客户端进行信息交流；混合点对点广域网（wide area network，WAN），使用代理服务器的网络路由器把多播信息打包成单播包，再发送给其他路由器，本地代理服务器负责解包后，再以多播形式发送给本地客户。分布式网络计算机能够为产品异地协同设计提供更加便利的途径，同时也为异地协同模拟提供了重要的平台支撑。

由于军事模拟训练的需求，分布式虚拟现实系统的相关研究快速启动和发展。但它综合应用了计算机网络技术、虚拟现实技术、数据库等多学科专业技术知识，导致系统的开发难度较大。美国国防部资助的大规模分布式虚拟战场环境项目——联合仿真系统（joint simulation system，JSIMS），支持多兵种联合演练，目的是实现各兵种之间的联合军事训练。

2. 虚拟现实系统的输入设备

虚拟现实系统的输入设备指的是用来输入用户发出的动作，使得用户能够操作虚拟场景的设备。大多数输入设备具有传感器，可以采集用户行为，然后转换为计算机信号来驱动场景中的模型，从而实现人与虚拟现实系统之间的交互。

1）位置跟踪设备[48]

位置跟踪设备是实现虚拟现实系统中最常用的输入设备，通过及时准确地获取人的动作信息、位置信息等，将获得的信息转换为计算机可接受的信号，然后传递至虚拟现实系统中。位置跟踪设备通过采用六自由度来描述对象在三维空间中的位置和方向，三维空间的六自由度分别为沿着 x 轴、y 轴和 z 轴的3个平移运动，以及分别绕着 x 轴、y 轴和 z 轴的3个旋转运动，如图1-18所示。

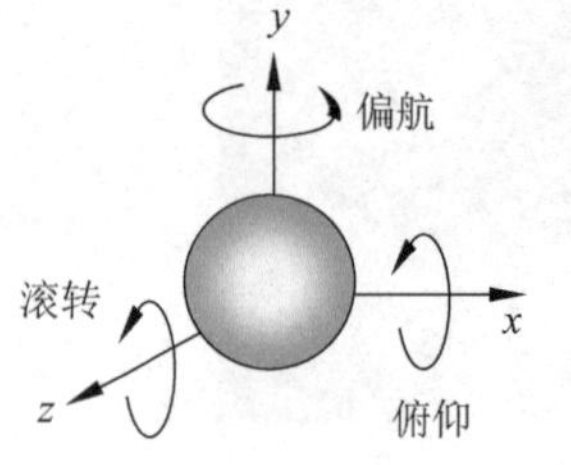

图1-18　三维空间自由度

位置跟踪设备的种类包括机械式跟踪设备、电磁波跟踪设备、超声波跟踪设备、光学式跟踪设备、惯性位置跟踪设备和混合位置跟踪设备。

（1）机械式跟踪设备。机械式跟踪设备是采用机械装置来跟踪和测量运动轨迹，一般由多个关节组成串行或者并行的运动结构，每一个关节可以带有一个高精度传感器。测量原理是通过传感器测得每一个关节角度的变化，然后根据关节之间的连接关系计算得到末端点在空间的位置和运动轨迹，进而得到跟踪对象的位置。

机械式跟踪设备一般配合光电编码器使用。光电编码器是由光栅盘和光电检测装置组成的，原理是通过对光栅盘进行等分，然后通过计算获得的脉冲数即可以得到转动的角度。

机械式跟踪设备的优点包括简单易用、精度稳定可靠、抖动小、没有遮挡问题。缺点则包括工作范围受机械尺寸限制、连杆过长会降低对机械振动的敏感性、长时间操作会增加操作者疲劳度等。

(2) 电磁波跟踪设备。电磁波跟踪设备是一种非接触式空间跟踪设备，一般由电磁波发射器、接收传感器和数据处理单元组成。电磁波跟踪设备是利用电磁波的强度进行位置姿态跟踪。首先由电磁波发射器发射电磁波，跟踪对象身上佩戴若干个接收器，在接收到电磁波之后，将电磁波信号转换为计算机可接收的信号，然后处理器经过计算之后得到每一个接收器在三维空间中的位置姿态。

电磁波跟踪设备的优点包括成本低、体积小、质量轻、使用简单、敏感性不依赖于跟踪方位、不受视线阻挡的限制。缺点则包括延迟长、抗干扰性差、容易受到金属物体和其他电磁场影响。

(3) 超声波跟踪设备。超声波跟踪设备同样是一种非接触式位置测量设备，其原理是通过发射器发射高频超声波脉冲来确定接收对象的三维空间位置。超声波设备一般采用20kHz以上的频率，人耳无法听到这个频段的超声波，对人产生的干扰很小。超声波跟踪设备一般由3个超声波发射器、3个超声波接收器和同步信号控制器组成。发射器一般安装在场景上方，接收器安装在被测物体上。测量原理是基于三角测量，常用的两种测量方法是：飞行时间法和超声波相干测量法。通过周期性地激活每个发射器，计算发射器到3个接收器的距离，最后由控制单元计算得到物体的位置和方向。

超声波跟踪设备的优点包括不受环境磁场的影响、成本低。缺点则包括更新频率较低、超声波信号在空气中的传播衰减快、工作范围受限、背景噪声和其他超声源会破坏跟踪器信号。

(4) 光学式跟踪设备。光学式跟踪设备也是一种非接触式位置测量设备，通过光学感知来确定对象的实时位置和方向。光学式跟踪设备由发射器(光源)、接收器(感光设备)和信号处理控制器组成。它的测量原理也是基于三角测量。

光学式跟踪设备的实现分为3种技术系统：标志系统、模式识别系统和激光测距系统。

- 标志系统是通过特殊标志来获得空间位置姿态的方法。该方法又分为两种："从外向里看"的方式，在被跟踪运动物体上安装一个或多个发射器，由固定传感器从外面观测发射器运动，从而得到被跟踪物体的位置和姿态；"从里向外看"的方式，在被跟踪的对象上安装传感器，发射器的位置是固定的，装在运动物体上的传感器从里向外观察固定的发射器，从而得到自身在三维空间的位置和姿态。

- 模式识别系统是把发光设备按照某一阵列排列，并将其固定在被跟踪对象上，然后由摄像机记录运动阵列模式的变化，通过与标准样本比较从而确定对象在三维空间的位置和姿态。
- 激光测距系统是将激光通过衍射光栅发射到被测对象上，然后接收经过物体表面反射的二维衍射图的传感器记录，根据衍射圈的畸变计算对象在三维空间的位置和姿态。

光学跟踪设备的优点包括高精确度、使用机动性好。缺点则包括容易受环境影响，例如遮挡、室外大雾天气等。

(5) 惯性位置跟踪设备。惯性位置跟踪设备主要由定向陀螺和加速度计组成。定向陀螺用于角速度测量，通过3个正交定向陀螺能够测量得到偏航角速度、俯仰角速度和滚转角速度，角速度经过一次积分计算可以得到对应的方位角。加速度计用来测量3个方向上的平移速度的变化，即x、y、z方向的加速度值，对加速度值进行两次积分计算可以得到对应的位置信息。

惯性位置跟踪设备的优点包括：完全通过运动系统内部的信息计算得到物体在三维空间的位置和姿态，不涉及外部环境，安装拆卸方便，没有光线要求的运动追踪，可以在户外、办公室等大多数环境中使用。缺点则包括：三维空间位置和姿态信息通过积分计算得到，定位误差会随时间增大，长期使用时无法保证系统精度，且每次使用之前需要较长时间的初始化对准。

(6) 混合位置跟踪设备。混合位置跟踪设备采用两种或者两种以上的跟踪设备来进行物体跟踪计算，结合多种跟踪设备的优点，能够很好地避免采用单一跟踪设备带来的计算误差。一般情况是惯性位置跟踪设备与其他跟踪设备的结合，所以通常也称为混合惯性跟踪设备。典型的混合惯性跟踪设备是由惯性位置跟踪设备和超声波跟踪设备结合而成。混合位置跟踪设备的关键技术是传感器融合算法，将不同传感器采集得到的数据进行融合计算，得到三维空间的位置和姿态信息。

混合位置跟踪设备的优点包括：通过改进更新率、分辨率和抗干扰性可以预测50ms的运动，具备快速响应和无失真优势。缺点则包括：工作空间受限制、要求视线不受遮挡，对温度、气压和湿度有一定的要求。

2) 数据手套

在现阶段虚拟现实系统开发过程中，常用到的跟踪设备是数据手套。数据手套通过传感器能够理想地感知人手在三维空间的位置和姿态，也能够感知每一根手指的运动，从而为用户提供虚拟现实环境下的更加自然的交互方式。数据手套的出现，为虚拟现实提供了一种更为接近人类感知习惯的交互工具，不仅更加符合人类对于细微虚拟现实场景中的操作习惯，同时也更好地适应了人类较为敏感的手部神经，以获得更好的体验感和交互性，是一种能够获得接近真实体验的三维交互手段。

数据手套主要由弯曲传感器组成，弯曲传感器由柔性电路板、力敏元件、弹性封装材料组成，通过导线连接至信号处理电路。数据手套为用户提供了一种更加直观和通用的交互方式，能够有效地增强用户沉浸感体验。常用数据手套有 5DT 数据手套、CyberGlove 数据手套、WiseGlove 数据手套等。

5DT 数据手套[49]设计的目的是为了满足现代动作捕捉和动画制作等专业人士的要求，易于使用、轻巧舒适。每根手指包含 2 个传感器，能够很好地记录手指的弯曲程度，并且很好地区分不同手指之间的外围轮廓。采用无线连接与计算机进行通信，最远通信距离可达 20m。

CyberGlove 数据手套[50]采用了前所未有的弹性传感技术，增加了数据采集的可靠性。通过对新 HyperSensor™ 专利技术进行重大改进，手部动作捕捉数据相对简洁，并且可以重复使用，因此更加准确。通过 Wi-Fi 进行通信使设备具有更好的连接性，并使设备操作范围超过 30m。

WiseGlove 数据手套[51]采用目前领先的压电传感器技术，配合弹力网孔布面料制作而成，和许多其他虚拟现实数据手套一样，可用于准确测量人手姿态，如搓捻、对掌、屈伸、收展等复杂动作。可以快速建立适合自己的人手骨骼动画模型。适用于人手运动捕捉、手骨骼动画模型建模、机器手的控制应用。WiseGlove 数据手套系列产品的设计能满足从事运动捕捉和动画工作专家的需求，其使用简单，佩戴舒适，应用范围广。

3）动作捕捉设备

动作捕捉设备是位置跟踪设备的一个特殊应用。动作捕捉设备通过在运动物体的关键部位设置跟踪器，然后进行多个位置的采集，最后经过计算机处理后得到三维空间坐标的数据。动作捕捉设备能够为虚拟现实中的对象提供更加真实的动作仿真。动作捕捉设备根据跟踪设备的种类，可以划分为机械式、电磁式、光学式、声学式和惯性式。技术原理与前面介绍的跟踪设备一样，在此不再赘述。

最常用的动作捕捉设备是数据衣，数据衣通过在不同的关节位置安装大量的传感器，来获取人体不同关节位置的运动，最后由软件计算得到完整的三维运动数据，从而得到人体的运动信息。数据衣可以对人体大约 50 个关节进行测量，包括膝盖、手臂、躯干和脚。数据衣的缺点是分辨率低、有一定的采样延迟、使用不方便等。

4）快速建模设备

快速建模设备是一种能够快速建立3D模型的辅助设备，是虚拟现实系统模型的主要来源之一，主要包含3D扫描仪和3D摄像机，如图1-19所示。

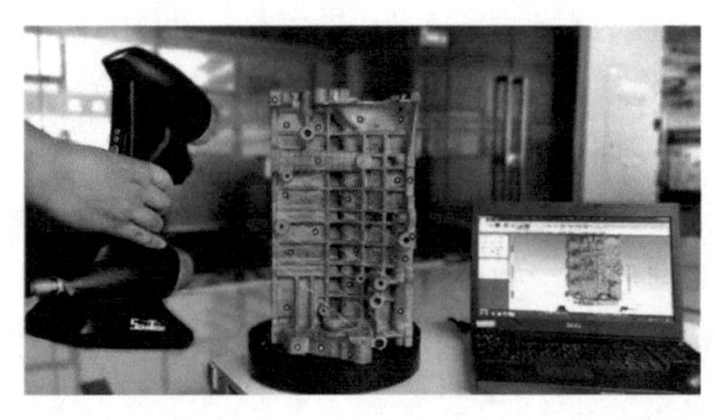

图1-19　3D扫描仪和3D摄像机

3D扫描仪能够快速、方便地将真实世界的物理信息转换为计算机能够直接处理的数字模型，根据测量方式，可以将3D扫描仪分为接触式3D扫描仪和非接触式3D扫描仪。

（1）接触式3D扫描仪通过实际触碰物体表面的方式获取物体信息，有代表性的接触式3D扫描仪是三维坐标测量机。它的工作原理是将测量探针安装在一个具有三自由度的机构上，通过控制机构的运动，对物体表面进行接触式测量。它能够对物体整个表面进行精确测量，测量精度较高，但是由于扫描过程必须对物体进行接触，因此无法对柔软的物体进行测量。

（2）非接触式3D扫描仪通过非接触式方法进行扫描测量，无需触碰物体表面，能够很好地保护被测物体，并且具有速度快、容易操作等特点。非接触式3D扫描仪一般分为激光式和光学式。

3D摄像机是利用3D镜头，拍摄3D立体视频和图像的虚拟现实设备。通常采用两个摄像头进行拍摄，摄像头的间距与人两眼之间的间距类似，能够模仿拍摄出类似人眼所看到的针对同一场景的不同图像。3D摄像机拍摄得到的图像在播放时，通过对图像进行叠加来模拟人眼观察到的立体效果。

3. 虚拟现实系统的输出设备

为了能够在虚拟现实系统中获得与真实世界一样的效果，虚拟现实系统需要通过输出设备将虚拟环境中的各种信号转换为人能接收的不同类型的信号。因此，一般将虚拟现实系统输出设备分为视觉感知设备、听觉感知设备、触觉和力反馈设备、其他输出设备。

1）视觉感知设备

据统计，人类对客观世界的感知信息有75％～80％来自视觉，因此视觉感知设备是虚拟现实系统中最重要的感知设备之一。人之所以能够感受三维空间的信息是因为两只眼睛在观察场景时，观察的位置和角度存在一定的差异，称为双眼视差。人的大脑能够通过这种图像差异来判断物体在三维空间的位置，从而使人产生三维立体视觉。

常用的虚拟现实视觉感知设备有立体眼镜系统、头盔显示器、CAVE 系统、墙式投影、吊杆式显示器。

(1) 立体眼镜系统。立体眼镜系统包含立体显示器和立体眼镜，如图 1-20 所示。立体显示器与一般的显示器没有太大差别，主要区别是立体显示器具有更高的刷新频率，能够采用两倍于正常扫描的速率刷新显示，并且采用分时显示技术，交替显示两幅图像。这两幅图像通过特殊的算法生成，具有一定差异。立体眼镜采用一定的方式，在观察立体显示器时，左右眼能够分别获得不同的图像，配合人眼自身的视觉暂留特性，从而在人脑中形成一种立体图像。

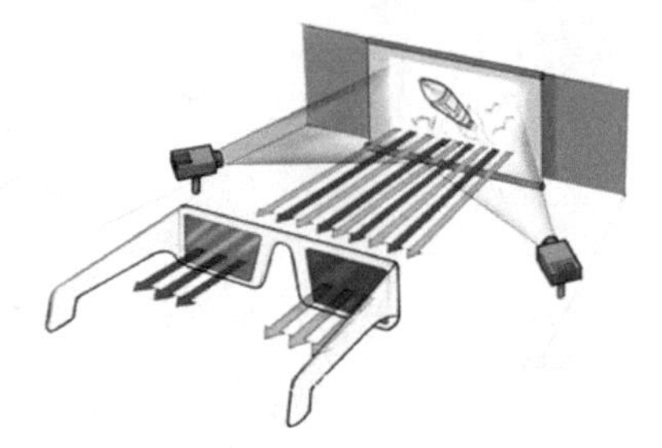

图 1-20 立体眼镜系统

根据立体眼镜呈现图像的方式，一般将立体眼镜分为被动立体眼镜和主动立体眼镜。被动立体眼镜采用两片正交的偏振光过滤片，分别放置在左右两个镜片之前，在接收图像时，每个眼镜仅允许通过与偏振片方向平行的图像，从而达到左右眼显示不同图像的功能。主动立体眼镜需要配合发射器使用，当显示器显示左侧图像时，发射器控制左侧眼镜处于开启状态，并控制右侧眼镜处于闭合状态，反之亦然。轮流切换左右眼镜的通断状态即可实现左右眼分别看到左右图像的效果。

图 1-21 头戴式显示器

(2) 头戴式显示器(HMD)。头戴式显示器是虚拟现实系统中最早开发的设备之一，也是目前发展最成熟的虚拟现实外设，如图 1-21 所示。头戴式显示器能够为人提供一个封闭空间，可以带来极强的沉浸式体验。头盔一般固定在头部，头与头盔之间相对静止，头部在运动的同时，头盔也会随之运动，因此，头盔上需要配备位置跟踪器，用来实时探测头部的位置和朝向。头盔的位置信息被实时地传送到计算机进行处理，根据这些信息动态调整头戴式显示器中的画面。头戴式显示器一般包含两个显示器，分别用来显示左右眼图像。人的大脑通过“双眼视差”对两张图像进行融合，得到一个立体图像，从而感受到三维空间的信息。头戴式显示器的显示屏与观察者的距离很小，为了使眼睛能够长时间近距离地观察图像而不产生疲劳感，并且能够放大图像使得显示器中的图像与真实世界中的尺寸差不多，需要采用一种透镜对图像进行放大处理，这种透镜被称为大跨度超视角(large expanse extra perspective，LEEP)镜片。

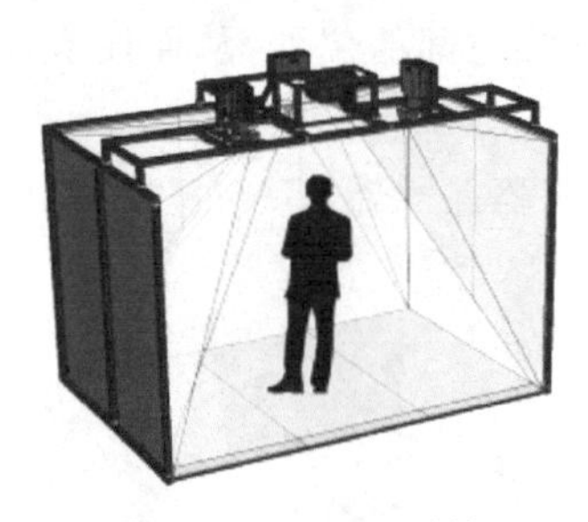

图 1-22　CAVE 系统

目前世界上主流的头盔显示器包括：三星公司生产的 GearVR、HTC 公司发布的 HTC Vive、脸书公司生产的 Oculus 系列、索尼公司发布的 Playstation VR 等。

(3) CAVE 系统。CAVE 系统是一种逼真的沉浸式虚拟现实环境，综合了多通道视景同步技术、立体显示技术和三维空间整型校正算法，如图 1-22 所示。CAVE 系统一般由多个显示屏包围而成，分别有 4 面式、5 面式和 6 面式 CAVE 系统。用户在 CAVE 系统中不仅能够感受到周围环境真实的变化，还可以获得具有真实效果的三维立体声音，此外还可以通过跟踪设备与场景进行六自由度的交互操作。CAVE 系统还支持多个用户同时在虚拟场景中进行观察。CAVE 系统是一个非常理想的多人协同工作的虚拟现实系统。然而，由于 CAVE 系统价格比较昂贵，需要较大的空间和多种设备的配合，系统的维护和培训成本也很高，因此还没有普及。

(4) 墙式投影。墙式投影是一种大型背投式显示设备，最常见的是立体环幕，如图 1-23 所示。立体环幕一般由多个通道通过拼接技术组合而成，并且具备一定的弧度。由于屏幕较大，人的视线基本被全部包围，具有高度沉浸感，而且允许多人同时体验虚拟现实环境。目前，许多高档电影院都配备了立体环幕，观众通过佩戴立体眼镜，便能够欣赏立体电影。它为观众带来更宽的视野、更多的显示内容、更高的显示分辨率以及更具冲击力和沉浸感的视觉效果。它的成本相对低廉，因此普及性较高。

图 1-23　立体环幕

(5) 吊杆式显示器。吊杆式显示器也被称为双目全方位显示器(binocular omni-orientation monitor)。通过一个吊杆将两个显示器捆绑在一起，由两个相互垂直的机械臂进行固定，能够让显示器在半径约为 2m 的空间中进行活动。在吊杆的每个节点处都有三维位置跟踪设备，能够获得显示器在移动过程中的三维空间位置和姿态，从而为用户动态更新图像。由于吊杆式显示器受空间的限制较小，因此，允许配备高分辨率显示器，相对于 HMD 有着更好的显示效果。缺点是机械臂对于用户的运动有影响，而且在支架的中心会产生“死区”，用户的工作区域会有一定损失。

2）听觉感知设备

听觉也是人类感知外部世界的主要方式之一，是除了视觉之外的第二大感官。通过在虚拟现实环境中增加三维立体声音，能够极大地增强用户在虚拟现实环境中的沉浸感体验。三维立体声音具备方位感、分布感，能够提高信息的清晰度和可感知度，提高周围环境的层次感。三维立体声音是对真实世界声源的真实模拟，声源不仅具有位置信息、方向信息，还包含了声音传播的衰减信息。通过三维立体声音，用户能够在虚拟现实环境下感受到声音从周围的任意空间传播到耳朵，并且能够比较准确地感受到声源相对用户的距离和方向等信息。三维立体声音在虚拟训练中有着非常重要的作用，比如在军事训练中，通过三维立体声，能够快速地判断敌人的位置，从而做出快速响应。

三维立体声音是通过模拟人耳的听觉来实现的。人的双耳之间有着一定的距离（大约 17cm），通过判断声音传播到双耳之间的时间差、强度差、相位差，人的大脑能够根据这个时间差判断出声源的位置和方向等信息，这一理论被称为“双耳效应”，双耳效应主要受以下 4 个因素影响：声音传播到双耳的时间差、声音传播到双耳的强度差、声音低频分量由于时间差产生的相位差、头骨对高频分量的遮蔽作用产生的音色差。听觉设备需要配合视觉设备使用，在目前的虚拟现实系统中，听觉设备主要为耳机和扬声器。前者主要用于头戴式视觉设备的使用，后者用于其他需要声音外放的视觉设备使用。

扬声器能够为更多的用户提供虚拟现实环境下的三维立体声，一般通过两个扬声器配合使用，通过控制两个扬声器声音输出的顺序、强弱等生成三维立体声音。由于扬声器在使用过程中是固定放置的，因此，仅能够为某一区域的用户带来较为真实的三维立体声音体验，对于处于该区域之外的用户，三维立体声音可能会存在一定的误差，甚至会出现混乱的现象。除此之外，扬声器的摆放位置也会影响虚拟现实系统的使用。如果将扬声器放置在显示设备之前，会在一定程度上影响用户的视觉效果；如果将扬声器放置在显示设备之后，则会在一定程度上影响声音的输出。因此，如何为扬声器选择合适的摆放位置是十分关键的。

耳机只能为一个用户提供三维立体声音，使用起来更加方便，能够跟随用户进行移动。耳机不受用户位置的限制，因此无论多少人同时佩戴耳机，用户都可以听到完全一样的三维立体声。此外，由于耳机能够给用户提供一个相对封闭的空间，所以受周围环境的影响较小，同时也能够为用户带来更加高品质的三维立体声音效果。但是长时间佩戴，会增加用户头部和双耳的负担。

3）触觉和力反馈设备

触觉同样是人体重要的感觉之一，通过皮肤表面散布的触点感受来自外部的温度、压力等。虚拟现实环境中常用的触觉和力反馈设备包括接触反馈设备和力反馈设备。

接触反馈设备用来感受接触表面的几何结构、硬度、湿度、温度等非力学信息。这类设备一般分为充气式接触手套和震动式接触手套。

(1) 充气式接触手套使用可充气气囊作用于手指产生触觉，通过小型气阀、伺服电机等将空气输送到位于手指的气囊，通过控制电路板采集气囊与外部表面的接触产生的变化，转换为计算机可识别的信号。

(2) 震动式接触手套通过将触觉转化为震动感获得虚拟现实环境中的信号。通过在手掌以及指尖部位安装若干个制动器，使其按照不同的频率和强度独立震动，从而精准地模拟触感。此外，在手掌、手指上还会分布多个传感器，检测震动强度，虚拟现实系统会根据采集的信号动态调整震动强度。

力反馈设备用来感受接触表面的压力等力学信息。力反馈设备一方面能够利用跟踪设备测量用户在使用过程中的位置信息，并将其实时传送给计算机；另一方面能够接收来自计算机的力觉信号，将信号通过力反馈设备转换为压力反馈给用户。力反馈设备能够对操作者的手掌、手指、手腕、手臂等产生压力，让操作者感受到作用力的大小和方向。常用的力反馈设备包含力反馈鼠标、力反馈手臂、力反馈手套。

(1) 力反馈鼠标是能够为用户带来力反馈信息的鼠标，其操作方式与普通鼠标类似，区别是当力反馈鼠标接触到不同物体时能够产生不同的震动效果，从而可以使用户感受到物体的材质、纹理、弹性等信息。其功能简单，主要用于娱乐游戏行业。

(2) 力反馈手臂能够仿真物体重量、惯性和与刚性物体的接触。日本筑波人机交互实验室(MITI)研制出专为虚拟现实仿真设计的力反馈手臂。手臂有 4 个自由度，设计紧凑，使用直接驱动的电驱动器。力反馈手臂传感器能够测量施加在手臂上的力和力矩信息，被广泛地用于实验室研究。

(3) 力反馈手套是带有力反馈的数据手套，其集成了传感器和位置控制器，不仅能够为操作者带来触觉反馈，还能够为操作者提供压力反馈，进而帮助操作者更好地感知虚拟现实环境。

1.2.4 AR 系统组成

一个完整的 AR 系统是由一组硬件设备与相关的软件系统共同实现的，除了上述 VR 系统的各部分组成外，AR 系统还需要环境感知设备，比如摄像头、IMU 传感器、GPS 传感器等。

1.2.5 AR 系统分类

根据硬件结构的不同，AR 系统分为 3 类：

1. 头盔显示式 AR 系统

头盔显示式 AR 系统由 3 部分组成：真实环境显示通道、虚拟环境显示通道及图像融合显示通道。虚拟环境显示通道和沉浸式头盔显示器的显示原理是一样的,而图像融合显示通道主要与用户交互和周围环境的表现形式有关。增强现实中的头盔显示器和虚拟现实中的头盔显示器不同:后者将现实世界隔离,只能看到虚拟世界中的信息;前者将现实世界和虚拟信息叠加后显示给用户。

2. 屏幕显示式 AR 系统

在基于屏幕显示器的 AR 系统中,相机采集到的真实场景图像被输入计算机中,计算机生成对应的虚拟信息并叠加到图像上,将融合结果输出到屏幕显示器上,用户从屏幕显示器上看到最终的融合场景。

3. 投影显示式 AR 系统

投影显示式 AR 系统将由计算机生成的虚拟信息直接投影到真实场景上进行增强。基于投影显示器的增强现实系统可以借助投影仪等硬件设备完成虚拟场景的融合,也可以采用图像折射原理,使用某些光学设备实现虚实场景的融合。

1.2.6　AR 系统硬件设备

与 AR 系统分类相对应,AR 系统的硬件设备可分为头盔显示设备、屏幕显示设备以及投影显示设备 3 种,北京理工大学的刘越对此进行了详细介绍[52]。

1. 头盔显示设备

透视式头盔显示器分为两种:光学透视式头盔显示器与视频透视式头盔显示器。

1）光学透视式头盔显示器

光学透视式头盔显示器可以将虚拟和真实组合到一起。以往标准的封闭式头盔显示器让使用者不能直接地看到周围的任何真实物体。与之相反,透视式头盔显示器可以允许使用者直接看到周围的真实环境,再使用视觉或者视频技术将虚拟物体叠加在真实环境中。光学透视式头盔显示器通过在使用者眼睛前方放置光学合成器来工作。这个光学合成器是半透明材质的,使用者可以直接看到真实的环境景物。同时,它又具有一定的反射作用,可以将由头盔中的投影仪所产生的虚拟物体反射到使用者的眼睛里。图 1-24 表示了光学透视式头盔显示器的原理。

光学合成器通常会减少由外界射入使用者眼睛中的光线。某些更加精密的合成器可以选择让某些波长范围的光线进入使用者的眼睛。事实上,目前的大部分光学透视式头盔显示器都会减少来自真实世界的光线,所以它们在断电的时候就像一副太阳眼镜一样。

Google Glasses

严格来讲,AR 眼镜也属于头盔显示器的范畴,但因其体积大幅度缩小,使得其适用范围和便携性都得到了极大提升。谷歌的 Google Glasses 以及微软的 HoloLens 为 AR 眼镜的代表性产品。

HoloLens

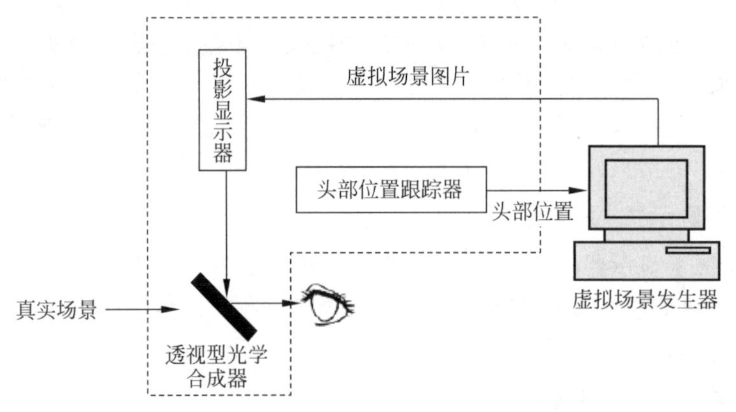

图 1-24　光学透视式头盔显示器原理图[55]

虚线框内为头盔组成部件

2）视频透视式头盔显示器

与光学透视式头盔显示器相反，视频透视式头盔显示器由一个封闭式的头盔和一或两个放置在头盔上的摄像机组成。由摄像机给使用者提供真实环境的图像。虚拟物体的图像由场景生成设备产生，然后和由摄像机拍摄的图像合成起来。合成后的视频则由封闭式头盔中放置在使用者眼睛前方的小型显示器显示给使用者。图 1-25 表示视频透视式头盔显示器的原理。

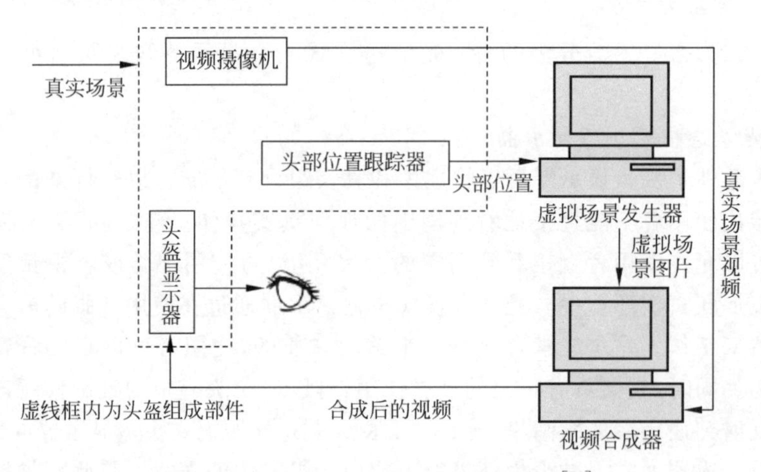

图 1-25　视频透视式头盔显示器原理图[52]

2. 屏幕显示设备

增强现实系统除了使用头盔式设备以外，还可以使用以屏幕显示器为基础的组成结构。如图 1-26 所示为以屏幕显示器为基础的系统构成。在这种结构中，由一或两个摄像机拍摄真实环境。既可以将摄像机固定，也可以使其处于运动状态，比如放置在一个运动中的机器人上，但是摄像机的位置必须能够被监测到。真实世界和虚拟图像的合成过程与视频透视式头盔基本一致，合成后的图像显示在使用者面前的显示器上。有时候,图像可以以立体的方式投影在显示器上,这时用户则必须佩戴立体眼镜才能看到立体的图像。

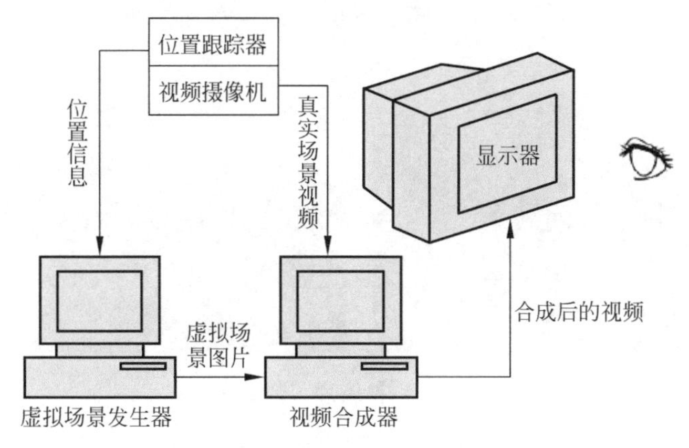

图 1-26 屏幕显示器原理图[52]

手持显示器也是一种屏幕显示器,它的最大特点是易于携带,常用于广告、教育和培训等。目前智能手机、平板电脑等移动设备为增强现实的发展提供了良好的平台。这些终端内置摄像头、GPS、陀螺仪等传感器,同时具有清晰度较高的显示屏,因此普及度很高,但沉浸感有待提高。

3. **投影显示设备**

投影显示设备将由计算机生成的虚拟信息通过投影仪直接投影到真实场景上进行增强,用户无需佩戴或手持任何设备,因此高亮度、高清晰度的投影仪为其主要的硬件设备。为了获得准确的投影位姿,设备配合摄像头进行位姿调整。

1.3 VR 技术与 AR 技术的应用领域

1.3.1 VR 技术的应用

虚拟现实技术能够为用户带来前所未有的体验,构造的沉浸式虚拟环境能够让人类足不出户地享受不同情境带来的超快感,此外也能够帮助专业人员进行上岗前的虚拟培训,能够极大地降低企业的培训成本。虚拟现实技术已经广泛地应用于人类生活的各个方面,主要的应用场景如下。

1. **教学科研**

虚拟现实的沉浸式体验在教学和科研方面能够为学生带来生动形象的内容展示,不仅能够极大地提高学生的学习兴趣,还能够帮助学生加深对知识点的理解[53]。

在教学方面,虚拟现实技术能够构造虚拟的学习环境、虚拟的实验基地(图 1-27),配合虚拟现实软件,学生可以在虚拟环境中进行自主学习和实验,这不仅提高了学生的学习兴趣,也避免了填鸭式的被动教学。

在科研方面,虚拟现实技术能够帮助医学生在虚拟手术平台上进行手术学习和练习,帮助设计专业学生在虚拟环境下更好地观察和修改设计模型,其成为科研人员的有力工具之一。

图 1-27 虚拟仿真实验平台[53]

2. 游戏体验

虚拟现实技术为游戏玩家带来了前所未有的体验,从而刺激了 VR 游戏的快速发展。随着虚拟现实设备性能的大幅提升和真实感绘制技术的应用,用户在沉浸式环境中的体验变得更好,如图 1-28 所示。同时,借助于网络环境或者云平台,可以实现处于不同地方的玩家同时在线,从而体验多人在线的虚拟现实游戏带来的乐趣。然而,目前在虚拟现实游戏中的交互方式相对简单,使得玩家对虚拟现实游戏的控制感体验较差,这是未来需要探索和解决的主要问题之一。

图 1-28 VR 游戏

头戴式显示器是虚拟现实游戏的主要设备之一,头戴式显示器能够为玩家提供一个完全封闭的空间,为玩家提供一种沉浸式体验。头戴式显示器除了能够为玩家提供逼真的画面之外,还能够为玩家提供三维环绕立体声,以及通过陀螺仪和加速器等传感器实时捕捉玩家的头部运动,进行画面和声音的动态调整,从而提升玩家在虚拟现实环境中的沉浸感。目前主流的头戴式显示器均开发了大量 VR 游戏,包括 Oculus Rift、HTC Vive、PlayStation VR、3DGlasses 等。

3. 影视行业

在电影行业中,虚拟现实技术作为电影中的高科技技术,为观众提供了无限的遐想。从早期的《头脑风暴》(1983 年)、《割草者》(1992 年),到近期的《美国队长:内战》(2016 年)、《头号玩家》(2018 年),在电影中虚拟现实技术的应用给人们拓展了科技视野,也为虚拟现实技术的发展提供了一定的借鉴。除此之外,虚拟现实技术也开始参与影视的制作中,可通过给观众佩戴虚拟现实设备,对其头、眼、手等部位信号进行捕捉,生成独特的电影影像,为观众带来新奇的体验。

虚拟现实技术还被应用到了电视直播中，通过特殊的设备采集和后期处理，将直播画面制作为虚拟节目，观众可以通过佩戴虚拟现实头盔身临其境般地进行现场节目的观看，如图1-29所示。在2021年日本东京奥运会上，共有7个项目进行了VR直播[54]，用户可以通过Oculus头盔观看选定的赛事直播。除了独自观看之外，用户还可以通过网络共享与朋友共同观看VR直播。美国广播公司ABC新闻与虚拟现实公司JauntVR联合制作了虚拟现实新闻——“Inside Syria VR”（VR探访叙利亚）[55]，让观众体验处于危机中的叙利亚，带领用户游览叙利亚首都，解释城市如何在战争中保护历史文物，让用户通过虚拟现实技术获得真实的新闻报道，如图1-30所示。

图1-29　VR直播[54]

图1-30　VR电视[55]

4. 数字展馆和虚拟旅游

传统的展馆大多采用物品陈列、图片展示和影像的方式展示展品，传递给观众的信息不够立体，观众难以对展品进行全方位的了解。虚拟现实技术通过对展品进行数字化，采用虚拟现实技术来呈现，能够为用户带来展品全方位多样化的立体展示效果，让观众仿佛置身其中，享受更好的体验。除此之外，虚拟现实技术对于现有古文物的保护也有着很好的帮助作用，通过对古文物进行数字化采集和保存，借助于虚拟现实技术让后人能够身临其境地观察历史文物，使历史和文明得到很好的传承。

虚拟现实技术还被应用于旅游行业[56]，如图1-31所示，随着社会的发展，工作节奏越来越快，生活和工作压力也越来越大，人们需要适当放松心情，旅游便是最好的途径之一。然而，旅游消耗大量的时间和精力，往往处于“堵在路上”的状态。虚拟现实技术能够让用户足不出户地欣赏到全球各地美景，在家里同样可以达到放松心情的效果。

5. 特殊培训

虚拟现实技术对于特殊场景的培训有着重要价值。虚拟现实技术可以帮助飞行员进行飞行训练[57]，帮助消防人员进行消防培训和演练[58]，帮助工厂进行巡检排查和安全监测。虚拟现实技术的沉浸式环境让用户能够获得真实体验，而且具有成本低、安全性高的特点，如图1-32所示。

图 1-31 VR旅游[54]

图 1-32 虚拟飞行培训和虚拟消防培训[57]

6. 医疗健康

虚拟现实技术在医疗健康行业的应用包括医学培训、康复训练和心理治疗。

对于医学培训，虚拟现实技术能够创建逼真的医疗环境，借助于虚拟现实设备，能够为医生带来沉浸式的手术体验，让医生仿佛处于真实的手术环境中。能够为新上岗的医生进行医学培训，帮助医生提高业务能力；也可以为复杂手术提供预先练习环境，帮助医生熟悉手术过程，提高手术成功率。2015 年 3 月，Medical Realities[59]公司推出了虚拟现实手术设备——“虚拟外科医生”(the virtual surgeon)，能够让医生在虚拟现实环境下模拟外科手术。他们希望能够借助于该设备推广基于虚拟现实技术的医学培训模式，更加方便地培养外科手术人才。2016 年 4 月 14 日，该公司通过虚拟现实技术直播了一位 70 岁老人的结肠肿瘤切除手术，用户能够通过 Oculus Rift 的应用程序(APP)实时观看手术，身临其境地体验手术的全过程，如图 1-33 所示。

对于康复训练，虚拟现实技术有着如下几个优势：能够提高恢复的安全性与舒适性、能够与患者互动。通过为患者提供一个虚拟现实康复系统，患者能够在虚拟现实环境中进行与真实环境下几乎无差别的康复训练，这种方式避免了患者在真实环境中面临的困难，能够帮助患者在虚拟现实环境中得到接受安全的治疗。此外，在虚拟环境中能够模拟许多在现实中不存在的场景，能够提高患者的快乐感，有助于辅助患者身体恢复。卡伦系统(computer assisted rehabilitation environment，CAREN)是一个基于虚拟现实技术的临床康复训练系统[60]，如图1-34所示。该系统主要用于人体平衡系统的诊断、康复和评估。通过捕捉系统记录和测量人体的运动，然后对采集的数据进行测试，并对患者的步态进行实时分析和展示，患者根据提示动态调整，从而达到康复训练的目的。该系统还可以通过一些虚拟现实小游戏提高患者治疗的积极性。

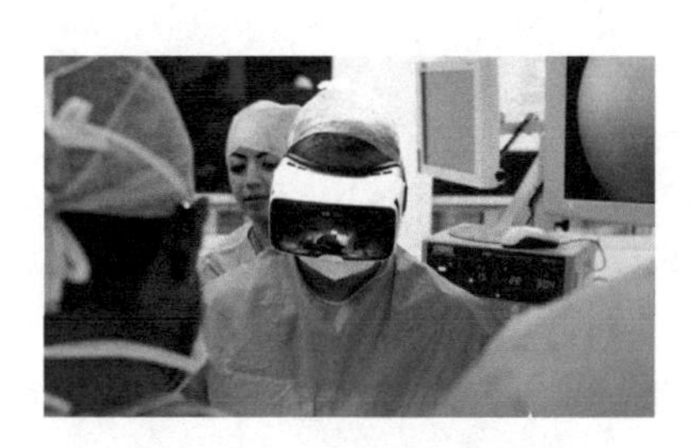

图1-33 VR医疗培训[59]

图1-34 CAREN康复训练系统[60]

对于心理治疗，虚拟现实技术能够帮助有心理创伤的患者尽快地走出心理阴影，如焦虑症、创伤后应激障碍等。有心理障碍的患者往往存在与人沟通的难题，通过构造能够让患者接受的虚拟现实环境，配合虚拟现实设备和医生的暗示，让心理障碍患者在虚拟现实环境下逐渐克服心理障碍。美国军队采用虚拟现实技术为那些在战后出现创伤后应激障碍的士兵进行恢复训练，获得了一定的效果。我国浙江省戒毒管理局通过虚拟现实技术帮助吸毒人员进行戒毒治疗[61]，取得了一定的效果，如图1-35所示。

图1-35 VR戒毒[61]

1.3.2 AR技术的应用

自20世纪90年代开始，随着硬件设备和软件技术的飞速发展，增强现实技术的应用研究取得显著进展。由于增强现实技术能够将真实环境中不存在的虚拟信息提供给观察者，增强观察者对真实世界的感知和交互，这一特性使得增强现实技术在很多领域有着巨大的应用前景[62]。

1. 医疗领域

在医疗领域中，医生可以在手术和模拟训练中借助虚拟的人体模型进行辅助操作。比如根据人体的实时三维数据信息(通过磁共振成像或者CT扫描获得)建立虚拟的内脏模型并利用增强现实技术将模型叠加到真实患者身体上，帮助医生判断病区和进行手术操作[63]。系统采用激光测距仪获得真实场景的深度值，以此获得正确的遮挡关系。通过增强现实手段，医生不需要开大创口即可观察患者身体内部病区情况，可以实现手术的低创伤性。同时增强现实可以辅助医生执行手术过程，比如可以辅助医生精确定位开刀口、钻孔或使用探针。增强现实技术还可以辅助实习医生进行技能训练[64]，虚拟的器官模型可以辅助医生更直观地对器官进行辨识[65]，虚拟的指导信息可以在实习医生操作的同时提供操作指示，避免频繁翻看操作手册。浙江大学的陈为对增强现实技术在医疗手术模拟及操作方面进行了应用研究[66]。

2. 机器人领域

在机器人领域，增强现实技术可以辅助路径规划。例如，操作者远程操控机器人的方式不够直观且带有延迟，借助增强现实技术，操作者可实时操纵本地的虚拟机器人模型执行操作。虚拟机器人的操作姿态被直接投影到现实场景中，操作者对操作的可行性进行预览与确认后，真实的机器人再依据此操作姿态进行真实操作，既直观又提高了效率。基于立体视频图形叠加的增强现实(augmented reality through graphic overlays on stereo video，ARGOS)采用基于立体视觉的增强显示系统提高机器人路径规划的准确性[67]。新加坡国立大学的 Chong 等人基于增强现实交互方式探讨了机器人无碰撞路径规划和编程方法[68]。

索尼 AR 游戏

3. 教育和娱乐领域

在教育、娱乐领域，增强现实技术在产品展示、电子游戏、多媒体课程等方面得到广泛应用。华盛顿大学 HIT 实验室的 MagicBook 增强现实系统使读者在阅读书内文字的同时能看到对应的三维虚拟场景模型[69]。索尼(Sony)公司的游戏“审判之眼”在游戏卡片上叠加渲染出虚拟的怪兽角色模型，达到一种角色真实存在于环境中的效果[70]。北京理工大学的王涌天团队对圆明园遗址进行虚拟重建，利用增强现实技术将重建后的模型融合到遗址上，通过佩戴立体眼镜在游览时能够观看到虚拟的圆明园原貌[71]。

参考文献

[1] SHERIDAN T B. Interaction，imagination and immersion some research needs [C]// Proceedings of the ACM symposium on Virtual reality software and technology. Seoul，The ACM Symposium on Virtual Reality Software and Technology. 2000：1-7.

[2] WEINBAUM S G. Pygmalion’s spectacles[M]. New York：Simon and Schuster，1935：6.

[3] Wikipedia. Sensorama：The earliest known examples of immersive，multi-sensory technology [EB/OL]. (2006-01-02) [2019-11-14]. https://en.wikipedia.org/wiki/Sensorama.

[4] Sutori. Telesphere Mask：The prototype of HMD[EB/OL]. (2016-11-30) [2019-11-14].

https://assets. sutori. com/user-uploads/image/d8e16c13-f819-49d6-9649-af5eae7e0551/d2d90eb9a311d5727f756692be1e58f6. png.

[5] Wordpress. Headsight: The first actual HMD invention[EB/OL]. (2014-04-17) [2019-11-14]. https://glassdevelopment. wordpress. com/2014/04/17/hmd-history-and-objectives-of-inventions/.

[6] Wordpress. "Sword of Damocles", the first BOOM (Binocular Omni Orientation Monitor) display[EB/OL]. (2014-04-17) [2019-11-14]. https://glassdevelopment. wordpress. com/2014/04/17/hmd-history-and-objectives-of-inventions/.

[7] CRAIG A B, SHERMAN W R, WILL J D. Developing virtual reality applications: Foundations of effective design[M/OL]. [2019-11-14]. San Francisco: Morgan Kaufmann Publishers Inc, 2009. https://www. elsevier. com/books/developing-virtual-reality-applications/craig/978-0-12-374943-7.

[8] STURMAND J, ZELTZER D. A survey of glove-based input[J]. IEEE Computer graphics and Applications, 1994, 14(1): 30-39.

[9] Wikipedia. Aspen Movie Map: Arevolutionary hypermedia system developed at MIT[EB/OL]. (2003-08-02) [2019-11-14]. https://en. wikipedia. org/wiki/Aspen_Movie_Map.

[10] Wikipedia. Scott Fisher, a professor focused on expanding the technologies and creative potentials of virtual reality [EB/OL]. (2003-08-02) [2019-11-14]. https://en. wikipedia. org/wiki/Scott_Fisher_(technologist).

[11] Wikipedia. VPL Research: One of the first companies that developed and sold virtual reality products[EB/OL]. (2015-01-29) [2019-11-14]. https://en. wikipedia. org/wiki/VPL_Research.

[12] Wikipedia. Mega Drive: A 16-bit home video game console developed and sold by Sega [EB/OL]. (2001-12-01) [2019-11-14]. https://en. wikipedia. org/wiki/Sega_Genesis.

[13] Wikipedia. The machines deliver real time gaming via a stereoscopic visor, joysticks, and networked [EB/OL]. (2008-01-13) [2019-11-14]. https://en. wikipedia. org/wiki/Virtuality_(product).

[14] CRUZ-NEIRA C, SANDIN D J, DEFANTI T A, et al. The CAVE: audio visual experience automatic virtual environment[J]. Communications of the ACM, 1992, 35(6): 64-72.

[15] DESAIP R, DESAI P N, AJMERA K D, et al. A review paper on oculus rift-a virtual reality headset[J]. arXiv preprint arXiv: 1408. 1173, 2014.

[16] Wikipedia. Virtual Boy: A 32-bit table-top video game console developed and manufactured by Nintendo[EB/OL]. (2001-12-05) [2019-11-14]. https://en. wikipedia. org/wiki/Virtual_Boy.

[17] Google inc. Google Cardboard, experience virtual reality in a simple fun and affordable way [EB/OL]. [2019-11-14]. https://arvr. google. com/cardboard/.

[18] Google inc. Google Daydream: Dream with your eyes open, simple, high quality virtual reality[EB/OL]. [2019-11-14]. https://arvr. google. com/daydream/.

[19] SUTHERLAND I E. A Head-Mounted Three Dimensional Display [C]. Proceedings of Fall Joint Computer Conference. New York: ACM, 1968: 757-764.

[20] BARFIELD W, CAUDELL T. Boeing's wire bundle assembly project[M]//Fundamentals of wearable computers and augmented reality. New York: CRC Press, 2001: 462-482.

[21] MILGRAM P, KISHINO F. A taxonomy of mixed reality visual displays[J]. IEICE TRANSACTIONS on Information and Systems, 1994, 77(12): 1321-1329.

[22] AZUMA R T. A survey of augmented reality[J]. Presence: Teleoperators & Virtual Environments, 1997, 6(4): 355-385.

[23] FISHER S S, MCGREEVY M, HUMPHRIES J, et al. Virtual environment display system [C]//Proceedings of the 1986 workshop on Interactive 3D graphics Chapel Hill: ACM, 1987: 77-87.

[24] HITCHNER L E. Virtual planetary exploration: A very large virtual environment[C]// ACM SIGGRAPH. 1992, 92.

[25] The University of North Carolina systems. Department of computer science[EB/OL]. [2019-11-14]. https://catalog. unc. edu/graduate/schools-departments/computer-science/.

[26] Loma Linda University. Loma Linda University Medical Center[EB/OL]. [2019-11-14]. https://lluh. org/locations/loma-linda-university-medical-center.

[27] SRI. Stanford Research Insitute[EB/OL]. [2019-11-14]. https://www. sri. com/.

[28] George Mason University. College of Science Center for Simulation and Modeling[EB/OL]. [2019-11-14]. https://www2. gmu. edu/.

[29] Xerox. Xerox Augmented Reality Assistant[EB/OL]. [2019-11-14]. https://www. xerox. com/en-us/innovation/insights/augmented-reality-assistant.

[30] Boeing inc. Employees use virtual reality to figure out best way to build 737 MAX 10[EB/OL]. [2019-11-14]. https://www. boeing. com/company/about-bca/washington/737-max10-virtual-reality-01-28-19. page.

[31] FhG-IGD. Fraunhofer Insitute for Computer Graphics Research IGD[EB/OL]. [2019-11-14]. https://www. igd. fraunhofer. de/en/competences/technologies/virtual-augmented-reality.

[32] PWC. Groawing VR/AR companies in the UK[EB/OL]. [2019-11-14]. https://www. pwc. co. uk/issues/intelligent-digital/growing-vr-ar-companies-in-the-uk. html.

[33] CARLSSON C, HAGSAND O. DIVE: A platform for multi-user virtual environments [J]. Computers & graphics, 1993, 17(6): 663-669.

[34] Airbus inc. Stepping into the virtual world to enhance aircraft maintenance[EB/OL]. [2019-11-14]. https://www. airbus. com/newsroom/stories/stepping-into-the-virtual-world-to-enhance-aircraft-maintenance-. html.

[35] The University of Tokyo. Kuzuoka Amemiya Narumi Lab[EB/OL]. [2019-11-14]. http://www. cyber. t. u-tokyo. ac. jp/.

[36] NEC inc. NEC's Virtual Reality Solutions in Flight Attendant Training[EB/OL]. [2019-11-14]. https://www. nec. com/en/press/201903/global_20190320_01. html.

[37] RANASINGHE N, KOH K C R, CHUA D, et al. Tainted: Smell the Virtual Ghost[C]// Proceedings of the 2017 ACM SIGCHI Conference on Creativity and Cognition, Singapore, 2017: 266-268.

[38] Sony inc. PlayStation VR[EB/OL]. [2019-11-14]. https://www. playstation. com/en-us/ps-vr/.

[39] 北京航空航天大学. 虚拟现实技术与系统国家重点实验室[EB/OL]. [2019-11-14]. http://vrlab. buaa. edu. cn/.

[40] 浙江大学.计算机辅助设计与图形学国家重点实验室[EB/OL].[2019-11-14].http://www.cad.zju.edu.cn/zhongwen.html.
[41] 清华大学.虚拟现实与人机界面实验室[EB/OL].[2019-11-14].http://www.ie.tsinghua.edu.cn/~zhangwei/vrhit/index.htm.
[42] WANG G P,LI S,WANG S R,et al. ViWoSG:A distributed scene graph of ultramassive distributed virtual environments[J]. Science in China Series F:Information Sciences,2009,52(3):457-469.
[43] 北京理工大学.中国首套登陆太空的VR(虚拟现实)设备完成预定任务[EB/OL].[2019-11-14].https://www.bit.edu.cn/xww/lgxb21/a130893.htm.
[44] 北方工业大学信息学院.增强现实与互动娱乐[EB/OL].[2019-11-14].http://csci.ncut.edu.cn/info/1061/1307.htm.
[45] 北京科技大学计算机与通信工程学院.人工智能与三维可视化团队[EB/OL].[2019-11-14].http://scce.ustb.edu.cn/kexueyanjiu/keyantuandui/2018-12-26/1165.html.
[46] 王贤坤.虚拟现实技术与应用[M].北京:清华大学出版社,2018.
[47] 凤凰科技.天河二号:已模拟137亿年演化 很快将观测宇宙边界[EB/OL].[2019-11-14].https://tech.ifeng.com/a/20151127/41513812_0.shtml.
[48] 李振华.虚拟现实技术基础[M].北京:清华大学出版社,2017.
[49] 5DT. Data Glove[EB/OL].[2019-11-14].https://5dt.com/5dt-data-glove-ultra/.
[50] CyberGlove. Cyber Glove Systems [EB/OL]. [2019-11-14]. http://www.cyberglovesystems.com/.
[51] WiseGlove. Wise Glove Solution[EB/OL].[2019-11-14].http://www.wiseglove.com/.
[52] 刘越.增强现实系统显示技术研究[C]//中国感光学会数字成像技术专业委员会,中国感光学会活动影像专业委员会,中国感光学会.第三届全国数字成像技术及相关材料发展与应用学术研讨会论文摘要集.2004:19-33.
[53] 北京欧贝尔.虚拟现实仿真平台[EB/OL].[2019-11-14].http://www.bjoberj.com/.
[54] VRscout. How to watch the 2020 Tokyo Olympics in VR[EB/OL].[2021-08-14].https://vrscout.com/news/watch-the-2020-tokyo-olympics-in-vr/#.
[55] ABC News VR:Inside Syria[EB/OL].[2019-11-14].https://abc7.com/syria-abc-news-virtual-reality-vr/987172/.
[56] 指尖上.全球全景360VR[EB/OL].[2019-11-14].https://www.zhijianshang.com/dr-sun-yat-sens-mausoleum-scenic-area/.
[57] 飞行培训.美国空军用VR加快飞行员培训[EB/OL].[2019-11-14].http://www.airforcetimes.com/news/your-air-force/2019/04/01/vr-flight-training-goes-international-brits-join-pilot-training-next/.
[58] KATVR. VR消防模拟训练[EB/OL].[2019-11-14].https://www.katvr.com/firefighting.
[59] Medical Realities. Transforming Medical Training through VR[EB/OL].[2019-11-14].https://digital.hbs.edu/platform-digit/submission/medical-realities-transforming-medical-training-through-vr/.
[60] VAN DER EERDEN W J, OTTEN E, MAY G, et al. CAREN—Computer Assisted Rehabilitation Environment[J]. Studies in health technology and informatics,1999,62:373-378.

[61] 中国日报网.浙江科学戒毒成果丰硕，首创VR戒毒有效率近75%[EB/OL].(2018-01-20)[2019-11-14]. https://baijiahao.baidu.com/s?id=1590072231763047601&wfr=spider&for=pc.

[62] 王余涛.基于增强现实的协同式装配系统研究[D/OL].合肥：中国科学技术大学，2010.[2019-11-14]. https://kns.cnki.net/kcms/detail/detail.aspx?dbcode=CMFD&dbname=CMFD2011&filename=2010210627.nh&v=uckbr%25mmd2FAXDVcZNppLEv1cpMSQpDYjPCtv%25mmd2FPRRjeE%25mmd2BSdarnbkEwBrkY%25mmd2FQUmK9jb%25mmd2BOh.

[63] GRIMSON W E L,ETTINGER G J,WHITE S J,et al. An automatic registration method for frameless stereotaxy, image guided surgery, and enhanced reality visualization[J]. IEEE Transactions on medical imaging,1996,15(2): 129-140.

[64] KANCHERLA A R,JANNICK P R, DONNA L W, et al. A Novel Virtual Reality Tool for Teaching Dynamic 3D Anatomy[C]// Computer Vision, Virtual Reality and Robotics in Medicine, First International Conference, CVRMed'95, Nice, 1995, 163-169.

[65] National Research Council. Virtual reality: scientific and technological challenges[M]. Washington: National Academies Press,1995.

[66] 陈为.短径癌症放射治疗中的医学可视化技术研究[D/OL].杭州：浙江大学，2002,7.[2019-11-14]. https://d.wanfangdata.com.cn/thesis/ChJUaGVzaXNOZXdTMjAyMTA1MTkSB1k1Nzg2NzYaCHBnOHFzN2lu.

[67] MILGRAM P, ZHAI S, DRASCIC D, et al. Applications of Augmented Reality for Human-Robot Communication[C]. //International Conference on Intelligent Robotics and Systems, IEEE/RSJ,1993,1467-1472.

[68] CHONG J W S, NEE A Y C, ONG S K, et al. Robot programming using augmented reality: an interactive method for planning collision-free paths[J]. International Journal of Robotics and Computer-Integrated Manufacturing,2006,25(3): 689-701.

[69] BIILINGHURST M, KATO H, POUPYRAV I. The MagicBook: a transitional AR interface[J]. Computers & Graphics,2001,25: 745-753.

[70] Sony inc. 索尼AR卡片游戏[EB/OL][2019-11-14]. http://www.jp.playstation.com/software/title/bcjs30007.html.

[71] 王涌天，郑伟，刘越，等.基于增强现实技术的圆明园现场数字重建[J].科技导报，2006,24(3): 36-40.

第2章

虚拟现实图形学基础

2.1 模型表达和交换

2.1.1 模型表达

几何模型是用几何概念描述物理或者数学物体形状，一般通过几何造型系统构建、绘制和使用。几何造型系统中最核心也是最复杂的模型表达就是对自由曲面的表示。本节重点介绍自由曲面的几种重要的造型方法。其中，参数曲线曲面造型方法特别是非均匀有理样条(non-uniform rational B-spline，NURBS，也称非均匀有理B样条)方法在目前几何造型系统中占统治地位，是工业产品主要表示方法；细分曲面的方法常用于计算机动画等视觉造型；T样条曲面造型是近些年来发展起来的曲面造型技术，其在保留NURBS方法优点的同时克服了后者在拓扑结构限制上的问题，显示出强有力的发展潜力。

1. 参数曲线曲面

曲线曲面模型的表达方式一般可分为三类：隐式模型、显式模型、参数化模型。其中，参数化模型具有易于在计算机中绘制、在坐标变换时具有几何不变性、易于表达闭曲线(曲面)、易于进行自由变形、易于进行插值拟合等优势，引起了国内外学者以及工业界的大量关注，并产生了丰富而完善的成果[1-3]。

1964年，美国波音公司的弗格森(Ferguson)在飞机设计中首先提出了采用参数矢量表达三次曲线的方法，称为三次弗格森曲线[4]。通过两组弗格森曲线可以构造一张弗格森曲面。1967年，麻省理工学院的孔斯(Coons)提出了双三次孔斯曲面的构造方法[5]。上述两种参数曲线曲面造型方法对于参数曲线曲面的后续研究提供了重要的参考价值，但是这两种方法的几何直观性较差，不适于用户的交互设计，在模型造型系统中已被逐步淘汰。

1962年，法国雷诺公司的工程师贝塞尔(Bézier)在从事汽车车体设计的工作中设计了后来大名鼎鼎的贝塞尔曲线曲面[6]，通过引入伯恩斯坦(Bernstein)基函数，使得贝塞尔曲线曲面具有许多良好特性。伯恩斯坦基函数在后续参数样条的发展过程中起到了重要作用。

贝塞尔曲线的数学定义如下：

$$P(t)=\sum_{i=0}^{n}P_iB_{i,n}(t),\quad 0\leqslant t\leqslant 1 \tag{2-1}$$

式中，P_i 是控制顶点，$B_{i,n}$ 是伯恩斯坦基函数，定义如下：

$$B_{i,n}(t)=\begin{cases}C_n^i t^i(1-t)^{n-i}, & i=0,1,\cdots,n\\ 0, & \text{其他}\end{cases} \tag{2-2}$$

式中，

$$C_n^i=\frac{n!}{i!(n-i)!} \tag{2-3}$$

图 2-1 分别展示了一次、二次和三次伯恩斯坦基函数：

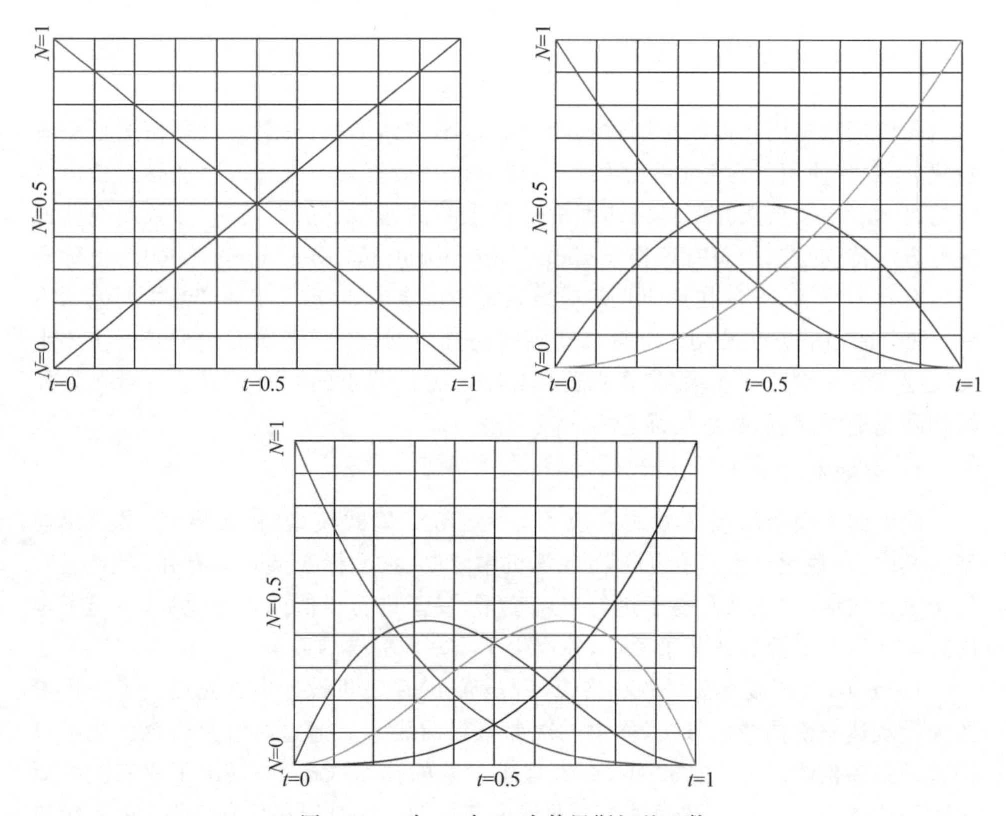

图 2-1　一次、二次、三次伯恩斯坦基函数

对于贝塞尔曲线，控制顶点的数目将会决定所采用的伯恩斯坦多项式的次数，如果有 $n+1$ 个控制顶点，那么需要 n 次伯恩斯坦多项式。对于高次贝塞尔曲线，需要高阶多项式，在实际应用中效率较低。三次贝塞尔曲线在实际中应用最广泛，由 4 个控制顶点和三次伯恩斯坦基函数的线性组合构成。三次贝塞尔曲线的公式定义如下：

$$P(t)=(1-t)^3P_0+3t(1-t)^2P_1+3t^2(1-t)P_2+t^3P_3 \tag{2-4}$$

式(2-4)可以改写为矩阵形式，易于编程实现：

$$P(t)=\begin{bmatrix}(1-t)^3 & 3t(1-t)^2 & 3t^2(1-t) & t^3\end{bmatrix}\begin{bmatrix}P_0\\P_1\\P_2\\P_3\end{bmatrix}$$

$$=\begin{bmatrix}1 & t & t^2 & t^3\end{bmatrix}\begin{bmatrix}1 & 0 & 0 & 0\\-3 & 3 & 0 & 0\\3 & -6 & 3 & 0\\-1 & 3 & -3 & 1\end{bmatrix}\begin{bmatrix}P_0\\P_1\\P_2\\P_3\end{bmatrix} \tag{2-5}$$

典型的三次贝塞尔曲线如图 2-2 所示：

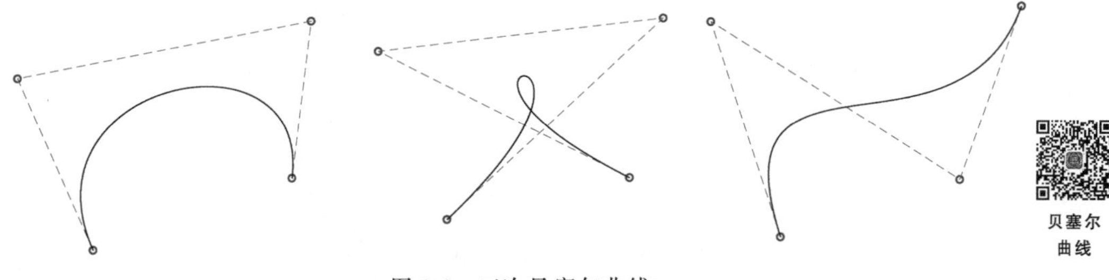

图 2-2　三次贝塞尔曲线

贝塞尔曲线

张量积方法是在两个方向上均采用曲线的处理方式，通过两组贝塞尔曲线采用张量积的方式可以构建贝塞尔曲面，贝塞尔曲面的定义如下：

$$S(u,v)=\sum_{j=0}^{m}\sum_{i=0}^{n}P_{i,j}B_{i,n}(u)B_{j,m}(v) \tag{2-6}$$

式中，$P_{i,j}$ 是贝塞尔曲面的控制顶点，$B_{i,n}$ 和 $B_{j,m}$ 分别是两组伯恩斯坦多项式。

贝塞尔曲线曲面的次数和控制顶点的数目息息相关，为了提高曲线曲面的次数，不仅需要引入大量的控制顶点，而且这些控制顶点不具备局部控制能力。为此，1972 年，德布尔(de Boor)[7]和考克斯(Cox)[8]分别独立地给出了 B 样条曲线的计算方法；1974 年，里森菲尔德(Riesenfeld)[9]推导了 B 样条基函数的向量表达方式，揭示了 B 样条基函数与伯恩斯坦基函数之间的内在关系，并在第一次国际计算机辅助设计会议上积极推广。随着 B 样条曲线相关配套算法的完善，B 样条曲线开始取代贝塞尔曲线成为曲线曲面造型领域新的宠儿。

从 B 样条曲线的提出到 21 世纪初期，以 NURBS 曲线为主的参数曲线曲面建模方法得到了高速发展。NURBS 不仅能够很好地解决自由曲线曲面形状的局部造型问题，还能够很好地描述初等解析形状，例如圆锥曲线和二次曲面等。此外，NURBS 曲线曲面的节点插入、升阶、降阶、插值、拟合等配套算法的逐步完善，为

NURBS在学术界的推广和工业中的应用提供了重要的理论基础[10-13]。2001年，国际标准化组织将NURBS规定为工业产品几何形状交换的唯一标准。

k 次NURBS曲线和NURBS曲面的定义分别如下：

$$C(t)=\frac{\sum_{i=0}^{n} w_i P_i N_{i,k}(t)}{\sum_{i=0}^{n} w_i N_{i,k}(t)}$$

$$S(u,v)=\frac{\sum_{i=0}^{n}\sum_{j=0}^{m} w_{i,j} P_{i,j} N_{i,k}(u) N_{j,m}(v)}{\sum_{i=0}^{n}\sum_{j=0}^{m} w_{i,j} N_{i,k}(u) N_{j,m}(v)} \tag{2-7}$$

式中，P 表示曲线或曲面上的控制顶点，w 表示权因子，N 表示 B 样条基函数，定义如下：

$$N_{i,0}(t)=\begin{cases}1, & t_i \leqslant t \leqslant t_{i+1}\\ 0, & \text{其他}\end{cases}$$

$$N_{i,k}(t)=\frac{t-t_i}{t_{i+k}-t_i}N_{i,k-1}(t)+\frac{t_{i+p+1}-t}{t_{i+p+1}-t_{i+1}}N_{i+1,p-1}(t)$$

一组典型的NURBS曲线和对应的基函数如图2-3所示：

NURBS曲线

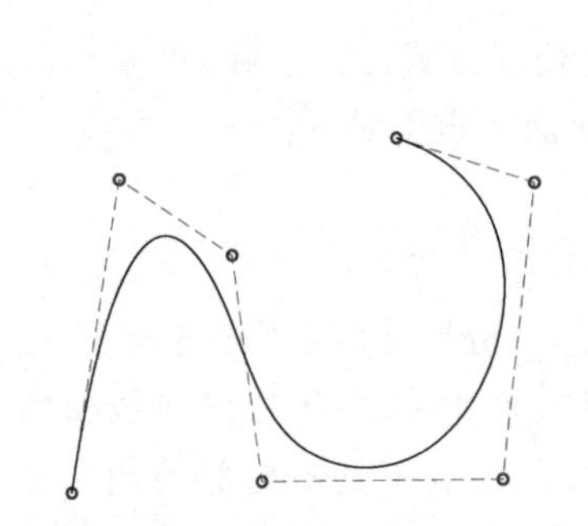

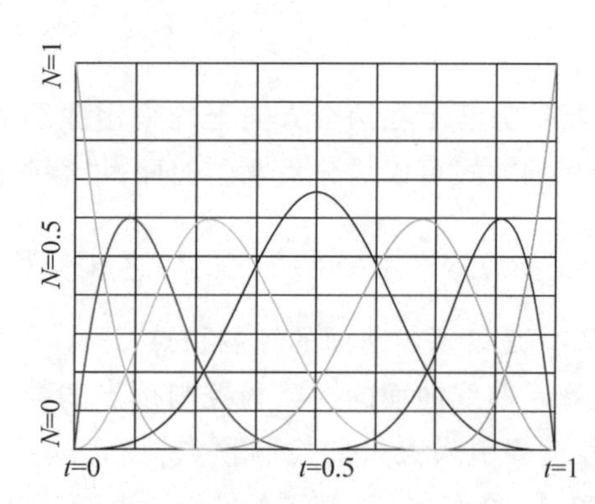

图2-3　NURBS曲线和对应的基函数

参数曲线曲面模型主要用于工业产品在虚拟现实场景中的表达，尤其针对大规模复杂装配场景的虚拟仿真，采用参数曲线曲面能够节省大量的存储空间，同时也为模型提供了更精确的表达。

2. 细分曲面

随着设计模型复杂性的提高，参数曲线曲面的局限性也越来越明显，单一的参数曲面难以表达具有复杂拓扑结构的模型，往往需要采用裁剪和拼接方式进行复杂模型的建模。NURBS 在曲面裁剪和拼接区域难以保证曲面连续性，而曲面连续性是模型建模的重要指标之一，此外，裁剪和拼接操作对于交互式设计的实时性也提出了一定挑战。在这种环境下，细分曲面应运而生，并且随着计算机动画、工业设计的推动而得到了快速发展[14]。细分曲面对于初始给定网格，通过不断重复细分规则，产生新的细化网格。细分曲面在造型时具有如下优点：能够建立具有任意拓扑结构的曲面；天然具有多分辨率特性，在模型的编辑、显示、网络传输等方面有着独特优势。

细分曲面属于网格模型，也称为多面体模型，常用的表达方法包含三角网格和四边形网格。网格模型通过连接一系列的三角面片或者四边形面片来表达模型的外形轮廓，通过点、边、面几何元素定义模型。每个顶点属于一条边，一条边包含 2 个顶点，每个面由 3 条边或者 4 条边组成。网格模型的主要获取方式包括：①通过三维参数化建模软件转换得到，例如：UG、SolidWorks、Pro/E 等；②通过网格建模软件构建，例如：Rhino3D、Autodesk 3ds Max 等；③通过扫描仪器以及配套的软件对物体扫描建模。网格模型具有易于解析、易于存储等特点，被广泛用于虚拟现实和增强现实应用中的模型表达。网格模型的精度可以通过调整网格模型的密度进行控制，从而应用于不同的场景：低精度模型可以用于模型在不同应用场景之间的交换；高精度模型可以提供更逼真的用户体验。高精度的网格模型可以通过对低精度的网格模型进行细分得到。

细分曲面根据分割元素的类型，可以将细分算法分为两种：面细分和顶点细分。前者是对网格中的曲面进行细分处理，后者是对网格中的顶点进行细分处理。图 2-4(a)、(b)是面细分模式，保留网格的原始顶点，在每一个网格的边上插入一个新的顶点，然后将新插入的顶点进行连接，从而将每一个面细分为 4 个新的面。图 2-4(c)、(d)是顶点细分模式，将每一个面上的顶点按照给定方式生成新的顶点，然后将新生成的顶点进行连接。

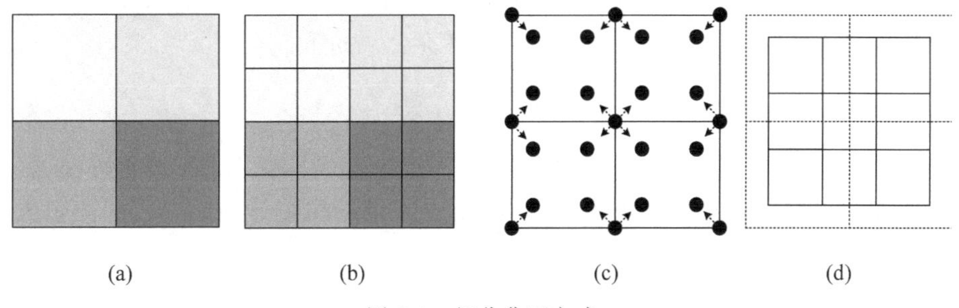

图 2-4　细分曲面方式

细分曲面的提出可以追溯到 1956 年，Rahm[15]通过多边形角点切割的方法生成光滑曲线，第一次将细分思想引入计算机图形学中。1975 年，Riesenfeld[16]给出了细分曲面的极限曲面和参数曲面之间的内在关联。1978 年，Catmull 和

Clark[17]提出了 Catmull-Clark 细分曲面，其极限曲面是双三次均匀 B 样条曲面，同年，Doo[18]和 Sabin 提出了 Doo-Sabin 细分曲面，其极限曲面是双二次均匀 B 样条曲面。1987 年，Loop[19]提出了 Loop 细分算法，是二次三角箱样条的推广。1990 年，Dyn[20]提出了蝶型细分曲面，该方法由于细分的形状而得名。2000 年，Kobbelt[21]提出了$\sqrt{3}$细分，其细分规则与以往基于三角网格细分的方法不同，面分裂规则不是一分四，而是一分三。下面以 Loop 细分为例，介绍细分算法的具体细节，其他细分算法与之类似。

Loop 细分针对三角面片构造的网格模型，分别在每个 3 角面片的 3 条边上生成 3 个顶点，然后将 3 个顶点两两相连，从而将 1 个三角面片分裂成 4 个三角面片，如图 2-5 所示。

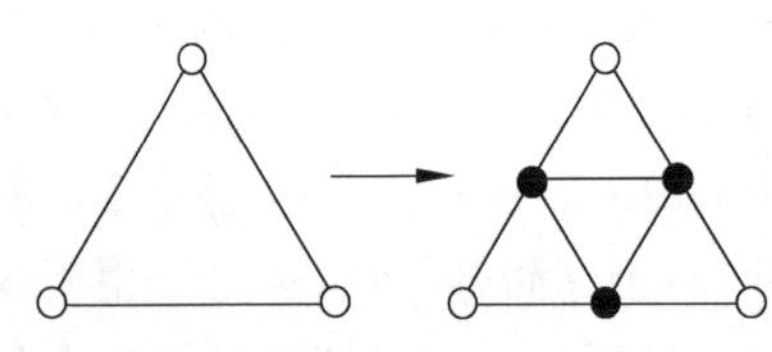

图 2-5　Loop 细分模式

Loop 细分在细分过程中新生成的顶点可以分为 4 类：内部顶点、内部边顶点、边界顶点和边界边顶点。这 4 类顶点的计算公式分别如下：

(1) 内部顶点：假设 v_0 为细分网格内部的一个价为 n 的顶点，价是指与该顶点相连的边的数目。v_0 的 n 个相邻的点分别是：$v_1, v_2, \cdots, v_n$，则该内部顶点在细分之后对应的新的顶点的计算公式如下：

$$v_{\mathrm{V}}=\alpha(n)v_0+\frac{1-\alpha(n)}{n}\sum_{i=1}^{n}v_i \tag{2-8}$$

式中：

$$\alpha(n)=\left(\frac{3}{8}+\frac{1}{4}\cos\frac{2\pi}{n}\right)^2+\frac{3}{8}$$

(2) 内部边顶点：假设(v_0, v_1)为细分网格的内部的一条边，该内部边与两个三角形面相邻，相邻的三角形面分别用两组顶点描述：(v_0, v_1, v_2)和(v_0, v_1, v_3)。则该内部边在细分之后生成的新的顶点的计算公式如下：

$$v_{\mathrm{E}}=\frac{3}{8}(v_0+v_1)+\frac{1}{8}(v_2+v_3)$$

(3) 边界顶点：假设 v_0 为细分网格的一个边界顶点，边(v_0, v_1)和边(v_0, v_2)分别为与该顶点相连接的两条边界边，则该边界顶点在细分之后生成的新顶点的计算公式如下：

$$v_{\mathrm{V}}^{b}=\frac{1}{8}(v_1+v_2)+\frac{3}{4}v_0$$

(4) 边界边顶点：假设(v_0, v_1)为细分网格的一条边界边，则该边界边在细分之后生成的新的顶点的计算公式如下：

$$v_{\mathrm{E}}^{b}=\frac{1}{2}v_0+\frac{1}{2}v_1$$

根据公式给出 Loop 细分的细分模板如图 2-6 所示。

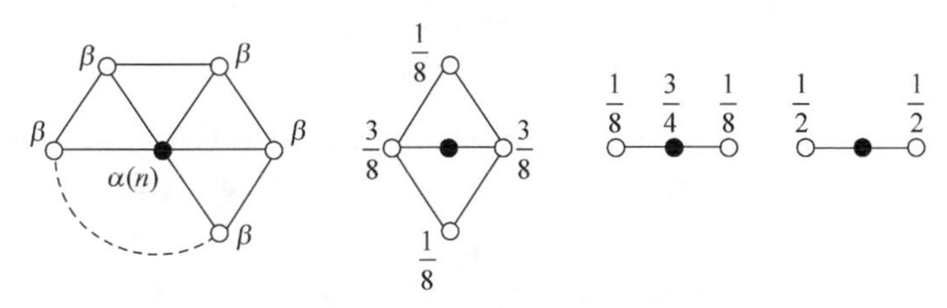

图 2-6　Loop 细分模板

细分曲面的优势是可以通过不断地迭代构建更加精确的模型，缺点也显而易见，如果曲面细分次数过多，会产生大量的数据，从而增加内存的消耗，如图 2-7 所示。

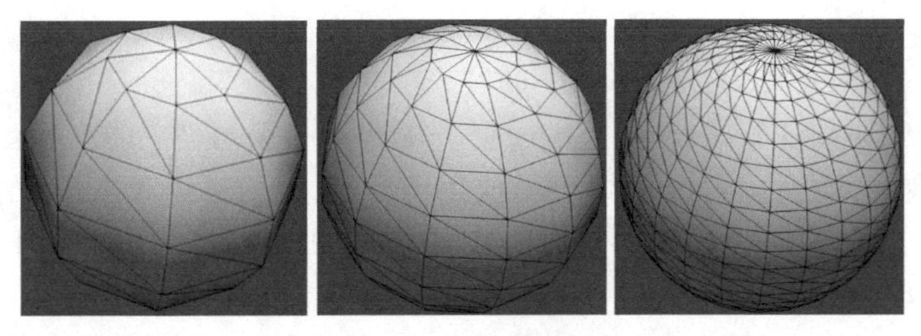

图 2-7　不同等级的细分结果

细分曲面模型主要用于游戏、娱乐、产品设计等方面，通过直观的交互手段能够快速地创建模型。此外，细分曲面也为模型在虚拟现实环境中的自适应细节层次(levels of detail，LOD)生成提供了技术支撑。

3. T 样条曲面

参数曲线曲面被广泛地用于设计制作领域，而细分曲面被广泛地用于计算机动画、工业设计领域，尽管两种方法分别在不同的领域得到了很好的发展和应用，然而，这两种方法仍然存在改进空间。两种方法在表达模型时，均采用"全局"方法：对于参数曲线曲面，当对其插入新的控制顶点时，为了满足拓扑规则，需要在整张曲面上插入控制顶点；对于细分曲面，每次细分均需要对整张曲面进行细分。这种"全局"的方法对于简单曲面的描述影响不大，然而对于复杂曲面，这种方法引入了大量冗余点，不仅会影响模型交互时的性能，对于模型的传输和存储也带来了一定的问题。

2003 年，Sederberg 和郑建民等[22]提出了 T 样条曲面，并将该方法引入 Catmull-Clark 细分曲面中。T 样条曲面实现了参数样条曲面和细分曲面的统一，广义的 T 样条曲面是 NURBS 曲面和 Catmull-Clark 细分曲面的超集。T 样条曲面通过局部控制点插入的方法避免了传统建模过程中的"全局"方法。随着 T 样条技术的提出，T 样条理论也在逐步完善，包括 T 样条升阶算法[23]、T 样条插值拟合算法[24]、任意次数T样条的表达和计算[25]、三维体T样条的表达[26-27]等。在T样条理论完善的同时，由于其优秀的特性，T样条曲面被广泛地应用到各个领域中，包括曲面拟合[28-30]、复杂曲面拼接和裁剪[31]、等几何分析[32-34]、曲面刀轨生成[35-36]等。

T-splines公司成立于2004年，主要为当前主流造型软件开发T-spline插件，主要包含SolidWorks和Rhino。该公司于2011年被Autodesk公司收购，T-spline插件目前仅针对Autodesk公司的Fusion 360进行更新。

T样条有机地结合了参数曲面和细分曲面的优点，为复杂模型在虚拟现实环境下的自适应绘制提供了重要的技术支撑。

2.1.2 模型交换

不同的软件公司在开发应用时均可以自定义几何模型的存储格式，为了模型能够在不同的软件中进行交换，需要统一的格式存储模型。常用的几何模型存储格式包含STL、OBJ、STEP、VRML、glTF等。

STL(STereoLithography)是由3D Systems软件公司创立的[37]，是常用的三角网格存储格式之一，文件格式简单，应用广泛，包含ASCII和二进制两种格式。STL文件格式只能描述模型的几何信息，包含三角面片的法矢信息，不包含模型的颜色材质等信息。

OBJ是由Alias/Wavefront公司开发的一种用于3D模型交换的格式[38]。OBJ格式包含几何信息、贴图信息、法线信息，材质和纹理信息存储在与该文件对应的mtl文件中。

STEP是由国际标准化组织(International Organization for Standardization，ISO)提出的用于产品模型数据交换的规范[39]，用于产品生命周期内所有产品信息的交换。除了能够描述几何信息之外，还能够描述工艺信息、测量信息、加工信息等。

VRML是由虚拟现实建模语言(virtual reality modeling language，VRML)协会设计的用于万维网中三维模型交换的格式[40]，是一种面向对象的三维造型语言。除了包含几何模型外，还支持光照、粒子系统、着色器，以及延迟着色、实时环境反射等高级绘制功能。

glTF是由Khronos组织发布的用于3D场景和模型交换的格式[41]，这种格式基于JSON，便于在网络上传输。2017年glTF 2.0正式发布。Khronos作为OpenGL的发起者，希望在3D模型的格式上进行统一，从而能够通过不同的渲染引擎和3D软件很容易地处理模型，因此，出现了glTF格式，致力于让glTF成为3D模型交换的唯一标准。glTF包含几何信息、摄像机信息、纹理信息、光照信息、动画、着色器等。Blender已经完全支持glTF 2.0模型的读写，其他三维软件也在着手开发对应的glTF插件。

2.2　绘制基本原理

当前虚拟现实技术主要以满足用户的视觉体验为主，因此，如何提高绘制的真实感效果仍然是目前虚拟现实技术的主要研究内容。本节主要介绍绘制原理和常用的绘制技术。

我们把模型从输入到最终显示在计算机屏幕中的过程称为“绘制流水线”(rendering pipeline)，如图 2-8 所示。这种命名方法是因为绘制过程类似于水在管道中的流动，模型在绘制过程中需要依次经历如下几个阶段：顶点操作、图元装配、裁剪/投影/消隐、光栅化处理、像素操作、纹理内存、片元/纹理/光照处理、片元操作、帧缓存等。

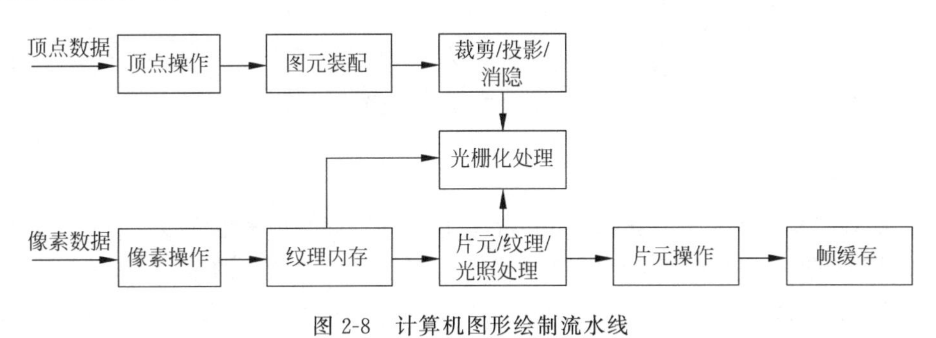

图 2-8　计算机图形绘制流水线

2.2.1　模型几何变换

模型在建模过程、场景绘制过程、动画仿真过程中都离不开几何变换，常见的几何变换包括平移变换、旋转变换、缩放变换、反射变换、错切变换。本小节讨论的几何变换为三维空间的几何变换。

1. 齐次坐标

齐次坐标是将一个原本 n 维的向量用一个 $n+1$ 维的向量来表示，齐次坐标在数学中用来描述笛卡儿方程的表达效果，利用齐次坐标可以用矩阵相乘的形式来表示三维空间中的所有几何变换，是图形系统中采用的标准方法。

2. 平移变换

平移变换(translation transformation)是指三维空间点的坐标通过增加变量生成新的三维空间中的点的过程，如图 2-9 所示。模型中任意点 $P(x,y,z)$ 通过将平移距离(t_x,t_y,t_z)添加到 P 的坐标上，从而得到新的坐标位置 $P'(x',y',z')$，其中：

$$x'=x+t_x,\quad y'=y+t_y,\quad z'=z+t_z$$

三维平移变换的齐次矩阵表达形式如下：

$$\begin{bmatrix} x' \\ y' \\ z' \\ 1 \end{bmatrix} = \begin{bmatrix} 1 & 0 & 0 & t_x \\ 0 & 1 & 0 & t_y \\ 0 & 0 & 1 & t_z \\ 0 & 0 & 0 & 1 \end{bmatrix} \begin{bmatrix} x \\ y \\ z \\ 1 \end{bmatrix}$$

在三维空间中，模型的平移变换通过对该模型中的各个点进行平移变换，从而得到新的模型，如图 2-9 所示。

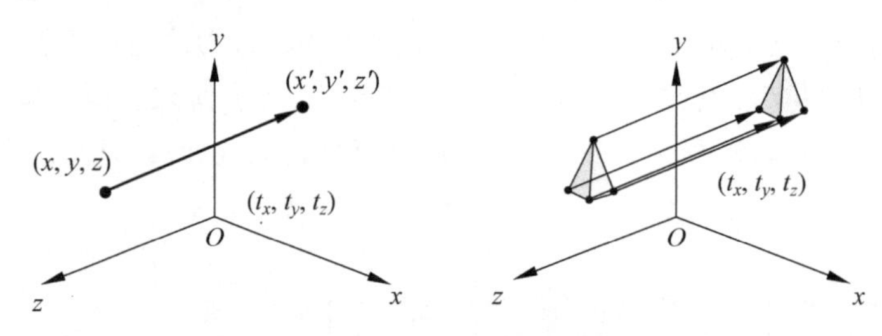

图 2-9　三维平移变换

3. 旋转变换

旋转矩阵

旋转变换(rotation transformation)是指三维空间点的坐标围绕着给定的旋转轴(axis)旋转一定的角度(angle)而生成新的三维空间中的点的过程，如图 2-10 所示。这里首先给出绕三维空间坐标轴旋转的操作，然后讨论绕三维空间任意轴旋转的操作。一般约定，沿着坐标轴正半轴观察原点，然后绕坐标轴逆时针旋转认为是正向旋转，如图 2-11 所示。

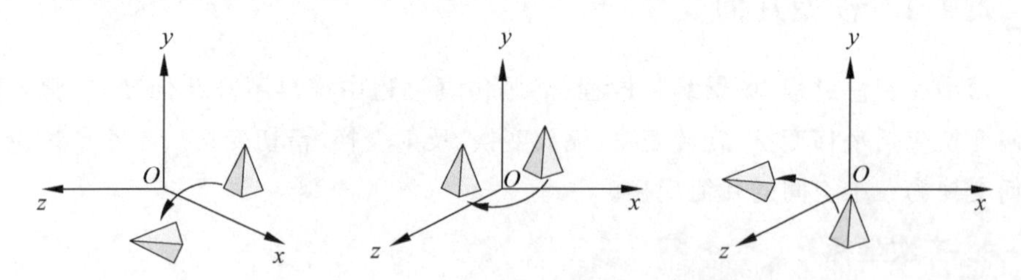

图 2-10　从左到右依次为绕 x、y、z 轴旋转

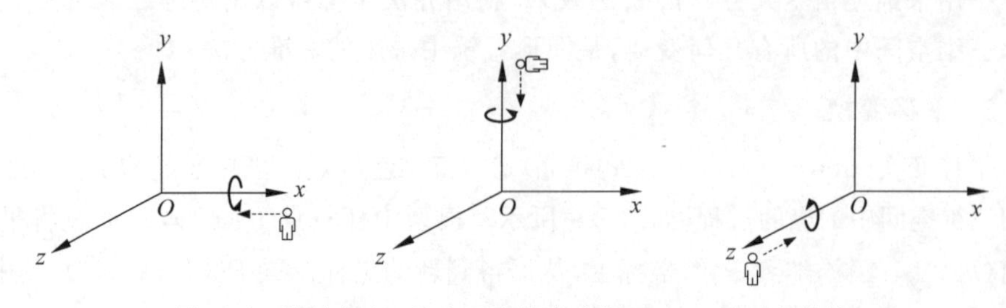

图 2-11　旋转方向：从左到右依次为绕 x、y、z 轴正向旋转

三维空间中任意点绕 z 轴旋转的公式如下：

$$\begin{cases} x' = x\cos\theta - y\sin\theta \\ y' = x\sin\theta + y\cos\theta \\ z' = z \end{cases} \tag{2-9}$$

式中，θ 表示绕 z 轴旋转的角度。式(2-9)的齐次矩阵形式如下：

$$\begin{bmatrix} x' \\ y' \\ z' \\ 1 \end{bmatrix} = \begin{bmatrix} \cos\theta & -\sin\theta & 0 & 0 \\ \sin\theta & \cos\theta & 0 & 0 \\ 0 & 0 & 1 & 0 \\ 0 & 0 & 0 & 1 \end{bmatrix} \begin{bmatrix} x \\ y \\ z \\ 1 \end{bmatrix}$$

同样地，可以得到三维空间中任意点绕 x 轴和 y 轴旋转的公式。绕 x 轴旋转公式如下：

$$\begin{cases} y' = y\cos\theta - z\sin\theta \\ z' = y\sin\theta + z\cos\theta \\ x' = x \end{cases} \tag{2-10}$$

式(2-10)对应的矩阵形式如下：

$$\begin{bmatrix} x' \\ y' \\ z' \\ 1 \end{bmatrix} = \begin{bmatrix} 1 & 0 & 0 & 0 \\ 0 & \cos\theta & -\sin\theta & 0 \\ 0 & \sin\theta & \cos\theta & 0 \\ 0 & 0 & 0 & 1 \end{bmatrix} \begin{bmatrix} x \\ y \\ z \\ 1 \end{bmatrix}$$

绕 y 轴旋转公式如下：

$$\begin{cases} z' = z\cos\theta - x\sin\theta \\ x' = z\sin\theta + x\cos\theta \\ y' = y \end{cases} \tag{2-11}$$

式(2-11)对应的矩阵形式如下：

$$\begin{bmatrix} x' \\ y' \\ z' \\ 1 \end{bmatrix} = \begin{bmatrix} \cos\theta & 0 & \sin\theta & 0 \\ 0 & 1 & 0 & 0 \\ -\sin\theta & 0 & \cos\theta & 0 \\ 0 & 0 & 0 & 1 \end{bmatrix} \begin{bmatrix} x \\ y \\ z \\ 1 \end{bmatrix}$$

对于旋转轴与坐标轴不一致的旋转操作可以利用平移变换和绕坐标轴旋转的复合操作得到，如图 2-12 所示。首先将给定的三维空间中的任意旋转轴经过平移和旋转变换为三维空间中的坐标轴之一，然后对该坐标轴进行适当的旋转操作，最后将旋转轴变回原来的位置。

三维空间中的任意旋转轴可以由两个坐标点确定，或者通过一个坐标点和旋转轴与两个坐标轴间的方向角来确定。假设通过三维空间中的两个点来确定旋转轴，如图 2-13 所示，该旋转轴可以表示为：

$$\mathbf{V} = \overrightarrow{OP_2} - \overrightarrow{OP_1} = (x_2 - x_1, y_2 - y_1, z_2 - z_1)$$

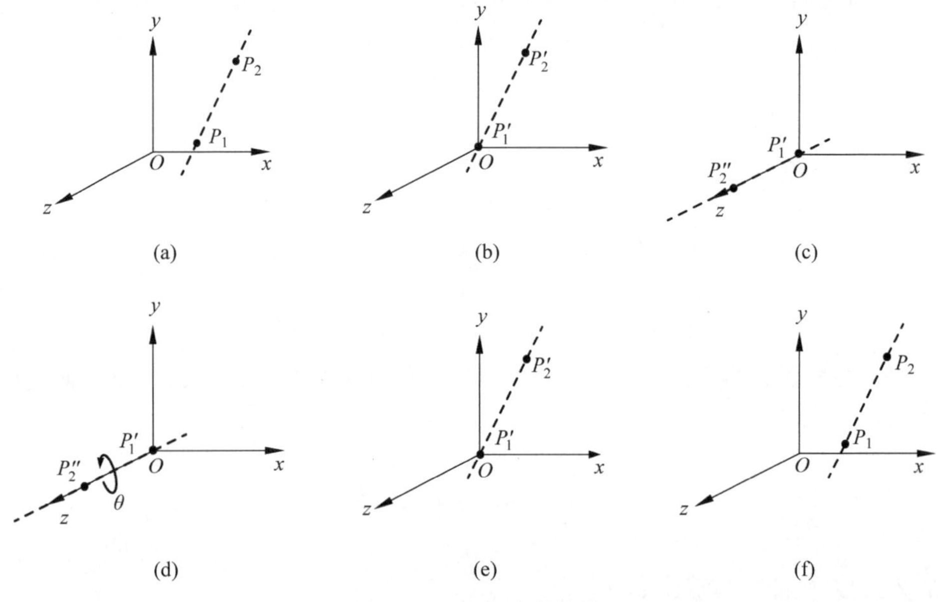

图 2-12　空间任意轴旋转

(a) 初始位置；(b) 将 P_1 平移到原点；(c) 将 P_2'旋转到 z 轴；(d) 将对象绕 z 轴旋转；(e) 将该轴旋转到图(b)所示的位置；(f) 将该轴平移到原来的位置

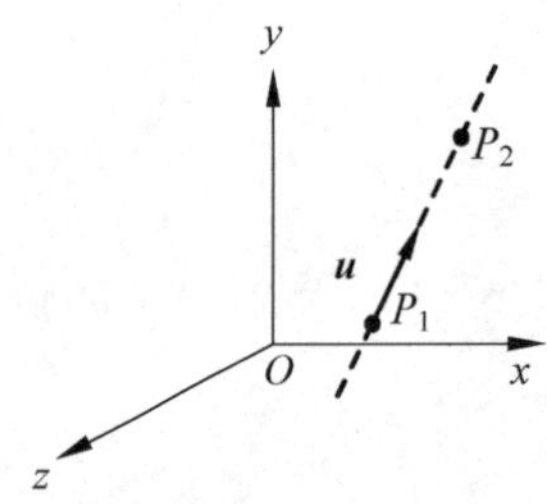

图 2-13　三维空间任意轴

旋转轴(虚线)根据点 P_1 和 P_2 进行定义。单位轴向量 $\boldsymbol{u}$ 的方向由给定的旋转方向所确定,沿着该旋转轴的单位向量 $\boldsymbol{u}$ 定义为：

$$\boldsymbol{u}=\frac{\mathbf{V}}{|\mathbf{V}|}=(a,b,c) \tag{2-12}$$

式中,分量(a,b,c)是旋转轴的方向余弦：

$$a=\frac{x_2-x_1}{|\mathbf{V}|},\quad b=\frac{y_2-y_1}{|\mathbf{V}|},\quad c=\frac{z_2-z_1}{|\mathbf{V}|}$$

首先将旋转轴进行平移变换,使得旋转轴经过坐标轴的原点,如图 2-14 所示,平移变换矩阵如下：

$$\boldsymbol{T}=\begin{bmatrix}1 & 0 & 0 & -x_1\\0 & 1 & 0 & -y_1\\0 & 0 & 1 & -z_1\\0 & 0 & 0 & 1\end{bmatrix}$$

然后将该旋转轴进行旋转变换,使得该旋转轴与任意坐标轴(以 z 轴为例)重合。可以通过两次旋转操作将该旋转轴旋转至 z 轴,该旋转轴绕 x 轴的旋转角度为 α,则旋转角 α 的正弦和余弦可以通过旋转轴在 yz 平面的投影计算得到：

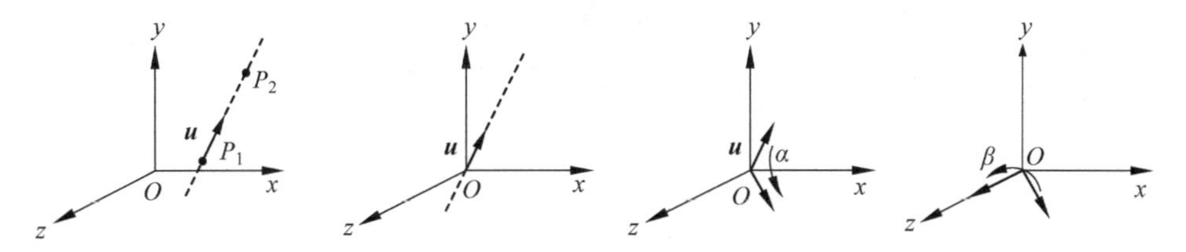

图 2-14　三维空间旋转

$$\cos\alpha = \frac{c}{d}, \quad \sin\alpha = \frac{b}{d} \tag{2-13}$$

式(2-13)中，$d=\sqrt{b^2+c^2}$，那么该旋转轴绕 x 轴的旋转变换矩阵如下所示：

$$\boldsymbol{R}_x(\alpha) = \begin{bmatrix} 1 & 0 & 0 & 0 \\ 0 & \frac{c}{d} & -\frac{b}{d} & 0 \\ 0 & \frac{b}{d} & \frac{c}{d} & 0 \\ 0 & 0 & 0 & 1 \end{bmatrix}$$

接下来，该旋转轴绕 y 轴旋转角度为 β，那么旋转角 β 的正弦和余弦计算如下：

$$\cos\beta = d, \quad \sin\beta = -a$$

该旋转轴绕 y 轴的旋转变换矩阵为：

$$\boldsymbol{R}_y(\beta) = \begin{bmatrix} d & 0 & -a & 0 \\ 0 & 1 & 0 & 0 \\ a & 0 & d & 0 \\ 0 & 0 & 0 & 1 \end{bmatrix}$$

最后给定旋转角 θ，绕 z 轴的旋转矩阵如下：

$$\boldsymbol{R}_z(\theta) = \begin{bmatrix} \cos\theta & -\sin\theta & 0 & 0 \\ \sin\theta & \cos\theta & 0 & 0 \\ 0 & 0 & 1 & 0 \\ 0 & 0 & 0 & 1 \end{bmatrix}$$

那么，对于空间给定的任意旋转轴和旋转角，旋转矩阵如下所示：

$$\boldsymbol{R}(\theta) = \boldsymbol{T}^{-1}\boldsymbol{R}_x^{-1}(\alpha)\boldsymbol{R}_y^{-1}(\beta)\boldsymbol{R}_z(\theta)\boldsymbol{R}_y(\beta)\boldsymbol{R}_x(\alpha)\boldsymbol{T}$$

4. 缩放变换

缩放矩阵

缩放变换(scaling transformation)是指三维空间点的坐标乘以给定的缩放系数生成新的三维空间中点的过程。三维空间中任意点的缩放变换公式如下：

$$x' = x \cdot s_x, \quad y' = y \cdot s_y, \quad z' = z \cdot s_z$$

三维缩放变换的齐次矩阵表达形式如下：

$$\begin{bmatrix} x' \\ y' \\ z' \\ 1 \end{bmatrix} = \begin{bmatrix} s_x & 0 & 0 & 0 \\ 0 & s_y & 0 & 0 \\ 0 & 0 & s_z & 0 \\ 0 & 0 & 0 & 1 \end{bmatrix} \begin{bmatrix} x \\ y \\ z \\ 1 \end{bmatrix}$$

利用公式对一个三维空间中的任意对象(该对象不在坐标原点处)直接进行缩放变换时,该对象的大小以及该对象相对于坐标原点的位置都会发生变化。当缩放系数大于 1 时,变换对象会增大且向远离坐标原点的方向移动；反之,当缩放系数小于 1 时,变换对象会缩小且向靠近坐标原点的方向移动。

为了保证在缩放过程中模型相对坐标原点的距离保持不变,可以采用如下方法进行缩放变换,如图 2-15 所示：

(1) 将模型平移到原点；

(2) 对模型进行缩放变换；

(3) 将模型平移回原始位置。

模型相对坐标原点距离不变的缩放变换对应的矩阵形式如下所示：

$$\boldsymbol{T}(x_f, y_f, z_f)\boldsymbol{S}(s_x, s_y, s_z)\boldsymbol{T}(-x_f, -y_f, -z_f) = \begin{bmatrix} s_x & 0 & 0 & (1-s_x)x_f \\ 0 & s_y & 0 & (1-s_y)y_f \\ 0 & 0 & s_z & (1-s_z)z_f \\ 0 & 0 & 0 & 1 \end{bmatrix}$$

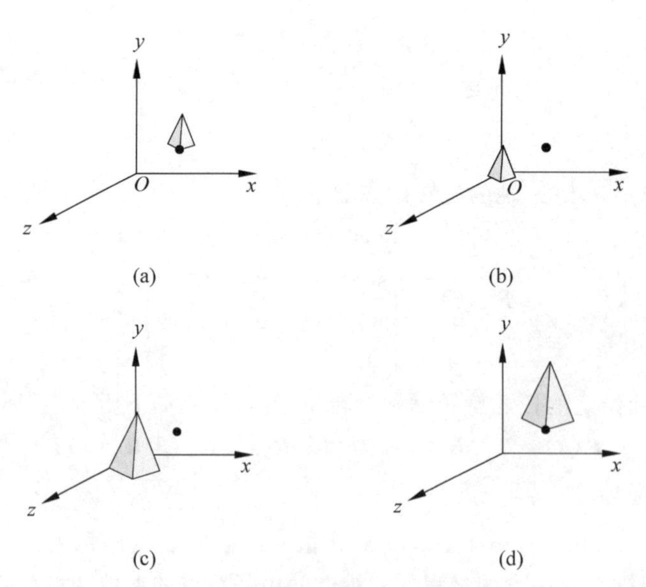

图 2-15　模型相对于指定点进行缩放

(a) 初始位置；(b) 平移至原点；(c) 模型缩放；(d) 平移至初始位置

5. 反射变换

反射变换(reflection transformation)是指通过给定的反射轴或者反射平面，使对象产生镜像变换。对于给定轴的反射等价于绕此轴旋转 180°；对于给定平面的反射，相当于绕该平面旋转 180°。

对于三维坐标空间内关于坐标平面的反射，变换矩阵如下，从左到右分别是关于 xy 平面的反射，关于 yz 平面的反射，关于 xz 平面的反射：

$$\begin{bmatrix}1 & 0 & 0 & 0\\0 & 1 & 0 & 0\\0 & 0 & -1 & 0\\0 & 0 & 0 & 1\end{bmatrix},\quad\begin{bmatrix}-1 & 0 & 0 & 0\\0 & 1 & 0 & 0\\0 & 0 & 1 & 0\\0 & 0 & 0 & 1\end{bmatrix},\quad\begin{bmatrix}1 & 0 & 0 & 0\\0 & -1 & 0 & 0\\0 & 0 & 1 & 0\\0 & 0 & 0 & 1\end{bmatrix}$$

对于三维空间内给定任意反射平面的反射变换，可以通过平移—旋转—反射变换的组合来完成。一般地，首先将给定平面平移使其经过原点，然后将给定平面旋转到与任意坐标平面平行的位置，接着进行相应的反射变换，最后利用逆旋转变换和逆平移变换将对象还原到原来位置，从而完成反射变换。

对于三维坐标空间内给定反射轴的反射变换，首先以该对象的中心点和给定的反射轴创建一个平面作为反射平面，然后按照上述给定的任意平面的反射变换方法进行变换。

6. 复合变换

利用三维变换的矩阵形式，可以通过将多组单个变换矩阵相乘组成复合变换矩阵。对于场景中多个对象进行相同的空间变换时，预先将变换矩阵相乘得到复合变换矩阵能够提高空间变换的效率。

矩阵相乘符合结合律，因此，对于多个矩阵相乘，可以根据变换的描述顺序，使用从左到右的顺序进行前乘，也可以使用从右到左的顺序进行后乘。此外，矩阵的变换不符合交换律，一般情况下，交换矩阵的前后顺序会改变对象的最终位置，因此必须注意复合矩阵的顺序。

2.2.2　空间投影

空间投影是指将三维空间的对象经过投影变换投影至二维观察平面上。常用的空间投影方法包含：平行投影和透视投影，如图 2-16 所示。

透视投影与正交投影

对于平行投影，三维空间的坐标沿着平行线变换投影至二维平面。场景中的平行线在平行投影中显示成平行的。平行投影保证对象的相关比例不发生变化，常用于计算机辅助绘图和设计中产生工程图的方法。

对于透视投影，三维空间中的对象经过投影之后所有的空间点汇聚到同一个点，被称为灭点。场景中的投影线不保持平行的关系，投影后的对象也不保持对象的相关比例。但是透视投影能够较好地体现三维空间对象随着观察距离、角度等产生的空间投影变化，真实感较好，常用于虚拟现实场景中。

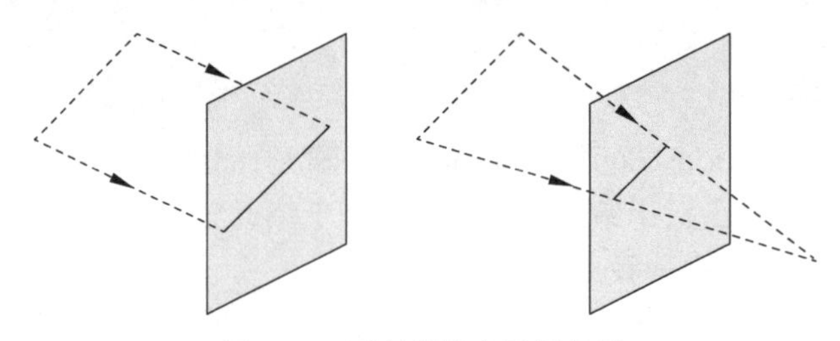

图 2-16　平行投影和透视投影

2.2.3　光照模型

在现实世界中，只有当物体表面的光线到达人眼的时候，人们才能够看到它们。因此，在虚拟环境中，为了更好地判断周围物体，需要模拟物体在三维空间的光照现象。光照模型是用于对场景中的对象表面进行光照颜色计算的模型，通过对场景添加光照效果，能够更好地表达场景中对象的空间位置关系，提高绘制场景的真实感。

物体主动发出光线，也就是说光线来自物体本身，我们把这种物体称为光源，包含自然光源和人造光源，例如太阳和灯。光源是现实世界重要的组成部分，如果没有光源，那么其他光照现象将无从谈起。同样，在虚拟环境下，光源的真实模拟也是重中之重。除此之外，大多数物体表面在接收到光源后，会对光线进行重新定向，包括反射、折射、散射等。

光源类型

1. 光源

在三维场景中，我们把能够主动发光的对象称为光源。光源对场景中其他对象的光照效果有贡献。一个光源包含许多属性，如光源位置、光源颜色、光源方向、光源角度等。如果光源也是一个发射表面，还需要给出光源的发射属性。常用的光源类型有点光源、聚光灯光源、方向光源，如图 2-17 所示。不同光源的绘制效果如图 2-18 所示。

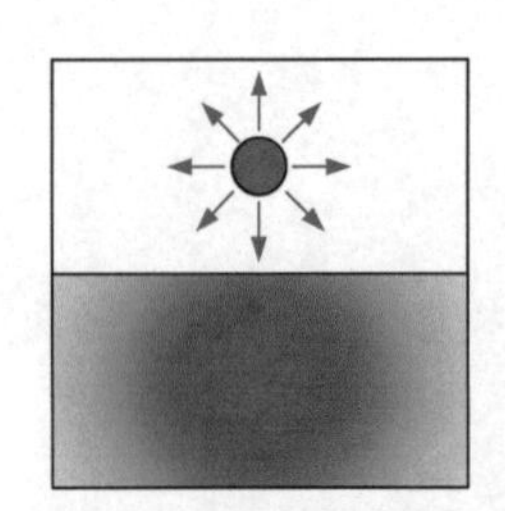
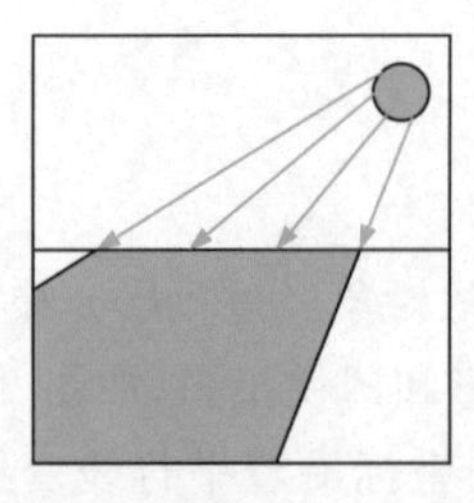

图 2-17　光源类型（点光源、聚光灯光源、方向光源）

图 2-18　不同光源绘制效果图（点光源、聚光灯光源、方向光源）

点光源是指在空间的某一个位置能够向空间的任意方向发射光线的光源，就像安装在房间里的灯泡一样。一般情况下，光源强度会随着距离的增加而衰减，光强衰减和距离的关系可以采用以下经验公式：

$$F_{\mathrm{att}}=\frac{I}{K_{\mathrm{c}}+K_{\mathrm{t}}d+K_{\mathrm{q}}d^{2}} \tag{2-14}$$

式中，I 代表当前的光照强度，d 表示当前位置与光源之间的距离，K_{c}，K_{t}，K_{q} 分别表示光照衰减常数项、线性距离衰减系数和二次项距离衰减系数。点光源的位置可以用来确定场景中哪些对象应该由该光源照明。点光源是对场景中比对象小得多的光源的合理近似逼近。距离场景不是太近的大光源也可以利用点光源模型进行模拟。

聚光灯光源指的是仅在特定的范围内发射光线的一种光源，也就是说聚光灯光源仅对一定范围内的对象产生光照效果，如果场景中的对象位于该聚光灯照射方向的范围之外，则它得不到该聚光灯光源的光照。描述一个聚光灯光源需要 3 个元素：聚光灯的位置、聚光灯的照射方向和聚光灯的圆锥角，如图 2-19 所示。

方向光源指的是距离在无穷远（足够远的距离，并非真正的无穷远）处的点光源，方向光源的特点是：光照的方向几乎都是平行的，类似于现实中的太阳光，因此场景中的物体无论处于什么样的位置，光照对其作用效果被认为是一致的。除此之外，方向光源一般不考虑光照的衰减，因为方向光源的位置在无穷远处，与距离无关，只需要设定光源的照射方向即可。

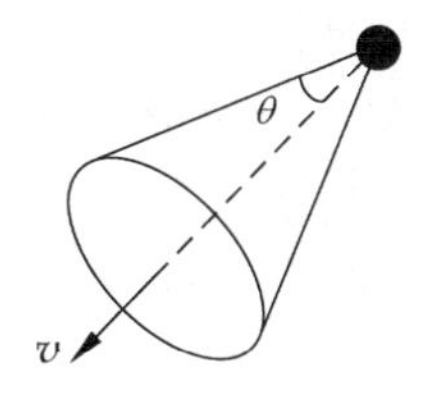

图 2-19　聚光灯光源

2. 基本光照模型

1）光照模型的组成

光照效果一般是通过光源的照射方向与被照射对象交互计算得到的结果，常用的光照模型包含 Lambert 模型、Phong 模型、Blinn-Phong 模型和 Gouraud 模型。光照模型一般是由环境光（ambient）、漫反射光（diffuse）和镜面光（specular）组合实现的。漫反射和镜面反射如图 2-20 所示。

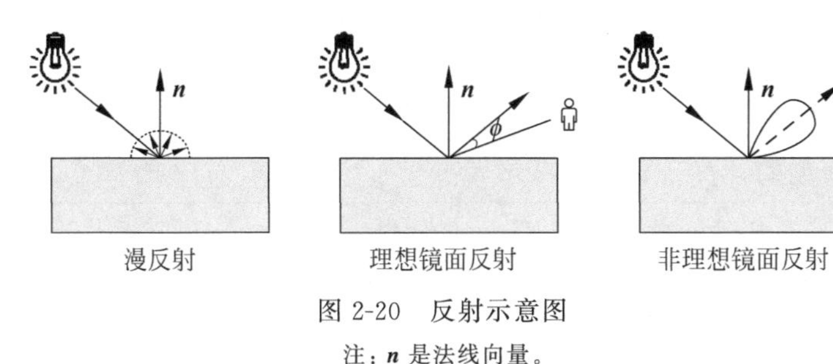

图 2-20　反射示意图

注：$\boldsymbol{n}$ 是法线向量。

(1) 环境光用于模拟对象自身的颜色，即使在周围没有光照的情况下，对象仍然存在微小的光亮效果。

(2) 漫反射光用于模拟光源对物体的方向性影响，指的是光源投射在物体表面时，光会向各个方向反射的现象。纯粹的漫反射材料是具有朗伯(Lambertian)反射特性的材料。具有这种特性的材料反射光线的数量取决于入射光的方向，当入射光与物体表面垂直时，漫反射表面反射的光线最多，反射光线随着入射光倾斜角度的增大而减少。而光强与漫反射光线数目成正比。漫反射一般通过光源方向与对象的表面法线进行计算，光强与夹角的余弦成正比，即光线与表面法线的夹角越小，光强越大。

(3) 镜面光用于模拟对象在接收光照后出现的亮点，也被称为高光。镜面光对物体表面的材质有一定的要求，根据物体表面材质的不同，可以将镜面光分为理想镜面光和非理想镜面光。对于理想镜面光，反射角与入射角角度相同，例如镜子。对于非理想镜面光，镜面反射会在镜面反射光周围产生漫反射。镜面光也根据光照方向和对象表面的法线进行计算，除此之外，它还依赖观察方向。首先根据对象的表面法线计算入射光的反射光，然后计算反射光与观察视线方向的角度，角度越小，镜面反射光强越大。

2) 常见的光照模型

(1) Lambert 模型。Lambert 模型是光源照射到物体表面之后，向四周反射产生漫反射效果，是一种理想的漫反射光照模型，该模型属于经验模型，主要用于简单的模拟粗糙物体表面的光照效果。场景中的对象被当作理想漫反射体(即该对象仅产生漫反射现象)，然后计算光源与对象的漫反射作为最终绘制效果。

Phong
光照

(2) Phong 模型。Phong 模型是综合考虑环境光、漫反射光和镜面光的光照模型[42]。由 Bui Tuong Phong 在 1975 年提出，该模型根据经验进行构建，在绘制效率和绘制真实性之间进行了很好的折中，是最常使用的光照模型之一。Phong 模型的计算是一个累加过程，依次为漫反射、镜面光反射和环境光反射，如图 2-21 所示。但是 Phong 模型不考虑对象之间的相互反射效果。而且当对象的反光度较低时，会出现大片高光区域，从而导致在高光周围区域出现明显的视觉断层。其产生的核心原因是在计算镜面光时，当观察向量与发射光的夹角大于 90°时，计算的镜面光分量为 0。

该反射模型的计算公式如下所示：

$$L_R = k_A L_A + k_D L_D + k_S L_S \tag{2-15}$$

式中，L_A 表示环境光，L_D 表示漫反射光，L_S 表示镜面光，常数 k_A，k_D，k_S 表示不同光的加权系数。

如果 $k_A=0$ 且 $k_S=0$，那么该模型表现为纯粹的漫反射；如果 $k_A=0$、$k_D=0$ 且 $k_S=1$，那么该模型表现为理想的镜面反射。特别指出，该模型是经验模型，

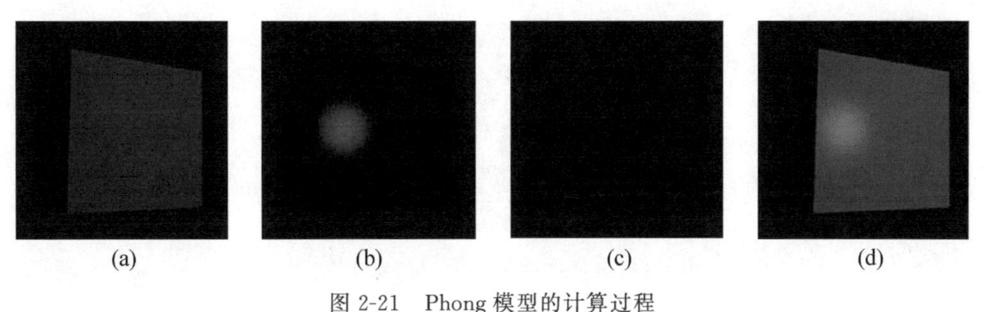

图 2-21　Phong 模型的计算过程

(a) 漫反射；(b) 镜面光反射；(c) 环境光反射；(d) Phong 模型

因此 k_A,k_D,k_S 三者的和可以大于 1,这意味着光的能量不满足能量守恒定律。但是,该模型的优势是可以通过调节 k_A,k_D,k_S 三者的值而实现不同的光照效果。

(3) Blinn-Phong 模型。针对上述问题,Blinn 在 Phong 模型的基础上进行了拓展[43],在计算镜面光时,不再依赖于反射向量,而是采用所谓的半程向量(**h**),即光照方向与观察方向夹角的一半方向上的一个单位向量,如图 2-22 所示。半程向量与法线向量(**n**)的夹角越小,镜面光越强。当观察方向正好与反射光向量一致时,半程向量与对象的法线向量正好重合。所以,当观察者的视线越接近原本反射光的方向时,镜面高光就会越强。

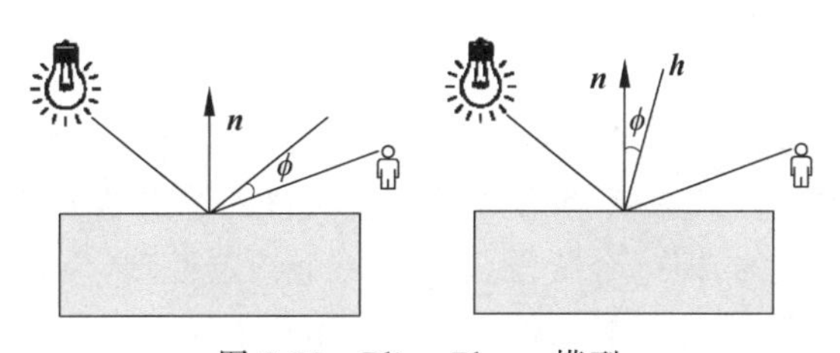

图 2-22　Blinn-Phong 模型

(4) Gouraud 模型。将 Phong 模型在顶点着色器中进行实现的模型被称为 Gouraud 模型[44]。在顶点着色器中进行光照计算的优势是,须计算的顶点数目要少得多,因此计算效率较高。然而,顶点着色器中的最终颜色仅仅只是那个顶点的颜色,片段着色器中的颜色值则是通过顶点着色器中的光照颜色插值计算得到的,因此,Gouraud 模型相对于 Phong 模型计算效率高,但是光照效果不够平滑,如图 2-23 所示。

3. 折射效果

对于一般对象来讲,其材质是不透明的,即光照在经过对象表面时只会发生反射效果,而不会出现折射效果。然而,除了不透明材质之外,还存在透明材质和半透明材质,当部分光线不发生反射,而是穿过材料表面时,光线从一种介质进入另一种介质,传播方向发生了改变,我们称为折射现象。因此在绘制过程中,还需要

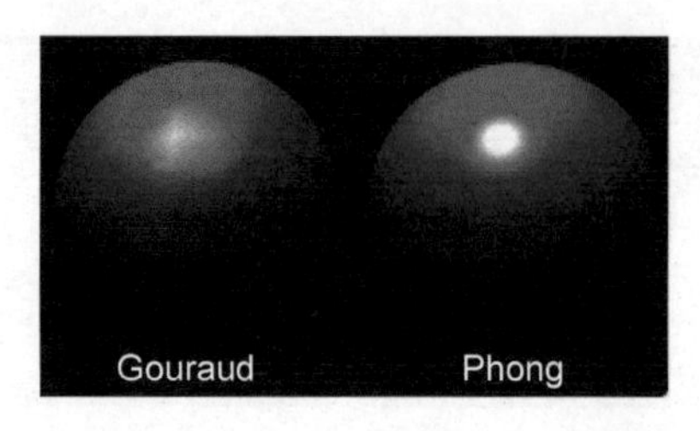

图 2-23 Gouraud 模型和 Phong 模型对比

通过折射光考虑对象的透明效果。

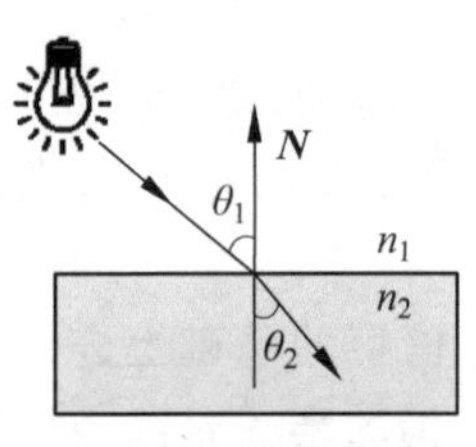

图 2-24 折射定律

折射光的方向变化取决于光在折射前后的两种介质以及照射表面的材料，荷兰物理学家斯涅耳(Snell)对折射现象进行了建模，用于描述不同材质之间发生折射时的入射角与折射角之间的关系，称为折射定律，又称为“斯涅耳定律(Snell's law)”，如图 2-24 所示。描述公式如下：

$$n_1 \sin\theta_1 = n_2 \sin\theta_2 \tag{2-16}$$

式中，n_1 和 n_2 分别表示两种介质的折射率，折射率是描述光线在介质内部传播速度的数学特征，θ_1 和 θ_2 分别表示光线的入射角和折射角。

2.2.4 着色器

渲染管线(渲染流水线)实际上是将原始图形数据经过一系列变化处理之后最终显示在屏幕上的过程，每一个阶段以前一个阶段的输出结果作为输入，而且每个阶段都是高度定制化的，即每个阶段仅执行一个特定处理，因此执行效率高，具有并行执行特性。然而，在计算机绘制的早期，由于计算机性能限制，绘制管线内部的处理是无法从外部修改的，也就是说，无论接收什么样的输入数据都会执行特定操作，这样的操作方式被称为固定渲染管线。随着计算机性能的提升以及 GPU 的出现，现代图形硬件能够提供更加强大的渲染能力，因此固定渲染管线中的顶点操作和片元操作可以通过用户编程控制的方式来代替，称为可编程渲染管线，也叫作着色器。通过着色器，可以更加自由地控制图形渲染管线中的特定部分，能够实现一般绘制无法实现的效果。

1. 着色器工作流程

下面给出了图形渲染管线的每个阶段的展示效果，其中蓝色部分是可以自定义着色器的部分，如图 2-25 所示。

顶点着色器：以单独的顶点作为输入，进行顶点的空间位置变换，将变换之后的顶点作为输出结果。

图元装配：将顶点着色器输出的所有顶点作为输入，并将所有的点装配为指

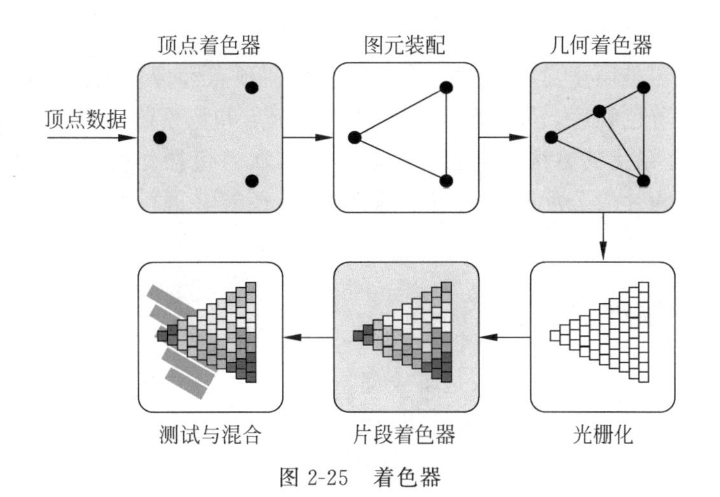

图 2-25　着色器

定的图元。

几何着色器：将图元装配阶段输出的一系列顶点的集合作为输入，可以通过产生新的顶点来构造出新的图元。

光栅化：几何着色器的输出作为光栅化的输入，将图元映射为最终屏幕上相应的像素，生成供片段着色器使用的片段。

片段着色器：以光栅化生成的片段作为输入，计算每一个片段的最终颜色，片段着色器是产生高级绘制效果的主要阶段。

测试与混合：这是渲染管线的最后一个阶段，对每一个片元的深度进行测试，用于判断每一个像素的前后位置关系，决定哪些片元继续显示，哪些片元被丢弃。此外，该阶段还会通过检查每一个片元的透明度值进行像素之间的混合操作。

2. 着色器工作内容

1）顶点着色器

顶点着色器是用于替换固定绘制管线中的顶点操作阶段的着色程序。该阶段对每一个输入的顶点进行处理，并且负责生成后续阶段所需要的信息，最基本的要求是，每个顶点经过投影变换之后，输出其在裁剪空间中的坐标。裁剪空间是后续阶段使用的坐标系空间，因此所有的顶点必须转换到该坐标系空间下。除此之外，顶点着色器还可以为顶点指定颜色，可以生成纹理坐标，还可以通过使用特定的内置全局变量获取光照和对象的表面法向信息进行计算，最后通过指定的全局变量将修改后的数据传递给渲染管线的后续部分。

2）几何着色器

几何着色器是对流水线中图元装配阶段的输出结果进行组装处理的着色程序。该阶段获取和图元相关的所有顶点信息，然后利用这些顶点信息创建新的图元作为后续渲染管线的输入。

3）片段着色器

片段着色器是用于对渲染管线中光栅化后的顶点和像素信息分配颜色、映射纹理等操作的着色程序。该阶段对光栅化后的顶点和像素（也称为“片段”）进行操作，根据图元光栅化的方法可能会对片段进行多次着色操作。最基本的要求是根据对象的颜色为片段分配颜色信息。除此之外，还能够进行纹理应用和凹凸映射等操作。

2.2.5 纹理映射

纹理映射又称为纹理贴图，是将纹理空间中的纹理像素映射到屏幕空间中的像素的过程。通过纹理映射能够模拟自然界各种各样的材质，例如砖墙、草地、木头、玻璃、皮肤等。纹理映射配合光照计算、混合技术等，能够极大地提高虚拟场景绘制的真实感。

纹理映射通过纹理空间进行描述，纹理中的位置通常称为纹理坐标，在纹理空间内通过 0.0 到 1.0 的浮点数描述纹理坐标。根据纹理空间的维度，可以把纹理映射分为一维纹理映射、二维纹理映射和三维纹理映射，如图 2-26 所示。

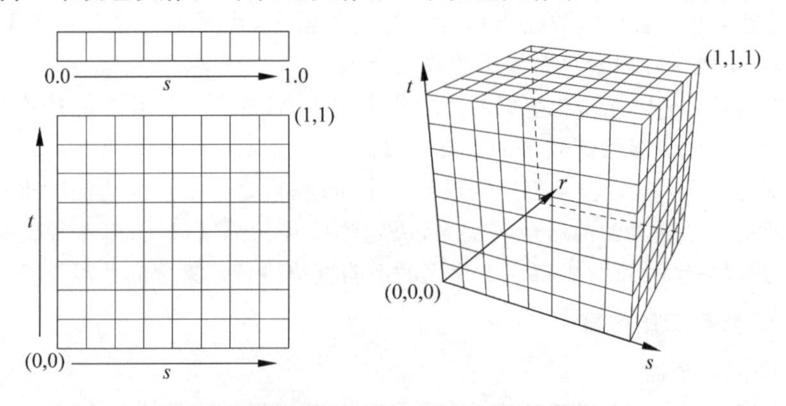

图 2-26　一维、二维、三维纹理映射关系

1. 一维纹理映射

一维纹理映射又称为线性纹理映射，通过一个一维数组定义纹理空间，使用单个坐标值（s）表示映射元素。例如建立一组包含 32 个 RGB 颜色的一维纹理映射，采用大小为 96 的一维数组进行定义，其中 $s=0.0$ 表示数组的第一组三元素 RGB 颜色，$s=1.0$ 表示数组的最后一组的三元素 RGB 颜色，而 $s=0.5$ 表示数组中间的三元素 RGB 颜色。

将一维纹理映射到场景中是将纹理空间中的每一个坐标对应的值赋给另一个空间中的位置的过程。纹理映射过程一般使用线性函数进行计算，即将纹理空间的第一个值和最后一个值与屏幕空间对应的值进行对应，屏幕空间内的其他位置的值则通过对纹理空间进行线性插值计算得到。当映射空间内的元素数目小于屏幕空间的元素时，这种插值方式将会使得每一个颜色跨越多个屏幕像素进行赋值。

2. 二维纹理映射

二维纹理映射又称为图像纹理映射，通常采用矩形图案进行定义，通过一个二维数组定义纹理空间，纹理空间使用二维坐标(s,t)表示映射元素。纹理图案中的每一个颜色的描述可以存储在一个三元素RGB中。例如建立一个包含16×16的RGB颜色，该纹理的数组包含16×16×3=768个元素。

二维纹理与屏幕空间的映射关系如图2-26所示：纹理图案的4个角对应的纹理空间的坐标赋给场景中的4个空间位置，一般以纹理空间的左下角作为(0,0)点，以纹理空间的右上角作为(1,1)点。其他位置的颜色值通过对二维纹理空间进行二次线性插值计算得到。

随着观察点的改变，所观察到的场景中的对象大小会发生变化，如果采用同一个二维纹理进行纹理映射，对于较小的对象会造成资源浪费，对于较大的对象则无法满足观察者对于真实感的需求。因此，Mipmap是二维纹理最常用的技术之一，通过创建多级纹理，为处于不同距离的对象提供自适应的纹理映射，如图2-27所示。Mip一词来源于拉丁文multum in parvo，意为多个相同的个体。Mipmap纹理的大小是前一等级的一半，例如原始纹理为256×256，则后续的三级纹理依次是：128×128，64×64，32×32。

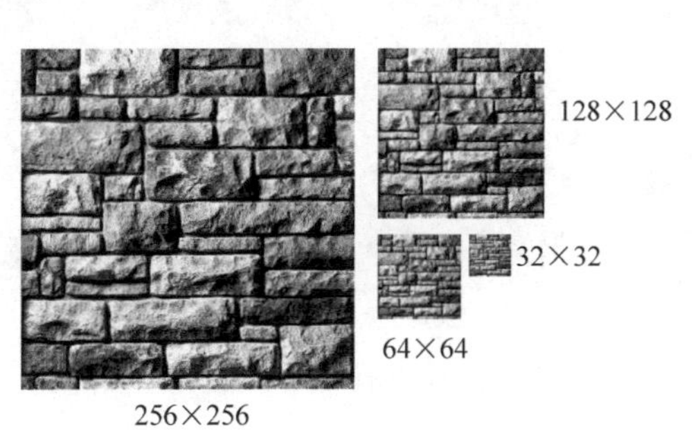

图2-27　Mipmap纹理

Mipmap
多级纹理

3. 三维纹理映射

三维纹理映射又称为体纹理映射，用于为三维空间的对象指定颜色，通常采用一个立方体进行定义，表现为一个三维数组，纹理空间使用三维坐标(s,t,r)表示映射元素。体纹理空间的每一个元素同样可以存储RGB颜色。例如建立一个包含16×16×16的RGB立方体纹理，该纹理的数组包含16×16×16×3=12 288个元素。

三维纹理与屏幕空间的映射关系如图2-26所示：纹理图案的8个角的坐标对应的纹理空间的坐标赋给场景中的8个空间位置，而其他位置的颜色值通过对三维纹理空间进行三次线性插值计算得到。

三维纹理可以提供对象的内部视图,例如进行剖切显示,最常用的场景是用于生物扫描数据的可视化。一般情况下,三维空间每一个元素除了存储 RGB 三个颜色信息之外,还会存储一个透明度信息。通过调整透明度信息,能够动态地改变三维空间不同位置的对象的显示效果,从而能够实现三维对象的内部数据观察。

2.3 高级绘制技术

2.3.1 模型简化与 LOD 技术

LOD 自适应绘制

为了提高绘制的真实感,在建模过程中往往需要提高模型的分辨率,然而,模型分辨率较高会对场景交互、网络传输、文件读取带来一定的困难。模型简化技术和 LOD 技术的出现能够在一定程度上改善上述情况,如图 2-28 所示。

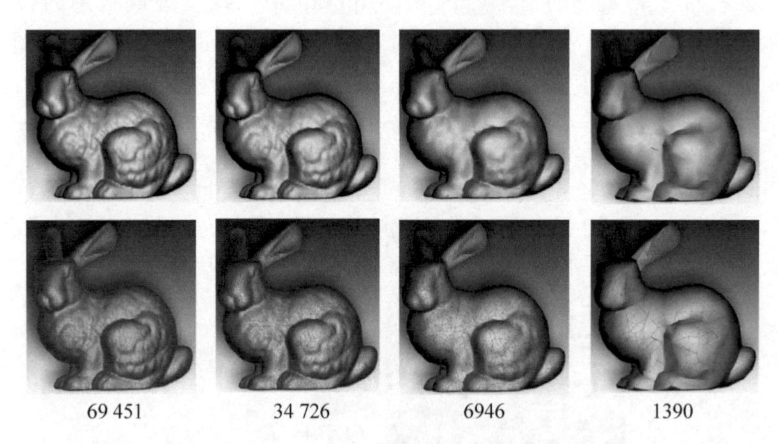

图 2-28 不同分辨率三角面片模型

1. 模型简化技术

模型简化技术是指在保证模型整体外形变化较小的前提之下,对模型的部分面片进行删减的操作。根据简化策略,模型简化可以分为全局简化策略、局部简化策略和分片简化策略。

1) 全局简化策略

全局简化策略是对模型进行整体简化的方法,典型的全局简化策略是空间顶点聚类法。该方法将模型分为多个小的区域,然后分别为每一个小的区域计算一个代表该区域的顶点,将原始模型落在该区域的顶点全部用新计算的顶点代替,并生成新的面片,对上述操作进行迭代,直到满足给定的简化要求。该方法的特点是简化处理速度快,具备一定的健壮性。但是该方法难以保证模型简化前后的拓扑结构,容易造成模型的失真。

2）局部简化策略

局部简化策略是从模型的局部出发，核心思想是对构成模型的点和边进行删除以达到模型简化的要求。其中顶点删除法比较容易实现，只需要删除特定的顶点即可，然后对与该顶点相关的面片进行 Delaunary 三角化；边删除法需要考虑删除边的顶点的合并算法。尽管边删除法相对于顶点删除法算法复杂，但是不需要对删除后的面片重新三角化，因此有着较高的效率。

二次误差测度（quadric error metric，QEM）模型简化算法属于边删除法，有着较高的效率且简化模型能够保证一定的质量。其关键思想是对模型中最小 Q 值的顶点对进行收缩合并，不断迭代直到达到给定的要求。

3）分片简化策略

对于大型几何模型，如果直接采用上述两种模型简化方法，会大大降低算法效率，因此，最佳方法是首先将几何模型按照拓扑关系分割为多个子模型，如图 2-29 所示，然后分别对子模型进行简化。

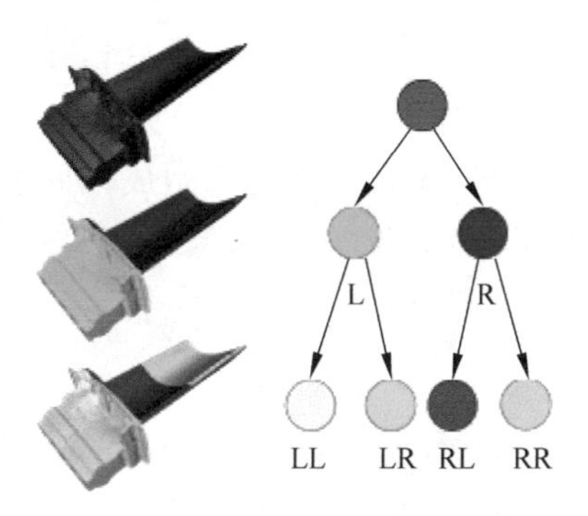

图 2-29　模型分割

如图 2-29 所示，首先将原始模型按照空间分布分割为多个子模型，并保存其拓扑关系，然后对每一个子模型进行简化，最后将简化之后的模型按照之前存储的拓扑关系进行组合，从而完成大型几何模型的简化。

2. LOD 技术

LOD 技术是一种模型的多分辨率显示技术，当模型在场景中占据屏幕空间较大时，可以采用较精细的模型进行显示，而当模型在场景中占据屏幕空间较小时，如果仍然采用较精细的模型，显示效果不仅没有较大提升，而且还会消耗更多的存储空间，降低绘制效率。因此可以通过采用较粗糙的模型进行显示来避免上述问题。LOD 技术能够高效地实现复杂场景的快速绘制。

LOD 技术通过对原始几何模型按照模型简化算法，生成不同精度等级的几何模型，如图 2-30 所示。当几何模型与观察点的距离较近时，使用面片数较多的模型，即精度较高的模型；当几何模型与观察点的距离较远时，则使用面片数较少的模型，即精度较低的模型。

LOD 技术在不影响画面视觉效果的条件下，根据模型与观察点的距离，通过逐步简化模型的表面细节来降低场景的复杂性，从而提高绘制算法的效率。LOD 技术根据模型的实现方法可以分为静态 LOD 和动态 LOD 两种。静态 LOD 是指在模型预处理阶段生成多个离散的不同精度的模型，不同层级的模型一般是根据经验进行选择的。这种方法实现比较简单，但是在不同层级的模型进行切换时会

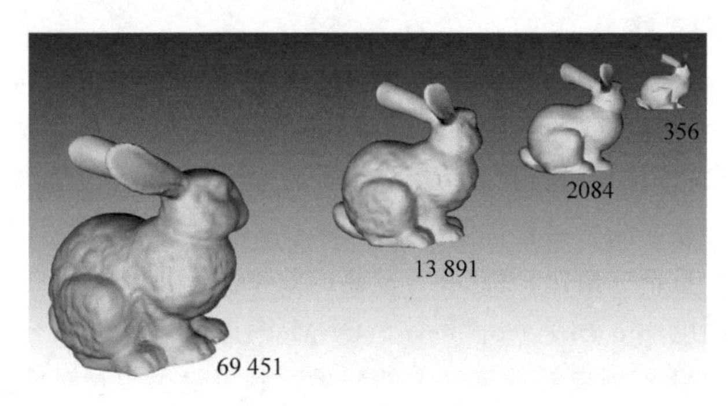

图 2-30　LOD 模型显示

出现视觉上的不连续。动态 LOD 又称为连续 LOD，在内存中仅存储一个模型，另外还存储了一系列顶点分裂或合并的数据，在实时绘制过程中可以从该数据结构中选取所需的数据动态生成不同层级的模型，模型显示分辨率可以达到连续性。这种方法显示效果好，但是对算法的效率要求较高。

2.3.2　光线追踪

光线追踪（ray tracing）是从屏幕空间发射一束光线到场景中，计算光线与场景中对象的交点，然后跟踪光线在场景中的反射和折射来计算屏幕空间对象像素的颜色信息，如图 2-31 所示。光线追踪方法为全局反射和折射提供了一种简单高效的绘制方式。能够高效地实现可见面判别、明暗效果、透明效果和多光源照明等效果，能够生成具有高度真实感的图形，被广泛地应用于大型游戏的开发。

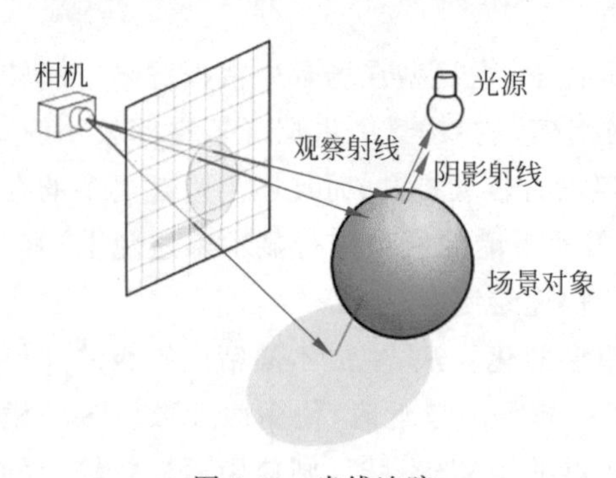

图 2-31　光线追踪

光线追踪算法首先建立一个坐标系，该坐标系以屏幕空间作为 xy 平面，以 xy 平面和投影参考点建立 z 轴。然后计算场景中的对象在该坐标系的位置。每一条光线从投影参考点出发，穿过屏幕空间中的像素进入场景并经过反射和折射生成其他光线，计算场景中的光源对该像素的贡献强度来对该像素进行着色。依次遍历屏幕空间的每一个像素，从而完成绘制。该方法根据几何光学原理，从屏幕空间的每一个像素逆向生成光线，通过追踪光线与场景中对象的折射和反射来计算像素的颜色信息。

当场景中有多个对象时，光线反射和折射的数量会大量提升，为了提高绘制效率，一般会指定光线追踪的最大深度。当光线在反射和折射的过程中达到给定的最大深度时，则停止跟踪计算。

提高光线追踪效率的方法是空间分割法，如图 2-32 所示，将这个场景作为一个立方体，然后对立方体进行逐步分割，直到每个子立方体包含的对象的数目小于给定值。分割的立方体空间可以采用八叉树或二叉树进行管理。然后，对每一条穿过立方体的光线进行跟踪计算，而且仅需要对包含表面的子立方体单元进行计算，根据光线在当前立方体的出口能够快速地找到下一个需要计算的立方体，从而提高计算效率。

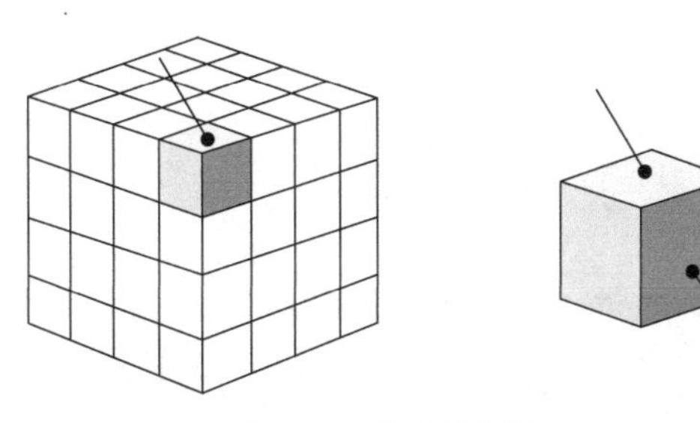

图 2-32　空间分割法

为了提高光线追踪的绘制效果，最常用的技术是反走样技术，包括过采样和自适应采样。将屏幕空间的每一个像素点当作一个有限的正方形区域，然后在该正方形区域内采用多束均匀或者非均匀的光线进行采样，分别计算每一束光线得到的光强，屏幕空间对应像素的光强通过计算该正方形区域内的所有像素的光线强度的平均值得到，如图 2-33 所示。

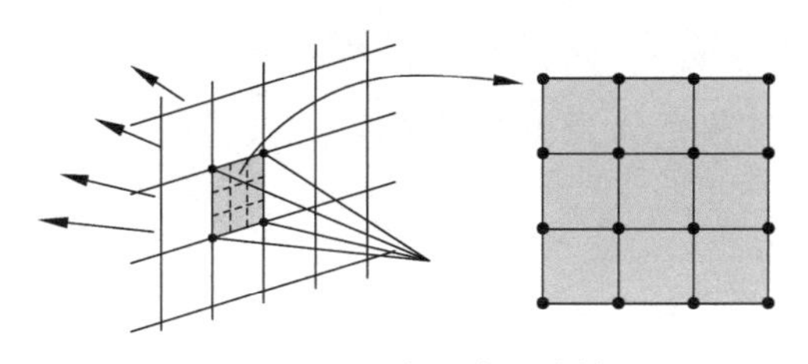

图 2-33　光线追踪过采样

分布式光线追踪技术能够模拟景深、抖动等绘制效果，是一种根据光照模型中多种参数来随机分布光线的采样方法。它涉及的光照参数包含像素区域、反射方向和折射方向等。

2.3.3　粒子系统

粒子系统是通过一组不相连部分的集合来描述一些特定的模糊现象的技术，例如自然界的雨、雪天气，以及爆炸、烟花等。粒子系统中的最小单元为粒子，每一个粒子都包含各自的属性：颜色、形状、尺寸、速度、加速度、受力情况和生命周期等。

粒子系统的仿真包含3个阶段：产生、活动和消亡。在产生阶段对粒子系统进行初始化；在活动阶段对粒子的属性进行更新，删除已经死亡的粒子，并生成新粒子；在消亡阶段，删除所有死亡粒子。

1. 粒子动力学模型

为了更加真实地模拟粒子效果，一般需要在粒子系统中加入粒子动力学模型，在仿真过程中，假设粒子均为不可压缩的无黏性流体，因此仅考虑粒子所受的重力、风力和热浮力。

1）重力模型

单个粒子受到的重力是：

$$G = mg \tag{2-17}$$

式中，m 表示每个粒子的质量，g 表示标准重力加速度。

2）风力模型

单个粒子在空气中可能会受到风力作用，根据风速、风压公式可以计算每个粒子受到的风力是：

$$F_{\mathrm{w}} = \frac{1}{2} p v_{\mathrm{w}}^{2} S \tag{2-18}$$

式中，p 表示空气压强，v_{w} 表示风速，S 表示风力对粒子的作用面积。

粒子在空气中会受到一定的空气阻力，同样可以根据风速、风压公式计算每个粒子受到的空气阻力是：

$$F_{\mathrm{f}} = \frac{1}{2} C \rho S v^{2} \tag{2-19}$$

式中，C 表示空气阻力系统，ρ 表示空气密度，v 表示粒子速度，S 表示风力对粒子的作用面积。

3）热浮力模型

由于爆炸、起火等会导致空气的热运动加剧，从而使粒子受到热浮力作用，单个粒子所受热浮力计算如下：

$$F_{\mathrm{b}} = \rho g V_{\mathrm{p}} \tag{2-20}$$

式中，ρ 表示空气密度，g 表示标准重力加速度，V_{p} 表示粒子体积。

4）粒子整体模型

粒子在运动过程中受到的合力计算如下：

$$\boldsymbol{F} = \boldsymbol{G} + \boldsymbol{F}_{\mathrm{w}} + \boldsymbol{F}_{\mathrm{f}} + \boldsymbol{F}_{\mathrm{b}}$$

粒子的加速度计算如下：

$$\boldsymbol{a} = \boldsymbol{F}/m = (\boldsymbol{G} + \boldsymbol{F}_{\mathrm{w}} + \boldsymbol{F}_{\mathrm{f}} + \boldsymbol{F}_{\mathrm{b}})/m$$

因此，粒子在任意时刻的运动速度计算如下：

$$v = v_0 + \int a \, \mathrm{d}t \tag{2-21}$$

式中，v_0 表示粒子的初始速度。粒子在任意时刻的位置计算如下：

$$P_t = P_0 + \int v \mathrm{d}t \tag{2-22}$$

式中，P_0 表示粒子的初始位置。

2. 粒子系统简化模型

通过计算粒子在任意时刻的速度和位置，能够实现对粒子的动态更新。下面给出常用的粒子系统简化模型：

1）火焰粒子模型

火焰燃烧的形态模糊且具有随机性，如图 2-34(a)所示。因此，单一粒子系统的仿真很难达到十分真实的效果。为了提高火焰燃烧的真实性，我们采用了多粒子系统来表示火焰模型，即由多个放置在不同位置的火焰发射器发射火焰粒子。假设火焰的燃烧位置为：$P_0=(p_x, p_y, p_z)$，燃烧半径为 r，为火焰设置 5 个粒子发射器，其位置分别为 P_1, P_2, P_3, P_4 和 P_5，可由以下公式进行计算：

$$\begin{cases} P_1 = P_0 \\ P_2 = (p_{2x}, p_{2y}, p_{2z}) \end{cases}$$

$$\begin{cases} p_{2x} = p_x + \mathrm{rand}() \cdot r \\ p_{2y} = p_y + \mathrm{rand}() \cdot r \\ p_{2z} = p_z + \mathrm{rand}() \cdot r \end{cases} \tag{2-23}$$

式中，rand()表示－1.0～1.0 的随机数，P_3, P_4, P_5 的计算过程与 P_2 同理，选择发射器的形状为球形，这样就在火焰燃烧位置附近构建了多个粒子发射系统。对火焰粒子的运动进行分析，对于火焰内焰，由于温度相对较高，因此所受的热浮力相对较大，初始速度也相对较大，位于中心的发射器发射粒子的数量和生命值最大，位于边缘的相对较小。位于中心的发射器发射的粒子的生命周期大于位于边缘的粒子，具体实现过程通过设定不同发射器的粒子初始速度和受到的浮力大小来决定。

分析火焰的动力学特性，其粒子主要受到自身重力、热浮力和风力的影响，即 $\boldsymbol{F}=\boldsymbol{G}+\boldsymbol{F}_{\mathrm{w}}+\boldsymbol{F}_{\mathrm{b}}$，在初始化粒子发射器，粒子以一定的初速度发射后，对任意时刻每个粒子的运动状态和在空间的坐标进行动态更新。粒子的生命周期根据具体场景中火焰燃烧的时间进行自定义设定。

2）烟雾粒子模型

火焰的燃烧会伴随着大量烟雾产生，特别是在飞机机舱起火的事故中，大多数伤亡都是由于燃烧产生的烟雾或有毒气体导致的窒息或中毒。因此，烟雾仿真是应急场景中特效仿真的一个重点。烟雾效果与火焰不同，烟雾是在火焰的外围生成，烟雾粒子在运动速度上相对火焰较慢，且具有强烈的扩散性，持续时间也要长于火焰，如图 2-34(b)所示。因此，设定烟雾生成的位置是在相对燃烧点偏高的位置，其粒子发射器的位置：

$$P_s = P_0 + (0,0,r)$$

选择烟雾发射器的形状为球形，其半径为 r。对烟雾粒子进行运动分析，类似于火焰，烟雾粒子同样是内部温度较高，受到的热浮力较大，受到的加速度大，上升速度快，边缘的粒子受到的热浮力较小，上升速度慢。同时，由于温度差异，烟雾的内部会产生剪切作用而发生扩散效果。

分析烟雾的动力学特性，其主要受到自身重力、热浮力和风力的影响，即 $\boldsymbol{F} = \boldsymbol{G} + \boldsymbol{F}_w + \boldsymbol{F}_b$，因此，其运动学特性的计算与火焰的计算类似。

3）雨雪粒子模型

粒子特效：雨

粒子特效：雪

雨雪粒子的运动都是从上到下落在地面的过程，因此两者的建模过程有着相似之处，如图 2-34(c)所示。首先，确定雨雪粒子发射器，设定粒子形状为圆形（雪）或矩形（雨）；然后采用多粒子系统增强仿真的真实感；在仿真过程中，随着时间变化对粒子发射器的位置进行互换，使得仿真效果在视觉上有一定变化。分析雨雪的动力学特性，主要受到自身重力，空气阻力和风力的作用，即 $\boldsymbol{F} = \boldsymbol{G} + \boldsymbol{F}_w + \boldsymbol{F}_f$。

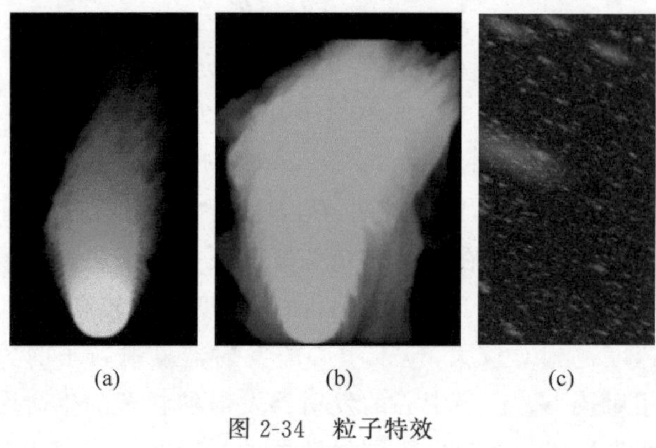

图 2-34　粒子特效

(a) 火焰；(b) 烟雾；(c) 雨雪

2.3.4　环境映射

环境映射是一种用来模拟光滑表面对周围环境反射的技术，这种技术同样可以模拟全局反射效果。首先定义一个描述单个或者多个对象周围环境的光强度数组，然后根据观察方向将环境数组简单地映射至一个相关对象的表面即可。环境映射定义在一个封闭环境的对象表面，一般包括球形环境映射和立方体环境映射。

绘制一个对象的表面，首先将像素区域向对象表面进行投影，然后将投影像素区域反射至环境映射中，如图 2-35 所示。如果对象是透明的，则将投影像素折射至环境映射中,最后根据环境映射数组为每个像素选取表面的明暗强度。

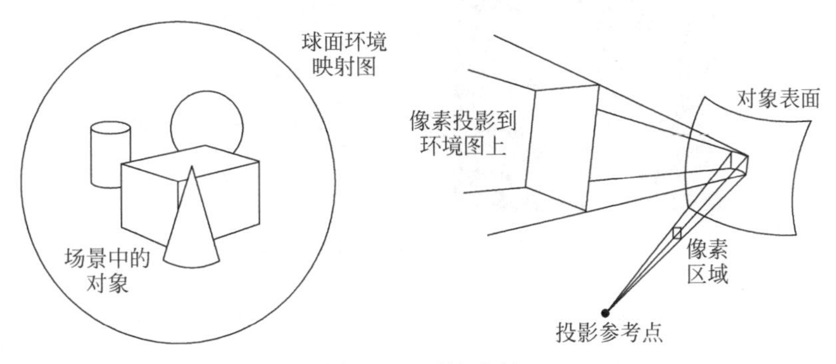

图 2-35　环境映射

球体映射能够得到除了球体背面的周围环境照片,通过将一个理想的高反射球体放置在场景中央,从一个无穷远的角度拍摄该球体实现球体映射,效果如图 2-36 所示。一般情况下,球体映射将二维光栅化图像以极坐标的方式映射在球面上。球面映射可以很好地反映周围的环境。当将纹理进行球体映射时,二维图像需要按照类似于地球仪上的方式进行排列,纹理计算并非是均匀的,而是在中心密集,在边缘稀疏。因此二维图像在球体顶部和底部的极点进行计算时,会对图像坐标进行压缩,从而导致图像有一定的扭曲。球体映射一般用于创建具有纹理的球体的图形或动画,以及海洋和大陆的卫星图像等。

图 2-36　球体映射

球体映射

在实际应用中,结合立方体环境映射和立方体纹理能够很好地描述自然界的反射和折射效果。立方体纹理是将多个纹理映射到一个立方体表面的技术,如图 2-37 所示,常用于实现天空盒效果,如图 2-38 所示。立方体纹理需要 3 个纹理坐标(s,r,t)进行采样,首先根据 3 个纹理坐标中模最大的分量决定在哪个面进行采样,然后利用剩下的两个纹理坐标在对应的面上进行二维纹理采样。

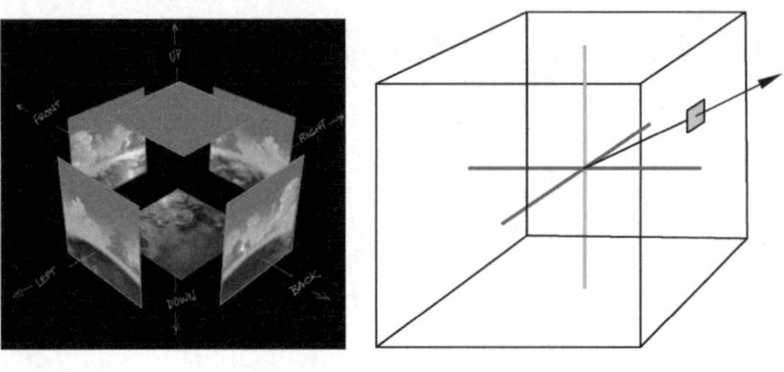

图 2-37　立方体映射原理

图 2-38　立方体映射

2.3.5　光子映射

光子映射是一种能够模拟复杂场景全局照明的一般方法，该方法既高效又精确，如图 2-39 所示。光子映射的基本概念是将照明信息与场景的几何数据分开。从所有光源到场景的方向对光线路径进行跟踪，将光线与对象交点处的光照信息存储在光子图中。然后使用分布式光线跟踪方法进行计算。

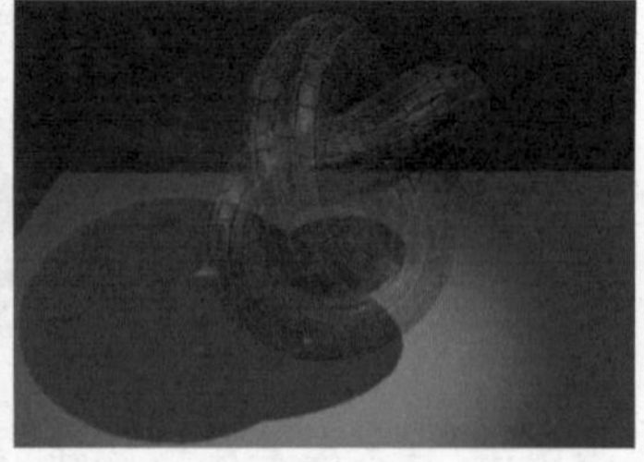

图 2-39　光子映射

光子映射可以针对点光源、方向光源或者任意类型的其他光源。赋给光源的强度分配给所有光线（光子），而光线方向随机进行分布。一个点光源生成均匀地向各个方向发散的光线路径，除非该光源是方向光源。对于其他光源，选择光源上的随机位置来生成随机方向的光线。遵循亮的光源比暗的光源生成更多光线的准则。此外，可以为光源建立一张用来存储是否在空间某处有对象的二值信息的投影图，也可以使用球体来提供大空间范围的对象信息。同一个场景可以生成任意多的光线，而且产生的光线路径越多，则照明效果越精确。

光子映射主要用于两种现实世界中常见的光照效果：焦散和交叉漫反射。焦散是由于光线的反射和折射而产生的纹理光影效果，例如光线在一个闪亮的曲面上的反射，这种情况下的反射光线会产生一种心形的纹理。交叉漫反射就是光线在漫反射表面之间产生反复的反射，类似于当光从一个明亮的彩色表面发射出来再照射到其他表面上所获得的效果。

光子映射可以用一种两阶段方法来实现。第一个阶段是在整个场景中分配光子并建立光子图：以每个光源作为出发点，考虑该光源特性以决定哪些方向分别发出多少光子；单个光子的能量首先取决于光源的初始能量以及该光源发出的光子数量；发出的光子在场景中被跟踪，直到它们碰撞到某个对象；针对光子和对象碰撞而产生的每个交点，按照为该对象定义的概率分布，决定光子是被反射、传递还是吸收，并将光子入射角度、入射能量和交点坐标都记录在光子图里；被反射或传递的光子将继续在场景里运动并被跟踪。一旦建立了完整的光子图，第二个阶段就是通过收集光子信息来渲染整个场景，这一步通常用一个改进的光线跟踪算法来实现；跟踪进入场景的光线，从光子图里收集信息并估算出从交点出发沿着光线方向发出的辐射度，然后用这个估计值计算像素颜色。光子映射与视图无关，一旦光子能量被散布出去，场景可以从任何一个位置进行观察而无须重新进行光子的跟踪计算。

参考文献

[1] 朱心雄. 自由曲线曲面造型技术[M]. 北京：科学出版社，2000.

[2] 施法中. 计算机辅助几何设计与非均匀有理 B 样条[M]. 北京：高等教育出版社，2001.

[3] 赵罡. 非均匀有理 B 样条[M]. 北京：清华大学出版社，2010.

[4] FERGUSON J. Multivariable curve interpolation[J]. Journal of the ACM，1964，11(2)：221-228.

[5] COONS S A. Surfaces for computer-aided design of space forms[R]. Cambridge：Massachusetts Institute of Technology，Cambridge，1967.

[6] BEZIER P. Mathematical and practical possibilities of UNISURF[J]. Computer Aided Geometric Design，1974：127-152.

[7] DE BOOR C. On calculating with B-splines[J]. Journal of Approximation Theory，1972，6(1)：50-62.

[8] COX M G. The numerical evaluation of B-splines[J]. Journal of Applied Mathematics，1972，10(2)：134-149.

[9] GORDON W J，RIESENFELD R F. B-spline curves and surfaces[J]. Computer Aided Geometric Design，1974：95-126.

[10] PIEGL L，TILLER W. Curve and surface constructions using rational B-splines[J].

Computer Aided Design,1987,19(9): 485-498.

[11] PIEGL L,TILLER W. The NURBS book[M]. Berlin: Springer Science & Business Media,2012.

[12] BÖHM W,FARIN G,KAHMANN J. A survey of curve and surface methods in CAGD [J]. Computer Aided Geometric Design,1984,1(1): 1-60.

[13] FARIN G E. Curves and surfaces for CAGD: a practical guide[M]. San Francisco: Morgan Kaufmann Publishers Inc,2002.

[14] DEROSE T,KASS M, TRUONG T. Subdivision surfaces in character animation[C/OL]//The 25th annual conference on Computer graphics and interactive techniques. (1998-07)[2019-11-14]. https://doi. org/10. 1145/280814. 280826.

[15] DE RAHM G. Surune courbe plane[J]. J. Math. Pures Appl,1956,39: 25-42.

[16] RIESENFELD R F. On Chaikin's algorithm [J]. Computer Graphics and Image Processing,1975,4(3): 304-310.

[17] CATMULL E,CLARK J. Recursively generated B-spline surfaces on arbitrary topological meshes[J]. Computer-aided design,1978,10(6): 350-355.

[18] DOO D. A subdivision algorithm for smoothing down irregularly shaped polyhedrons[C]. Proceedings on interactive techniques in computer aided design. 1978,157: 165.

[19] LOOP C. Smooth subdivision surfaces based on triangles[D]. Utah: University of Utah,1987.

[20] DYN N, LEVINE D, GREGORY J A. A butterfly subdivision scheme for surface interpolation with tension control[J]. ACM transactions on Graphics (TOG),1990,9(2): 160-169.

[21] KOBBELT L. $\sqrt{3}$-subdivision[C]//The 27th annual conference on Computer graphics and interactive techniques. Reading: ACM Press/Addison-Wesley Publishing Co, 2000: 103-112.

[22] SEDERBERG T W,ZHENG J M,BAKENOV A,et al. T-splines and T-NURCCs[J]. ACM transactions on graphics (TOG),2003,22(3): 477-484.

[23] ZHANG J,LI X. On degree elevation of T-splines[J]. Computer Aided Geometric Design, 2016,46: 16-29.

[24] ZHENG J,WANG Y,SEAH H S. Adaptive T-spline surface fitting to z-map models [C]//The 3rd international conference on Computer graphics and interactive techniques in Australasia and South East Asia. ACM,2005: 405-411.

[25] FINNIGAN G T. Arbitrary degree T-splines [D]. Provo: Brigham Young University,2008.

[26] ZHANG Y,WANG W, HUGHES T J R. Solid T-spline construction from boundary representations for genus-zero geometry[J]. Computer Methods in Applied Mechanics and Engineering,2012,249: 185-197.

[27] LIU L. Volumetric T-spline Construction for Isoeometric Analysis-Feature Preservation, Weighted Basis and Arbitrary Degree[D]. Pittsburgh: Carnegie Mellon University,2015.

[28] WANG Y,ZHENG J. Curvature-guided adaptive T-spline surface fitting[J]. Computer-Aided Design,2013,45(8): 1095-1107.

[29] YANG X,ZHENG J. Approximate T-spline surface skinning[J]. Computer-Aided Design,

2012,44(12)：1269-1276.

[30] LI Y,CHEN W,CAI Y,et al. Surface skinning using periodic T-spline in semi-NURBS form[J]. Journal of Computational and Applied Mathematics,2015,273：116-131.

[31] SEDERBERG T W,FINNIGAN G T,LI X,et al. Watertight trimmed NURBS[J]. ACM Transactions on Graphics (TOG),2008,27(3)：79-86.

[32] BAZILEVS Y,CALO V M,COTTRELL J A,et al. Isogeometric analysis using T-splines [J]. Computer Methods in Applied Mechanics and Engineering,2010,199(5)：229-263.

[33] SCOTT M A,SIMPSON R N,Evans J A,et al. Isogeometric boundary element analysis using unstructured T-splines [J]. Computer Methods in Applied Mechanics and Engineering,2013,254：197-221.

[34] ESCOBAR J M,CASCÓN J M,RODRÍGUEZ E,et al. A new approach to solid modeling with trivariate T-splines based on mesh optimization[J]. Computer Methods in Applied Mechanics and Engineering,2011,200(45)：3210-3222.

[35] 甘文峰. T 样条曲面计算机辅助制造方法与关键技术研究[D]. 杭州：浙江大学,2014.

[36] 刘亚醉. 基于 T 样条的 STEP-NC 自适应刀轨生成技术研究[D]. 北京：北京航空航天大学,2019.

[37] 3D Systems, Inc. StereoLithography Interface Specification [EB/OL]. [2019-11-14] https://www. 3dsystems. com/.

[38] Wikipedia. A geometry definition file format [EB/OL]. (2005-04-08) [2019-11-14]. https://en. wikipedia. org/wiki/Wavefront_. obj_file.

[39] ISO. ISO 10303-1：1994 Industrial automation systems and integration—Product data representation and exchange—Part 1：Overview and fundamental principles [EB/OL]. (1994) [2019-11-14]. https://www. iso. org/standard/20579. html.

[40] Wikipedia. Virtual Reality Markup Language [EB/OL]. (2002-10-09) [2019-11-14]. https://en. wikipedia. org/wiki/VRML.

[41] Khronos inc. A royalty-free specification for the efficient transmission and loading of 3D scenes and models[EB/OL]. [2019-11-14]. https://www. khronos. org/gltf/.

[42] PHONG B T. Illumination for Computer Generated Pictures[J]. Communications of the ACM,1975,18(6)：311-317.

[43] Wikipedia. Blinn-Phong reflection model[EB/OL]. (2006-05-05) [2019-11-14]. https://en. wikipedia. org/wiki/Blinn%E2%80%93Phong_reflection_model#cite_note-2.

[44] GOURAUD H. Continuous Shading of Curved Surfaces [J]. IEEE Transactions on Computers,1998,C-20(6)：623-629.

第3章

大数据量几何模型的绘制

大数据渲染

航空航天领域是虚拟现实技术应用最早也是最为广泛的工业领域之一。由于航空航天产品结构复杂,制造成本高,应用场景难以在地面通过实物来模拟,而虚拟现实技术的优点使其为航空航天事业的快速发展提供了无限可能,因此获得了大量应用。然而,随着研究任务复杂程度的增加和人们对仿真精度的需求越来越高,航空航天领域出现越来越多的数据量庞大的复杂 CAD① 模型,尽管计算机性能在逐步提升,但仍不能满足实时交互、动态仿真等应用领域对大规模复杂 CAD 模型实时绘制效率和质量的要求。因此,如何对大数据量几何模型进行高效地绘制渲染成为虚拟现实技术的一项核心技术。本章介绍了笔者所在课题组多年来在大数据量几何模型绘制方面所做的一些探索工作。

大规模复杂 CAD 模型绘制过程一般包括复杂模型的预处理、绘制算法前处理、模型的实时绘制、模型动态交互。其中,复杂模型的预处理主要目的是对模型进行压缩和重构,降低模型整体的绘制数量级,从而有效地提高绘制效率;绘制算法前处理主要针对绘制场景对模型进行 LOD 模型生成和可见性剔除构建,进一步提高复杂模型的绘制效率;接下来是模型实时绘制阶段,将复杂模型通过 CPU-GPU 调度实时显示在用户界面;模型动态交互为用户提供与模型的实时交互方式,包括场景漫游、模型剖切、模型测量等。

3.1 大规模复杂 CAD 模型的预处理方法

复杂产品 CAD 模型数据量极大,一般难以在目前大多数 GPU 中实现一次性加载。因此,绘制系统需要根据视点的位置和方向动态地从内存调度数据至 GPU 显存。随着 GPU 存储性能和计算性能之间的差距越来越大,GPU 动态存储调度的效率已成为制约大规模面片模型实时绘制效率的主要因素[1-2]。

模型预处理是在绘制阶段之前离线地对原始模型数据进行有效转换、组织的过程[3]。将绘制阶段的计算任务提前至预处理阶段完成并保存计算结果,可以极大地提高绘制时模型加载与初始化的效率。预处理阶段通常包含模型格式转换、

---

① CAD: computer aided design,计算机辅助设计。

模型数据组织、模型分割、LOD生成以及模型数据压缩等过程。

与一般的复杂场景的虚拟显示不同,复杂CAD模型因其具有特定的工程使用场景而需要装配层次信息进行零部件的快速定位,本节介绍一种针对大规模CAD面片模型的场景组织结构,并针对不规则狭长模型提出一种改进模型分割算法。此外,还介绍了一种高效的面向GPU的模型数据压缩算法,实现对模型数据的轻量化处理。

3.1.1 大规模CAD面片模型的场景组织结构

模型空间分割包括两方面:一是模型空间索引的生成;二是模型的分割。对于可见性剔除算法,提高系统执行效率的一个关键因素是将几何模型按照空间位置分割成模型树,生成模型空间索引。模型分割树对可见性剔除的加速作用如图3-1所示,通过视锥剔除、遮挡剔除等可见性剔除算法,从根节点开始,自上而下一次判断包围体是否可见,若可见,则对该包围体包含的子节点进行判断直至叶子节点;若不可见,则不需要对子节点做进一步的可见性剔除,子节点包含的几何模型会被剔除掉而不会被输入到绘制流水线,从而提高绘制效率。对于大规模复杂CAD模型,其几何模型的子节点数量非常多,通过分割后的模型树对需要绘制的子节点进行筛选可以大大减少可见性剔除的计算时间。

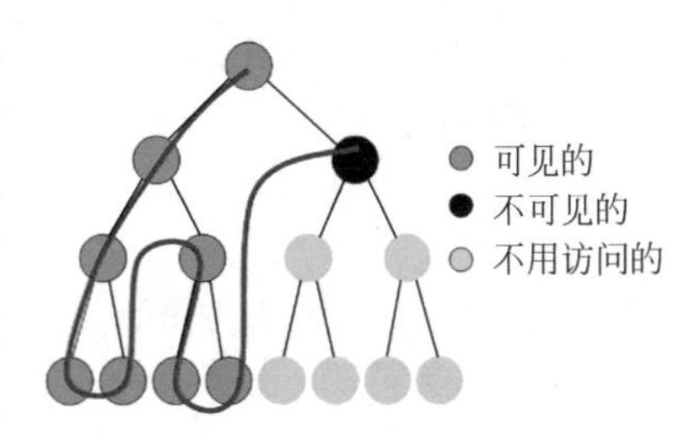

图3-1　模型分割树加速可见性剔除

模型分割树目前主要有两种生成方法:层次包围体(bounding volume hierarchy,BVH)[4]和K-d树(K-dimensional tree)[5]。无论是BVH还是K-d树,都需要对模型做分割,其分割算法的核心都是以表面面积启发(surface area heuristic,SAH)算法作为空间分割的依据[6-7],只是分割的对象有所不同。

1. SAH分割算法

SAH分割算法最初是为了提高光线跟踪算法的效率而提出的一种模型分割算法,该算法性能优异,其后的模型分割算法大都是在此基础上发展而来。无论是BVH还是K-d树都采用了SAH分割算法,只是研究对象有所不同,BVH以场景中几何模型子节点为分割对象,K-d树以场景中的三角面片为分割对象。因此BVH适合动态场景,而K-d树适合静态场景。

SAH分割算法将几何模型按照几何模型子节点(如复杂产品中装配体中的零部件)或三角面片的包围体,将父节点分为两个子包围体,并对子包围体也进行同样的分割直至达到一定层级或包围体中的几何元素数量达到设定值。SAH分割算法的关键在于如何选取一个合适的分割面将父包围体分割为左右两个子包围体。如果分割面选择不当,则会影响可见性剔除、实时可视化的效率,剔除、绘制整个模型所需要的时间曲线随着分割面位置的变化而变化，要选择一个最优的分割面则需要大量计算。

因此，在选择分割面时需要采取一定的优化策略，既可以保证实时可视化的效率，又可以快速实现模型分割。在此方面 Wald、Havran 等[8]提出了根据几何模型场景中所有子模型节点或者三角面片包围体的 6 个面的集合作为候选分割面，依次计算并找到一个花费时间最小的分割面。Popov、Gunther[9]等在此基础上，将父节点的 x，y，z 3 个坐标轴分割为一系列等间距的分割面，从这些分割面中挑选一个最优分割面，将模型分割的计算复杂度进一步降低。

2. BVH

BVH 是将几何模型按照空间位置划分为若干等级的包围体，每个包围体可以包含子包围体，子包围体在父包围体内部，但是同一级别的子包围体可能会有交错，各个等级的包围体组成一个层次包围体[10-11]。如图 3-2 所示，整个几何模型包含红、橙、绿 3 个面片，BVH 的根节点包含了 2 个子节点，其中左节点包含了红色的三角面片，右节点包含了橙、绿 2 个三角面片；该右节点在下一层级细分成左右 2 个子节点，分别包含橙、绿 2 个三角面片。

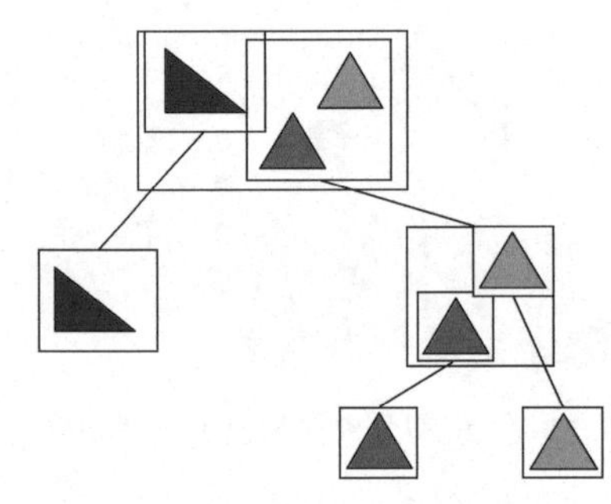

图 3-2　BVH 原理

BVH 算法的一个突出优点是可以应用于动态场景，实时可视化的场景中如果几何模型的子节点存在移动、旋转、缩放等位置变换操作，BVH 可以很方便地更新 BVH 树，调整 BVH 树各个层级节点的参数和需要做几何变换的几何模型所属节点对象。图 3-3 所示为某燃气轮机实时绘制效果以及其 BVH 节点的可视化。

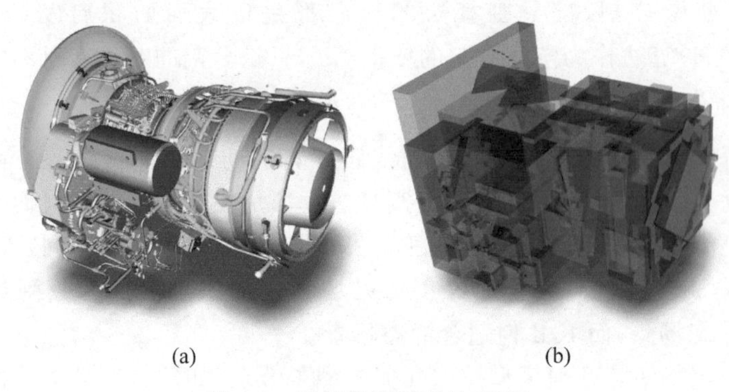

(a)　(b)

图 3-3　燃气轮机模型的 BVH

(a) 面片模型；(b) BVH 节点

3. K-d 树

K-d 树是二叉树空间分割(binary space partitioning,BSP)的变种。在遮挡剔除、碰撞检测以及光线跟踪等三维图形应用领域,为了加速数据的遍历与检测过程,通常需要对三维场景中的图元数据进行层次化分割。

K-d 树有二叉树结构简单的特点,且不要求对空间进行等分,因此正在被越来越多的研究所关注[9,12]。与 BVH 相比,K-d 树模型分割后的左右两个子模型不相交,因此,对于正好在分割面上的几何元素还需重新进行三角化处理。如图 3-4 所示,三角形 b 只有一部分在模型分割后的子叶节点,则分割后需要对该三角形重新三角化为若干子三角面片并分别属于不同的叶节点。

虽然 K-d 树在构造上较为复杂,但其构造出的模型分割树具有一定规律性,子模型节点不会像 BVH 一样存在相交的情况,因此绘制效率非常高,特别适合于光线跟踪等算法,在大数据量几何模型实时可视化领域也有很多应用。图 3-5 为意大利 CRS4① 根据 K-d 树模型分割技术实时可视化的波音 777 客机模型[13]。但是 K-d 树要求模型不能有移动、旋转、缩放等操作,否则就会导致 K-d 树结构被破坏。因此对于静态场景,K-d 树无疑是一种非常好的选择。

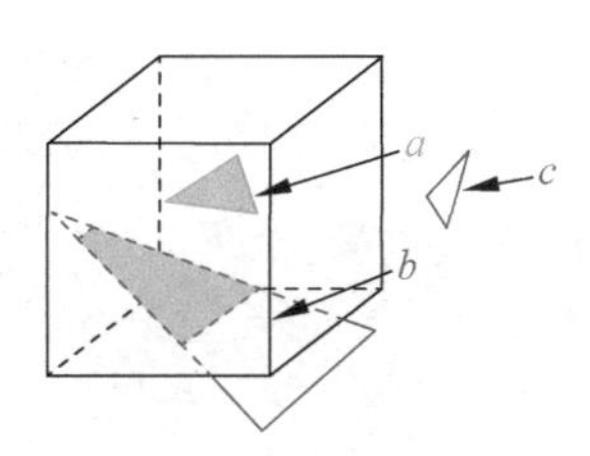

图 3-4　K-d 树对三角面片进行分割

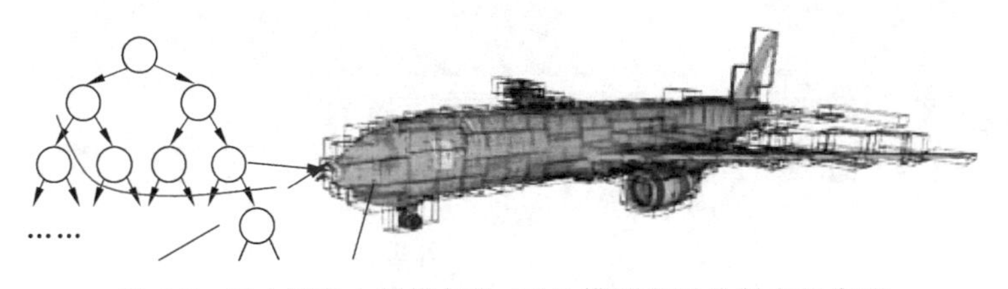

图 3-5　K-d 树在大规模复杂 CAD 模型实时绘制中的应用

模型空间分割的另一方面是模型分割,其目的是将模型分割为三角面片数量基本一致、空间体积大小适宜的子模型。对于模型分割树的每一个叶节点,如果其所包含的面片模型仍然过大(尺寸大或面片数量较多),则有必要对其进行模型分割并建立包围树的关系,否则会影响可见性剔除的颗粒度和效率。目前使用较为广泛的仍然是 SAH 分割算法[14],通过该算法可以将模型以最优模式进行分割。

3.1.2　具有模型装配层次信息的 BVH 构建方法

基于 CAD 模型需要保持模型的装配树信息的需求,本小节介绍一种具有模型

① CRS4: Center for Advanced Studies, Research and Development in Sardinia,撒丁岛高级研发、研究和发展中心。

装配层次信息的 BVH 构建方法。它包含大规模复杂 CAD 模型导出处理算法和大规模复杂 CAD 模型 BVH 生成算法，如算法 3-1 所示。模型导出工具通过 CATIA 软件二次开发，具有格式转换、面片简化等功能，界面如图 3-6 所示。

算法 3-1　大规模复杂 CAD 模型导出处理算法

步骤 1　获取文档对象并查询产品根目录，获取根产品。

步骤 2　获取子模型句柄，若该子模型为零件则按照装配层次设置文件路径并导出通用面片格式的模型文件；若该子模型为产品，则继续获取子模型，重复执行本步骤。

步骤 3　重复执行步骤 2 直至遍历完模型所有节点，算法结束。

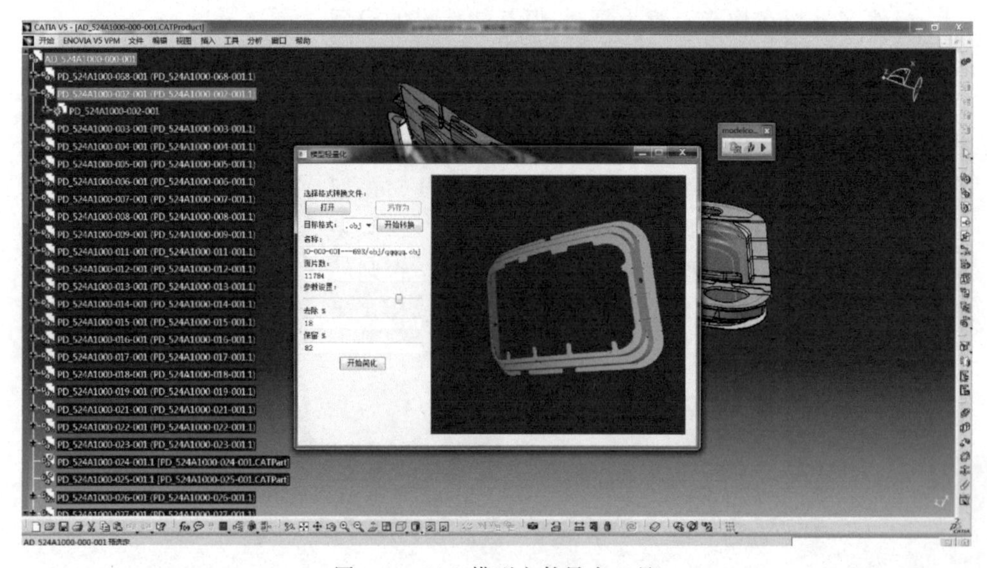

图 3-6　CAD 模型文件导出工具

模型文件层次结构生成之后，通过从磁盘读取文件加载文件层次结果至系统内存进行 BVH 树的构建，构建算法如算法 3-2 所示。

算法 3-2　大规模复杂 CAD 模型 BVH 生成算法

步骤 1　以模型文件根目录创建根节点，则根节点包含了场景中的所有物体。

步骤 2　计算场景包围盒，查找最长轴，沿着最长轴将空间分成左右两部分。

步骤 3　对于节点包含的每一个子目录，计算其中心位置，若位于分割面左侧，将其加入根节点的左节点，反之，则加入右节点。

步骤 4　对于每层级的子目录重复步骤 2 和步骤 3，不断增加 BVH 层级。

步骤 5　如果每个节点不再包含子目录(每个子节点均是叶节点)，终止算法。

图 3-7 所示为某型飞机的机翼应用上述算法生成的 BVH 结果。图 3-7 中红色所示为模型 BVH 树的根节点的包围体；蓝色、黄色、绿色所示依次为层级 1～3 各节点的包围体。父节点包围体完全包裹了子节点包围体，高低层级节点之间的

包裹关系与原有装配层次关系一致。

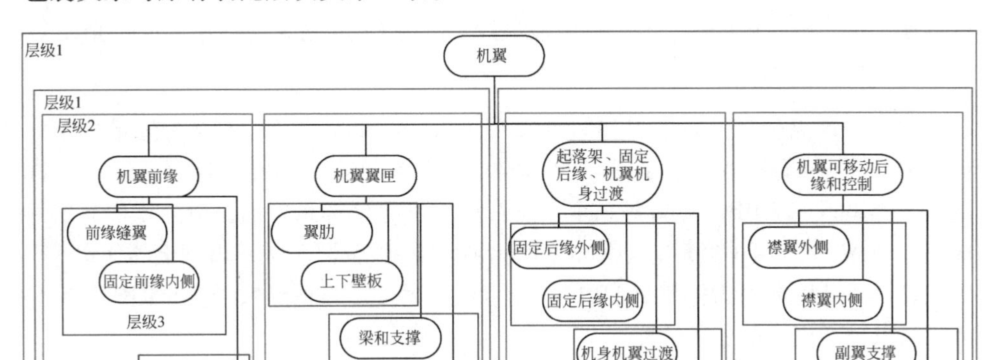

图 3-7　机翼模型的 BVH 场景组织

3.1.3　面向 GPU 的模型数据高效压缩算法

几何压缩是指对模型顶点位置以及一些绘制属性参数的压缩，如颜色、纹理、法线等。几何压缩通常包括量化、编码和数据压缩三个过程。三角面片顶点坐标的压缩通常是将浮点类型的顶点坐标进行量化，常用方法有直接量化法和矢量量化法。两种方法相比，前者压缩比较小，但解压缩效率较高，且各顶点之间没有依赖关系；后者的压缩比较大，但解压缩效率不如前者高，各顶点之间必须按照先后顺序进行解压缩。在实际中，往往是根据系统的特点进行选择，若系统比较注重实时性则比较适合使用直接量化法；若系统对存储大小更为敏感，则比较适合使用矢量量化法。

三角面片的顶点法向量为单位矢量，可视作单位球上的点，通常用 3 个浮点标量来表示，由此可见每个顶点的法向量占用 96 位存储空间。而 3 个浮点数足以表达整个三维实空间，用来表达单位矢量显然构成了存储空间的浪费。常用的单位矢量压缩方法通常是将单位矢量从单位球映射到立方体或八面体，然后存储立方体或八面体面的编号与在其上的二维坐标。

尽管几何压缩领域已有不少经典算法，但对于大数据模型（达到亿数量级面片），在预处理的几何压缩阶段要特别考虑算法的压缩和解压缩效率。另外，对于如何基于 GPU 在图形绘制管线中进行压缩和解压缩以提高几何压缩效率仍需进一步研究。

为了减少 GPU 动态存储调度时的带宽消耗和内存占用，有必要对大规模面片数据进行压缩。目前关于几何压缩的研究主要聚焦于有损或无损的编解码算法，缺乏从预处理和实时绘制管线整体的全局考量。这里提出一种高压缩比几何压缩方法，可在满足精度需求的前提下,有效减少面片的顶点坐标、法线、面片索引、材质等的编码宽度。压缩后的数据在实时绘制阶段通过 GPU 图形绘制管线进行实时解压缩。

1. 顶点数据压缩

每一个顶点坐标分量的原始数据类型为 32 位 float 类型,需要通过量化采用更小的位宽进行编码。对于每一个物体,首先计算其轴向包围盒(axis-aligned bounding box,AABB),然后每一个顶点在原始世界坐标系中的绝对坐标值被映射成基于 AABB 的相对坐标。如图 3-8 所示轴承模型,假设 V 表示模型上的任意一个顶点,M_0 和 M_1 分别为模型 AABB 的极小点、极大点。则顶点数据量化编码和解码算法可以分别用下面公式计算:

$$V_e = (2^n - 1)(V - M_0)/(M_1 - M_0)$$
$$V_d = M_0 + \frac{1}{2^n - 1} V_e (M_1 - M_0) \tag{3-1}$$

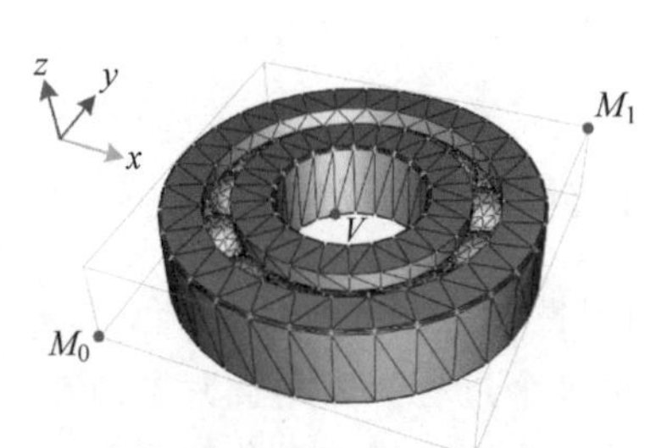

图 3-8 轴承模型的顶点坐标量化

式中,V_e 表示顶点在量化编码后的相对坐标,其每个坐标分量为$[0, 2^n - 1]$区间上的正整数;V_d 表示解码后的绝对坐标;n 为用来保存相对坐标分量的数据类型的位宽度。

2. 索引和材质数据压缩

面片索引数据根据顶点数量,分别采用 8 位 byte、16 位 short 或 32 位 uint 类型进行编码。对于均质的 CAD 模型来说,通常每个物体只有一种材质,对于整个模型来说,通常也只包含几种或数十种材质。因此,对于每个物体的材质编号,可以用极少的位宽进行编码。

3. 法线数据压缩

通常法线数据占据和顶点数据相同的存储空间。在一些研究中[15]为了最大限度地压缩几何模型,往往在预处理过程中舍弃所有法线数据,而实时绘制时在着色器中利用面片的顶点数据重新计算出法线。但该方法计算的同一面片的三个顶点的法线相同,难以通过相邻面片的顶点进行光顺计算。因此,采用该方法在绘制时只能进行平面着色,导致对显示效果造成一定的影响。与颜色相反,一个三维场景中通常包含几乎所有可能方向的法线。比如,场景中存在一个球体,则该球体包含的面片的法线指向几乎所有可能的方向。因此,使用输入数据相关的量化算法对于法线数据意义不大。这里采用八面体法向量(octahedron normal vectors,ONVs)来量化和存储所有面片的法线。ONVs 由 Meyer 等[16]最先提出,后经 Cigolle 等[17]证明了它的有效性。ONVs 通过使用曼哈顿距离将被压缩的单位法向量映射到一个正八面体上,其在正八面体表面上的位置被存储为由八面体展开而成的正方形上的一组(u,v)坐标,如图 3-9 所示。经过实验,采用 16 位长度存储

(u,v)坐标即可获得足够的精度。

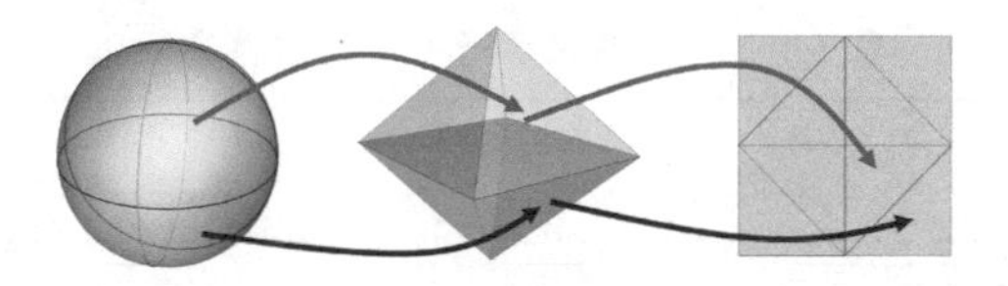

图 3-9　八面体法向量从八面体的二维展开到球的映射

几何模型的量化压缩在预处理管线的最后执行。所有压缩后的数据用二进制文件流写入文件以进一步减少存储空间占用，同时能够极大地加速在后续绘制阶段从外存中向内存加载场景数据时的加载速度。实时绘制时，使用顶点着色器解码每个顶点的绝对坐标和法线坐标，解压算法能够充分发挥 GPU 强大的计算能力。如图 3-10 所示。

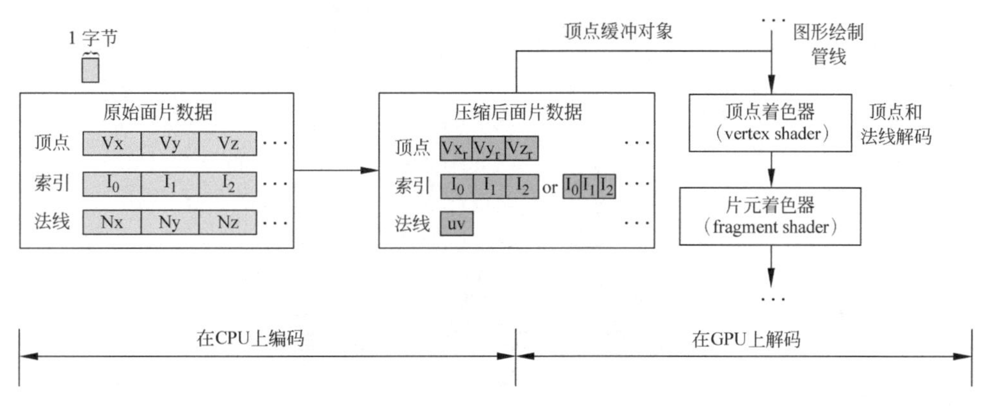

图 3-10　几何压缩与解压缩管线

3.1.4　实例分析

采用某燃气轮机（包含约 450 万三角面片）、某型号支线客机主要结构件模型（包含约 1400 万三角面片）以及波音 777 客机的机身舱段模型（包含约 2400 万三角面片）为验证对象，对 BVH 的生成算法、模型分割算法以及模型压缩算法进行了验证，如图 3-11 所示。

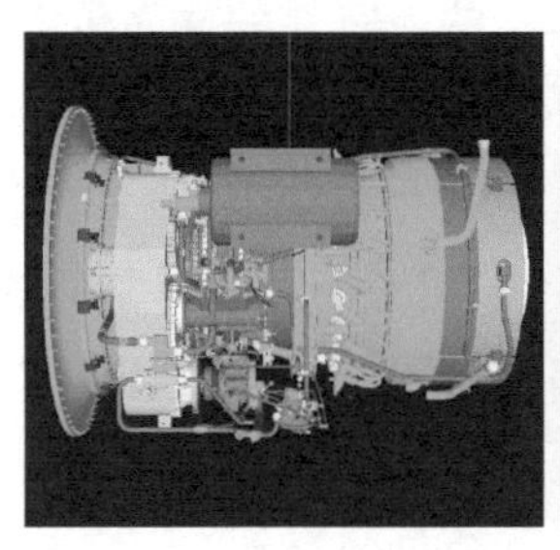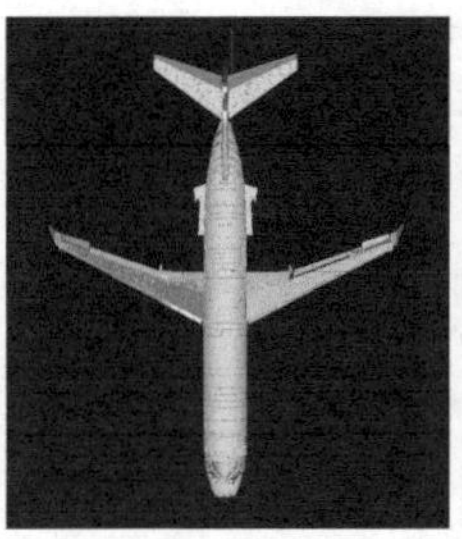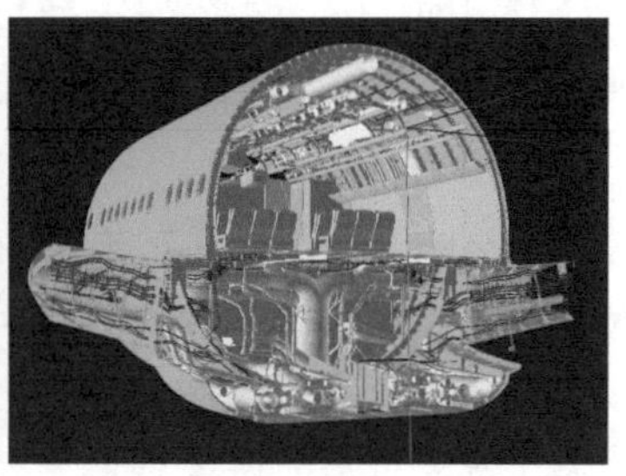

图 3-11　验证模型

测试中系统采用了3个不同的硬件平台，相关硬件参数见表3-1。

表3-1　实验系统运行平台的硬件参数

测试平台	CPU/(GHz×核)	内存/GB	GPU	显存/GB
1	i5 4210H 2.9×2	8	NVIDIA GeForce GTX 960M	2
2	i7 5960X 3.0×8	16	NVIDIA GeForce GTX 970	4
3	Xeon E5-2620 2.0×6	128	NVIDIA Quadro K5000	4

1. BVH生成结果

BVH生成实验分别测试了3个模型完成BVH生成所需的时间，如图3-12所示。

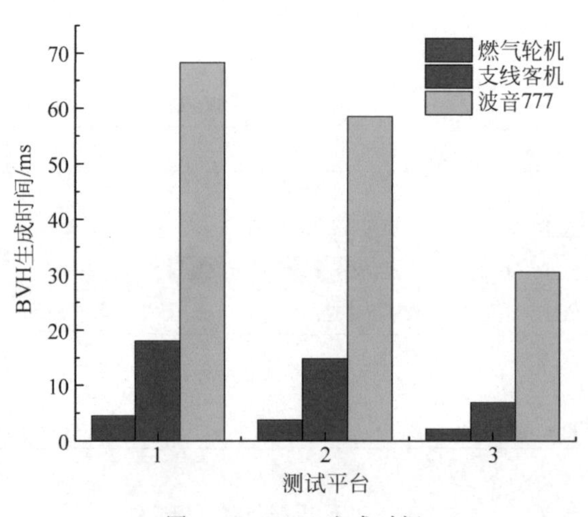

图3-12　BVH生成时间

从图3-12可以看出大规模复杂CAD模型的BVH生成算法的运行时间与面片数量大致成正比。由于BVH生成算法在实时绘制前只需执行一次，系统对其生成效率的要求不高。实验结果表明，应用本文提出的BVH生成算法，被测试的3个模型均能在100ms内完成，因此在生成效率上完全满足需求。

燃气轮机模型与支线客机模型的BVH生成结果如图3-13所示。图中红色球体表示每一个BVH节点的包围球，从左至右，从上至下，BVH的层级逐渐增加。从图3-13中可以看出随着BVH层级的增加，系统对模型的空间划分也逐步细化，验证了BVH对大规模复杂CAD模型场景数据组织的有效性。

2. 模型分割结果

模型分割实验测试了3个被测模型在预处理过程中采用子面片级分割算法的物体比例，分别如表3-2所示。从中可以看出，燃气轮机和支线客机模型中进行了子面片级分割的物体比例大致相当，而波音777舱段模型中进行了子面片级分割的物体比例大致是前两者的两倍。相差悬殊的原因主要来自两方面：一方面，燃

图 3-13　燃气轮机与支线客机模型的 BVH 生成结果

气轮机和支线客机模型为通过 CAD 工具直接转换得到的面片模型，具有较高的面片密度，而波音 777 客机模型已经经过了一定程度的面片简化处理，面片密度相对较低；另一方面，波音 777 客机模型中包含较多管路线缆数据，采用传统分割后模型包围盒的交叉比例较高。

表 3-2　采用改进分割算法的物体比例

模　　型	燃气轮机	支线客机	波音 777 舱段
采用子面片级分割算法的物体比例/%	22.67	25.72	47.36

此外，采用这里的子面片级改进模型分割算法还能对模型进行切割预处理，可以生成无锯齿的切割面。被测模型中的波音 777 舱段即切割处理后的结果，如图 3-14 所示。

3. 模型压缩结果

模型压缩算法测试了在平台 3 下对不同模型进行压缩处理的时间以及模型压缩前后存储空间大小，如表 3-3 所示。

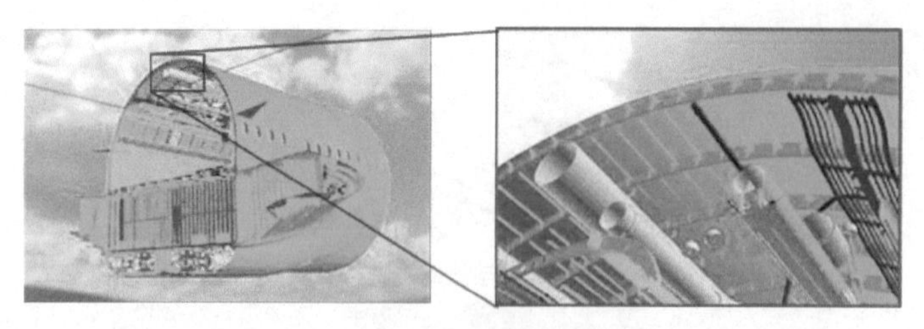

图 3-14　模型切割预处理

表 3-3　模型压缩结果

模　　型	面片数量	时间/s	压缩前/MB	压缩后/MB	压缩比
燃气轮机	4 506 717	43	357.21	93.66	3.81
支线客机	14 890 848	117	1259.52	337.91	3.73
波音 777 舱段	24 302 080	209	1945.60	576.49	3.37

从表 3-3 模型压缩结果可见，模型压缩耗时大致与模型面片数量成正比；模型压缩前后的压缩比均超过 3，通过模型压缩处理，模型的存储空间占用显著降低。

3.2　基于模型度量的可见性剔除和 LOD 自适应绘制算法

大规模复杂 CAD 模型的面片数据量可达千万乃至亿的数量级，远远超过了当前大部分 GPU 的存储和实时绘制能力。为保证绘制的实时性能，必须采用有效的方法将 GPU 处理的面片数据量降至能够实时处理的范围。

一般来说，在绘制时总有一部分物体处于视野之外（视锥体外），也有相当一部分物体被它前面的物体所遮挡。若对这些物体进行绘制，不仅消耗大量 GPU 存储空间和计算时间，而且对最终绘制结果毫无贡献。因此，需要采用剔除算法将此部分物体提前剔除掉以提高绘制效率。此外，在绘制时，距离视点越远的物体在屏幕上的有效像素数量越少（即对当前帧图像的贡献越小），因此，有必要采用一定的自适应处理算法，在绘制时根据物体对当前帧图像的贡献大小来判断是否对其进行绘制。

大规模复杂 CAD 模型中存在大量细小、狭长不规则形状物体（如波音 777 客机模型中任意弯曲的管路和线缆），造成可见性剔除效率较低以及 LOD 显示精度难以控制等问题。本小节介绍一种基于模型度量的可见性剔除与 LOD 算法。该算法通过近似最小包围盒对物体大小作近似估算，通过正投影对模型紧凑度进行计算。基于模型大小和紧凑度，进一步提出一种快速准确的遮挡物体的选取方法，提高可见性剔除效率。最后，提出一种基于模型大小和紧凑度的 LOD 控制方法，实现大规模复杂 CAD 模型的实时自适应绘制。

3.2.1　模型剔除

在实时可视化过程中，有很多模型在可视区域之外或被其他模型遮挡，因此在某一时刻是不可见的，如果对这些模型也进行绘制，则会大大影响整个系统可视化的效率。因此，如何快速准确地判断哪些几何模型在当前场景中不可见并将其剔除，是提高大数据量几何模型实时可视化的一个重要途径。目前，常用的剔除技术有视锥剔除、遮挡剔除等。要提高可见性剔除的效率，则需要对几何模型进行分割。

1．**视锥剔除**

视锥剔除(frustum culling)[18]通过快速计算哪些几何体在视锥体内部可见，哪些几何体在视锥体外部不可见，从而将不可见部分剔除，以提升绘制效率。如图 3-15 所示：其中 C 所示为绘制相机；E 为相机的近裁剪面；D 为相机的远裁剪面；A 所示为处于视锥体外部的几何体，不可见而不需要绘制；B 所示为可见几何体，需要进行绘制；其中绿色球体部分处于视锥体内部，绿色的立方体完全处于视锥体内部。

然而，几何体的形状是不规则的，视锥剔除需要高效率地计算出几何体的可见性，以免给整个系统带来额外负载。因此需要一种比较通用的算法，快速高效地实现几何体视锥剔除。

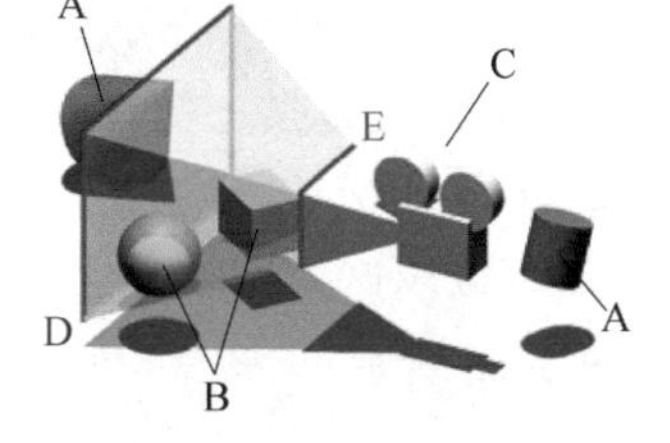

图 3-15　视锥剔除原理

由于视锥体是一个棱台，在预处理阶段提取几何体的包围盒信息，然后对视锥体和几何体的包围盒依次求交，从而避免几何体的全部顶点与视锥体求交效率低的问题。如果几何体的包围盒全部在视锥体包围盒 6 个面的外部，则几何体不可见，反之，几何体部分或者全部在视锥体内部，则可见。

Sýkora 等在此基础上借鉴了碰撞检测算法中的快速求交测试方法[19]，如图 3-16 所示。该方法首先将视锥体 VF 变换成长方体 VF′，然后对几何体原来的 AABB 进行相同的变换，计算出新的包围盒 AABB′，最后对 AABB′轴向包围盒 AABB″和新视锥体 VF′快速求交。此外，还研究了有向包围盒、包围球等与视锥体求交的测试效率。

尽管视锥剔除是一种比较简单有效的算法，然而在大规模复杂 CAD 模型实时绘制方面，仍然不能满足实际需求。特别是现有视锥剔除算法每一次绘制时须对所有几何体依次执行一次可见性剔除，且未考虑视点、视锥剔除之间连续一致性，因此需要进一步研究和探索视锥剔除算法的优化技术，以进一步提高大规模复杂模型实时绘制效率。

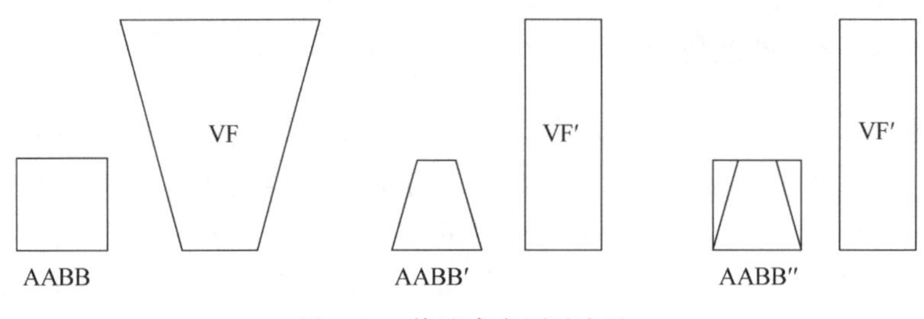

图 3-16　快速求交测试方法

2. 遮挡剔除

遮挡剔除[20]是通过 GPU 查询要绘制的几何体在屏幕上可见像素的数量，根据屏幕可见像素的数量判断几何物体被其他几何体遮罩的程度，并以此为依据，对不可见几何体进行剔除的过程。遮挡剔除的工作过程如下：①创建查询，禁用屏幕渲染缓冲、深度缓冲写入，开始查询；②绘制要遮挡查询的几何体的包围盒，GPU 执行遮挡查询；③结束查询，启用屏幕渲染缓冲、深度缓冲写入，得到查询结果。

尽管遮挡剔除对大规模复杂模型实时可视化有加速作用，但是遮挡剔除的通用性较差。一般情况下，遮挡剔除比较适合有明显遮挡关系，而且被遮挡的物体是几何模型比较复杂、三角面片数量较大的几何模型。比如航空发动机内部的管路线缆，不仅形状复杂而且面片数量较多，当可视化时视点在发动机壳体外部观察时，就可以用遮挡剔除方法查询的结果为依据决定是否需要对管路线缆进行绘制，如图 3-17 所示。

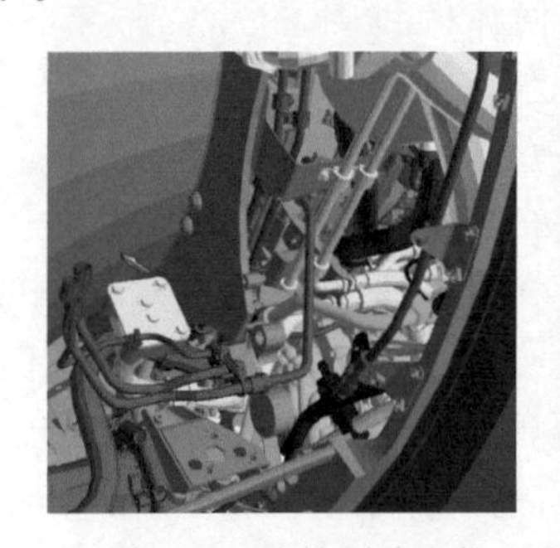

图 3-17　遮挡剔除在航空发动机模型绘制中的应用

不仅如此，遮挡剔除在使用过程中遮挡查询本身也需要一定的执行时间，某种程度上降低了可视化的执行效率。针对这一问题，普遍借助于相邻帧之间的相关性，即根据前一帧的查询结果作为当前绘制的依据，从而避免了查询等待[20]。

即便如此，由于大规模复杂 CAD 模型中存在较多狭长和细小的不规则形状物体，遮挡关系错综复杂，容易造成可见性剔除效率低，需要开展进一步研究。

3.2.2　模型度量

为了准确识别并筛选出大规模复杂 CAD 模型中的细小、狭长不规则的物体，需要一种能够对模型大小和形状进行准确度量的方法。常用的模型度量参数为模型大小和模型紧凑度。

1. 基于近似最小包围盒的模型大小度量

在计算机图形学中，AABB 由于计算简单，存储空间小等优点，被广泛用于原始几何模型的逼近表达来进行诸如碰撞/相交计算、遮挡查询等[21-22]。AABB 的各个面与轴线是平行的，对于轴向分布不均的模型，AABB 的构建与模型的方向有着密切关系，如图 3-18 所示，AABB 对模型的旋转操作极其敏感。因此，利用 AABB 的体积作为模型大小的近似计算极不准确。

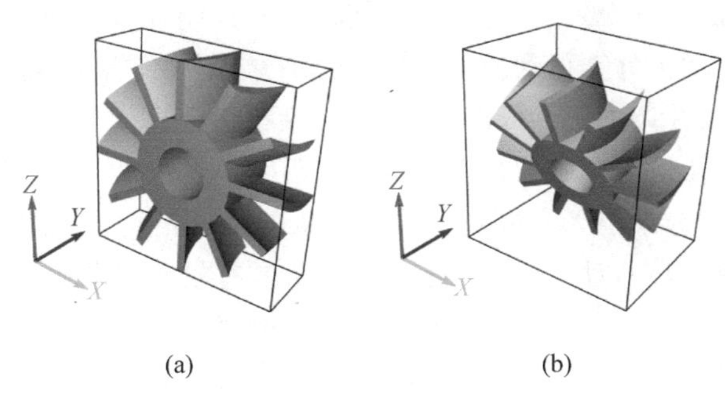

图 3-18　几何模型旋转前后的 AABB
(a) 旋转前；(b) 旋转后

针对上述问题，这里采用近似最小包围盒（或称方向包围盒，oriented bounding box，OBB）作为模型大小的近似计算。近似最小包围盒采用协方差矩阵进行计算。

协方差用于描述 X 与 Y 之间线性相关的程度。协方差 $\mathrm{cov}(X,Y)$ 的计算公式如下：

$$\mathrm{cov}(X,Y)=E\{[X-E(X)][Y-E(Y)]\} \tag{3-2}$$

式中，E 表示变量的期望值。协方差越小则表示两个变量之间越独立，即线性相关性越小。

以模型的顶点坐标(X_i,Y_i,Z_i)为输入，构建三维随机变量(X,Y,Z)。利用上述协方差计算公式建立协方差矩阵如下：

$$\mathbf{A}=\begin{bmatrix}\mathrm{cov}(X,X) & \mathrm{cov}(X,Y) & \mathrm{cov}(X,Z)\\ \mathrm{cov}(X,Y) & \mathrm{cov}(Y,Y) & \mathrm{cov}(Y,Z)\\ \mathrm{cov}(X,Z) & \mathrm{cov}(Y,Z) & \mathrm{cov}(Z,Z)\end{bmatrix} \tag{3-3}$$

式中，主对角线元素实际上是变量 X,Y,Z 的方差，非对角线元素则表示变量 X,Y,Z

之间的协方差。协方差矩阵的元素是实数并且对称。则协方差矩阵定义了顶点数据的传播(方差)和方向(协方差)。

对协方差矩阵进行变换得到如下结果：

$$\boldsymbol{A}=\begin{bmatrix} m_1 & m_4 & m_7 \\ m_2 & m_5 & m_8 \\ m_3 & m_6 & m_9 \end{bmatrix}\begin{bmatrix} n_1 & & \\ & n_2 & \\ & & n_3 \end{bmatrix}\begin{bmatrix} w_1 & w_4 & w_7 \\ w_2 & w_5 & w_8 \\ w_3 & w_6 & w_9 \end{bmatrix} \tag{3-4}$$

式中,右侧 3 个矩阵中,最后一个为第一个的逆矩阵,中间一个为对角矩阵。

则 $\boldsymbol{A}$ 的 3 个特征向量分别为：$\boldsymbol{v}_1=(m_1,m_2,m_3)^{\mathrm{T}}$,$\boldsymbol{v}_2=(m_4,m_5,m_6)^{\mathrm{T}}$,$\boldsymbol{v}_3=(m_7,m_8,m_9)^{\mathrm{T}}$。这 3 个特征向量即为近似最小包围盒的 3 个轴的方向。其中,最大特征值对应的特征向量指向数据最大方差的方向(即模型的最长轴方向)。将每个顶点分别在 3 个轴上投影容易得到近似最小包围盒的中心点和包围盒的长宽高。

利用上述方法计算得到近似最小包围盒结果,如图 3-19 所示。图中紫色所示为 AABB,青色所示为计算得到的近似最小包围盒,图中红绿蓝 3 条轴线分别表示近似最小包围盒的 3 条轴线。可以看出,近似最小包围盒比 AABB 包围盒更加紧凑,且其大小不受几何模型在三维空间旋转的影响。因此,用近似最小包围盒的体积来描述几何模型的大小更为准确。值得注意的是,由于上述算法基于模型顶点来计算近似最小包围盒,对于顶点数量较少并且具有较多轴向面片的规则模型,以图 3-20 所示模型为例(包含 20 个顶点,36 个三角面片,所有三角面片均为轴向面片),可能出现应用上述算法计算的近似最小比 AABB 稍大的现象。这种类型的模型在大规模复杂 CAD 模型中的数量相对较少,因此,使用近似最小包围盒的体积来描述几何模型的大小仍是有效的。

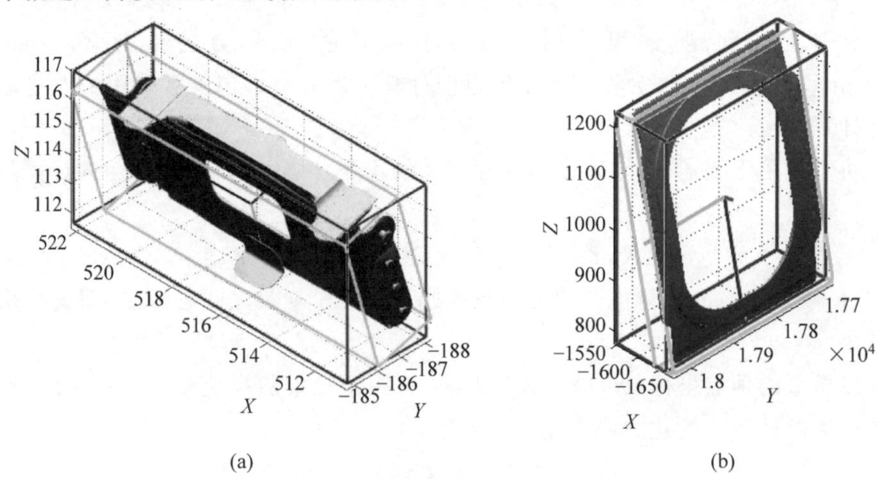

图 3-19　近似最小包围盒计算结果

(a) 卡扣 1；(b) 舷窗壁板；(c) 卡扣 2；(d) 蒙皮件；(e) 盖板；(f) 肋板；(g) 轴承盖；(h) 线缆；(i) 管路

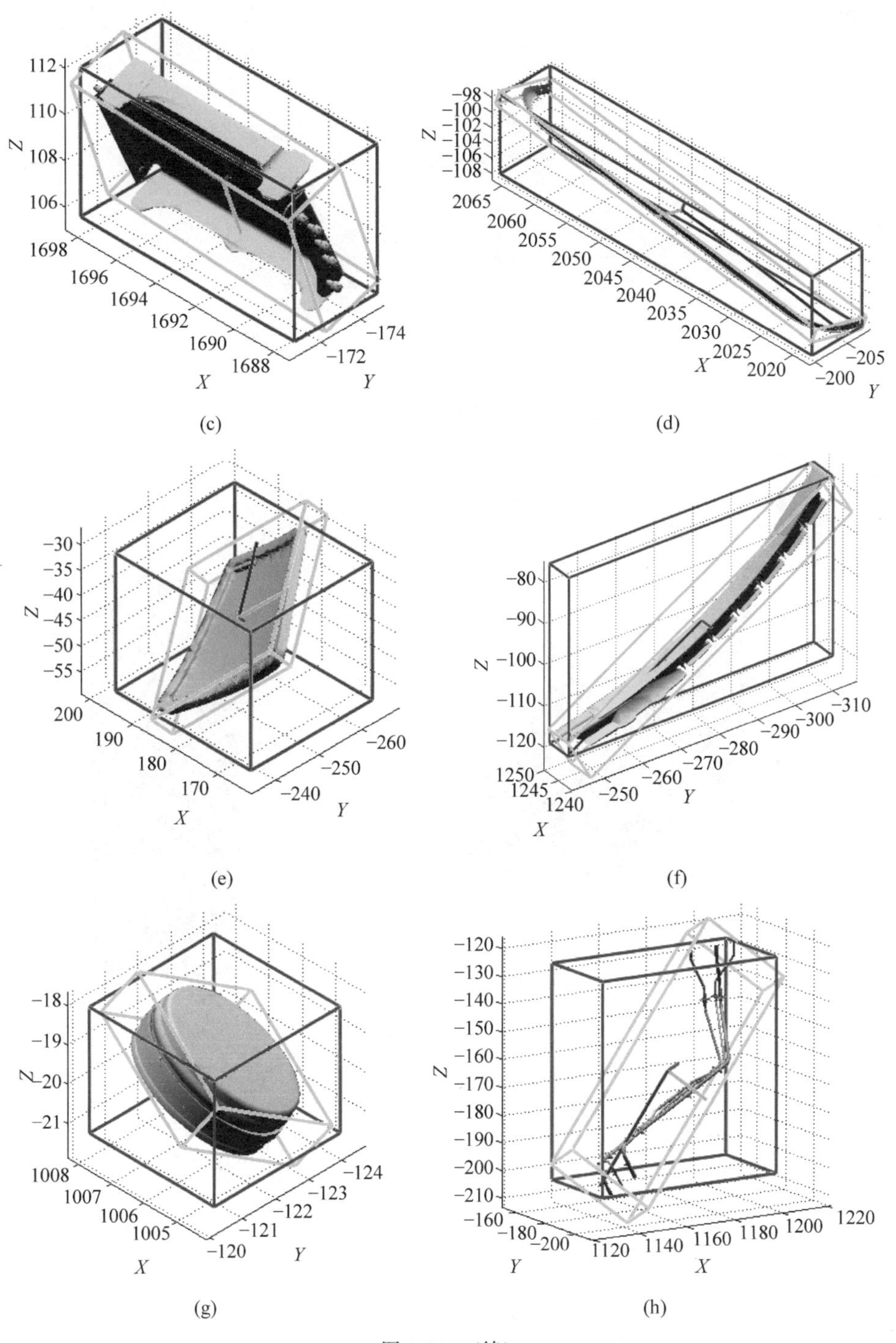

112
110
108
106
Z
1698
1696
1694
1692
1690
1688
X
−174
−172
Y
(c)
−98
−100
−102
−104
−106
−108
Z
2065
2060
2055
2050
2045
2040
2035
2030
2025
2020
X
−205
−200
Y
(d)
−30
−35
−40
−45
−50
−55
Z
200
190
180
170
X
−260
−250
−240
Y
(e)
−80
−90
−100
−110
−120
Z
1250
1245
1240
X
−310
−300
−290
−280
−270
−260
−250
Y
(f)
−18
−19
−20
−21
Z
1008
1007
1006
1005
X
−124
−123
−122
−121
−120
Y
(g)
−120
−130
−140
−150
−160
−170
−180
−190
−200
−210
Z
−160
−180
−200
Y
1120
1140
1160
1180
1200
1220
X
(h)

图 3-19 （续）

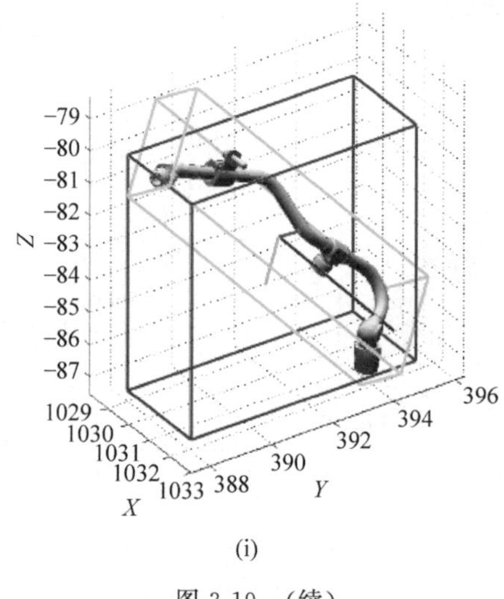

(i)

图 3-19 （续）

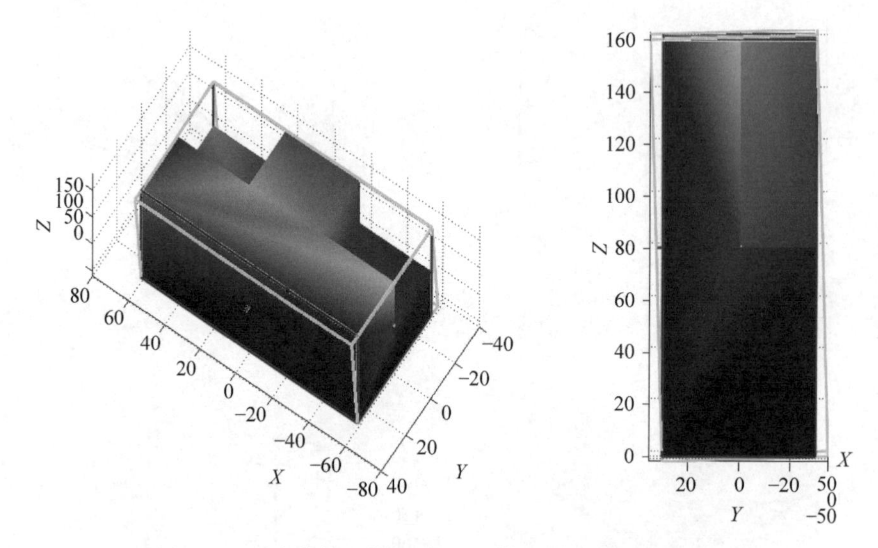

图 3-20 顶点数较少的规则 CAD 模型的两种包围盒对比

计算模型中所有物体的近似最小包围盒，其计算结果如图 3-21 所示。计算每个物体近似最小包围盒的体积并进行排序，即可筛选出模型中不同尺寸的物体。

2. 模型紧凑度的度量

大规模复杂 CAD 模型包含了许多不规则形状的物体，比如在波音 777 模型中存在大量任意弯曲的细长线缆和管路。为了描述物体的这种特点，我们给出了紧凑度的概念，用来描述物体在其近似最小包围盒中的空间占用情况。

这里使用一种基于投影的方法来计算模型的紧凑度。首先，分别从近似最小包围盒的 3 个轴向对物体进行正射投影，利用 GPU 分别绘制模型和近似最小包围

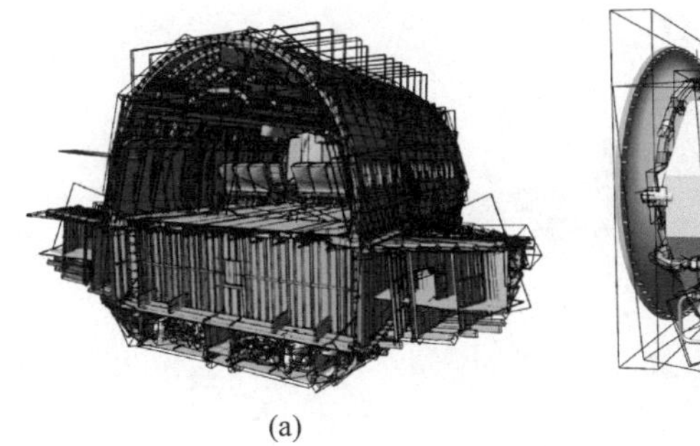

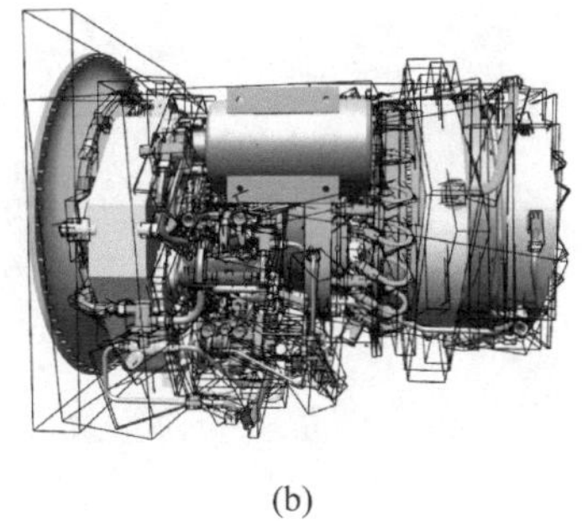

(a)　　(b)

图 3-21　模型中所有物体的近似最小包围盒计算结果

(a) 波音 777 舱段模型(26 891 个包围盒)；(b) 某燃气轮机模型(5092 个包围盒)

盒,分别如图 3-22(b)和(c)所示；然后,分别统计两者在 3 个方向正射投影绘制结果中的像素数量,分别如图 3-22(d)和(e)所示。则模型紧凑度可用如下公式计算：

$$c_i = \frac{P_i}{B_i} \quad (i=0,1,2)$$

$$C = \frac{\sum_{i=0}^{2} A_i c_i}{\sum_{i=0}^{2} A_i} \quad (i=0,1,2) \tag{3-5}$$

式中,$c_i(i=0,1,2)$分别表示模型沿近似最小包围盒 X,Y,Z 轴向的紧凑度；$P_i(i=0,1,2)$分别表示模型沿近似最小包围盒 X,Y,Z 轴向的正射投影像素数量；$B_i(i=0,1,2)$分别表示近似最小包围盒沿着其 X,Y,Z 轴向的正射投影的像素数量；$A_i(i=0,1,2)$分别表示近似最小包围盒沿着其 X,Y,Z 轴向的正射投影面积；C 表示模型的最终紧凑度。

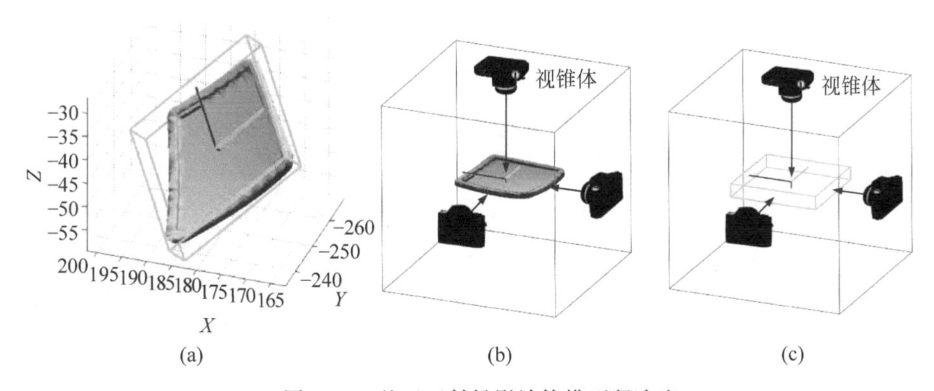

(a)　　(b)　　(c)

图 3-22　基于正射投影计算模型紧凑度

(a) 模型及其最小包围盒；(b) 模型的正射投影绘制；(c) OBB 的正射投影绘制；

(d) 模型沿 OBB 3 个轴向的正射投影绘制结果；(e) OBB 沿其 3 个轴向的正射投影绘制结果

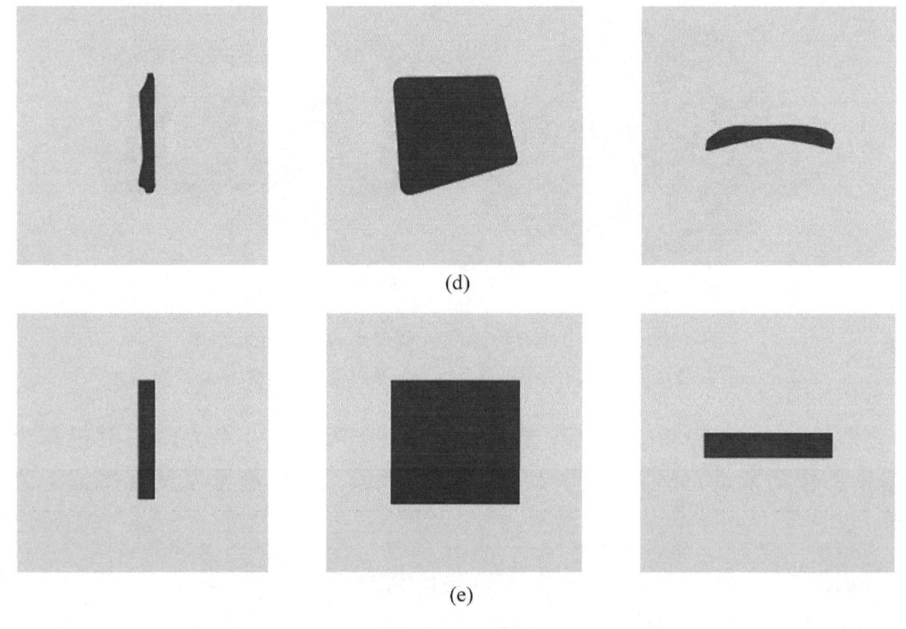

(d)

(e)

图 3-22 （续）

在式(3-5)中,并未直接使用 3 个方向的紧凑度平均值作为最终模型的紧凑度,而是使用了每个方向的近似最小包围盒面积作为加权平均。这样做的目的是为了使具有较大包围盒面积的那一轴向的紧凑度在模型紧凑度 C 中占据主导地位,以使得模型紧凑度的计算数值更为合理。

上述紧凑度的计算不同于物体包围盒的体积之比,而是一种从图形绘制角度的逼近,用 3 个方向上二者的投影面积之比的加权平均来近似计算,而投影面积又用像素数量来近似计算。这两处近似计算,使得算法可以充分利用 GPU 的计算能力,实现紧凑度的快速求解。

针对上述模型紧凑度的度量算法,在一组模型上开展了算例分析,紧凑度的计算结果如表 3-4 所示。第一个模型为不规则弯曲的线缆模型,如图 3-19(h)所示,其紧凑度仅为 0.12；第二个模型为机身结构件模型,如图 3-19(e)所示,其紧凑度为 0.77；第三个模型为规则模型,如图 3-20 所示,其紧凑度为 0.85。对比 3 个模型及其紧凑度计算结果可知,我们提出的紧凑度度量方法有效地反映出了模型面片的空间占用情况。

用上述算法计算波音 777 客机模型中物体的紧凑度,并将计算结果进行颜色映射,得到如图 3-23 所示结果。从图中可以看出,狭长不规则形状的线缆管路的紧凑度计算结果较小。计算所有物体的紧凑度并进行排序,即可迅速筛选出不同紧凑度的物体。

表 3-4　模型紧凑度算例

模　　型	P_i			B_i			A_i			C
	P_0	P_1	P_2	B_0	B_1	B_2	A_0	A_1	A_2	
	6352	6682	3651	84 992	30 081	43 944	1918.1	3566.5	587.5	0.12
	198 674	29 286	21 800	249 856	37 888	36 112	995.0	149.1	142.8	0.77
	166 746	89 337	71 771	207 872	99 328	78 764	24 260.3	11 583.7	9182.0	0.85

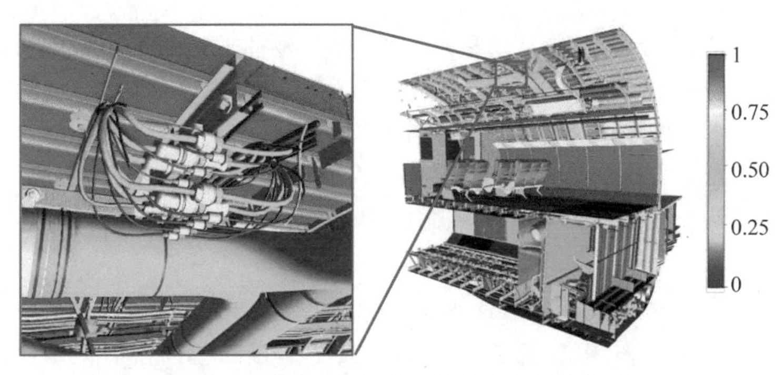

图 3-23　模型中所有物体的紧凑度计算结果

3.2.3　基于模型度量的可见性剔除

1. 视锥剔除

使用裁剪坐标系[23]和物体的近似最小包围盒进行视锥剔除，视图坐标系和裁剪坐标系对应关系如图 3-24 所示。假设顶点 p 在世界坐标系中的坐标为$(x, y, z, 1)$，假设当前模型矩阵为 $\boldsymbol{M}$，视图矩阵为 $\boldsymbol{V}$，投影矩阵为 $\boldsymbol{P}$，则顶点 p 可使用如下公式变换至裁剪坐标系下的顶点 p'：

$$(x_c, y_c, z_c) = (x, y, z)\boldsymbol{MVP}$$

点 p'：(x_c, y_c, z_c) 为齐次坐标，将其标准化后得到顶点 p''：

$$\left(\frac{x_c}{w_c}, \frac{y_c}{w_c}, \frac{z_c}{w_c}\right) = (x', y', z')$$

在标准化的裁剪空间中，视锥体是一个轴向平行的包围盒，其中心位于原点，由 6 个面包围而成。分别为左平面 $x' = -1$、右平面 $x' = 1$、上平面 $y' = 1$、下平面

$y'=-1$、近平面 $z'=-1$、远平面 $z'=1$。

当且仅当顶点 p''：(x',y',z')满足如下条件时，其位于视锥体内。

$$\begin{cases}-1<x'<1\\-1<y'<1\\-1<z'<1\end{cases}$$

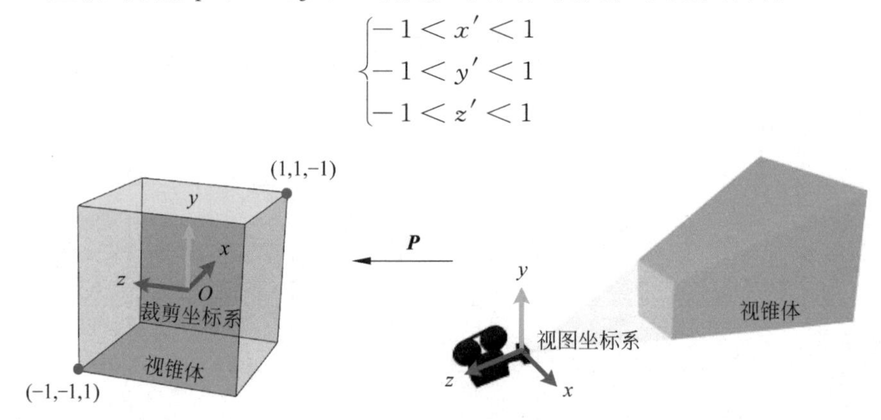

图 3-24　视图坐标系与裁剪坐标系

基于上述方法，为了加速视锥剔除，这里使用物体的近似最小包围盒的 8 个顶点来测试该物体是否处于视锥体内。当 8 个顶点均在视锥体内时，该物体必然位于视锥体内，则不剔除此物体；当 8 个顶点均在视锥体外时，该物体必然位于视锥体外，则剔除此物体；当部分顶点在视锥体内而部分顶点在视锥体外时，我们假设物体与视锥体发生交叉，为了避免绘制时屏幕边缘出现显示错误，此时不剔除此物体。

通过层次包围体树进一步加速视锥剔除计算速度。加速过程如下：①如果父节点的包围盒与视锥体相交，需要继续判断其子节点的包围盒与视锥体的相交关系；②如果父节点的包围盒在视锥体外部，则该节点所包含的所有子节点以及它们所对应的几何模型都在视锥体外部，此时无需对其子节点进行测试，即可直接剔除这些节点所包含的所有几何模型；③如果父节点的包围盒处于视锥体内部，则该节点所包含的所有子节点以及它们所对应的几何模型都处于视锥体内部，此时无需对其子节点进行测试，即可直接将这些节点所包含的所有几何模型送入下一阶段处理。

2. 遮挡剔除

遮挡剔除通常是首先选取一些遮挡体(可能遮挡别的物体的物体)先行绘制(禁用屏幕渲染缓冲，开启深度缓冲写入)，然后再对余下的物体进行遮挡测试。遮挡测试通常是绘制被测物体的包围盒(禁用屏幕渲染缓冲，开启深度缓冲写入)与遮挡体的深度图进行比较进而判断其可见性。传统的遮挡体选取算法一般比较简单，比如选取包围盒较大的物体或者选取面片数较多的物体。由于大规模复杂CAD 模型包含了许多不规则形状的物体，比如在波音 777 模型中任意弯曲的较长线缆和管路，这些物体对别的物体构成遮挡的概率较小，因此，在任何视角下均不适合被选取为遮挡体而降低剔除效率。

为选取合适的遮挡体以解决上述问题，设计了一种遮挡体选取方法，分为 3 个步骤：①视锥剔除；②对通过视锥剔除的物体进行权重计算；③选取遮挡体。

遮挡剔除本身需要一定的执行时间，而研究视锥体外物体的遮挡关系对当前帧图像的生成毫无意义。因此，遮挡体和被测物体必须从视锥体内的物体内选取。在开展遮挡剔除之前先在整个模型上应用 3.2.1 节的视锥剔除算法得到候选遮挡体集合。

经过视锥剔除的候选遮挡体集的物体数量仍然较多，我们倾向于选取其中尺寸较大、距离视点近的，并且其近似最小包围盒的最大面是冲着视点方向的物体为遮挡体。基于此，提出一种候选遮挡体权重计算方法，如下式所示：

$$\mathrm{WE}=\frac{V(\boldsymbol{n}\cdot\boldsymbol{e})}{d^{3}} \tag{3-6}$$

式中，V 表示物体的体积大小，$\boldsymbol{n}$ 表示物体近似最小包围盒的最大面的法向量，$\boldsymbol{e}$ 表示沿视点方向的单位矢量，d 表示物体中心与视点之间的距离。

假设通过视锥剔除的候选遮挡体中包含 5 个物体，它们的近似最小包围盒和视点位置如图 3-25 所示。假设此时的视点方向 $\boldsymbol{e}=(0,1,0)$，物体的体积、包围盒最大面的法向量、视点与包围盒中心的距离分别如表 3-5 所示，则计算各物体权重如表 3-5 所示。

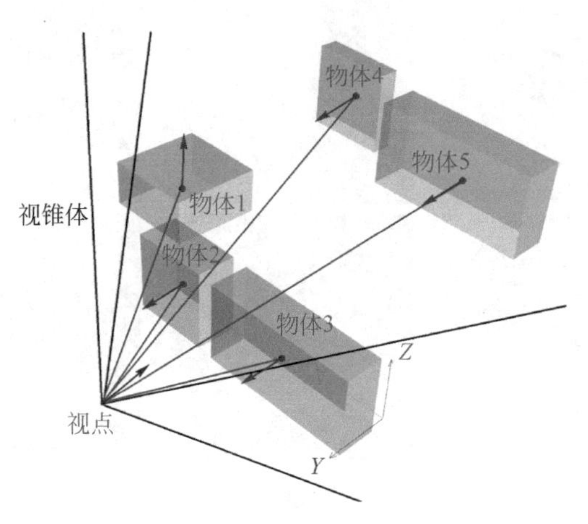

图 3-25　遮挡体权重计算

对比表 3-5 中物体 1 和物体 2 可知：体积相等且与视点距离相等的物体，由于包围盒最大面的朝向不同，权重亦不同，包围盒最大面朝向与视点方向夹角小的权重值大；对比物体 2 和物体 3 可知：包围盒朝向相同且与视点距离相等的物体，体积越大的物体其权重值越大；对比物体 3 和物体 5 可知：体积相等且包围盒朝向相同物体，与视点越近的物体其权重值越大。因此，物体通过式(3-6)计算所得权重值越大，则其越适合作为遮挡体。

表 3-5　遮挡体权重计算结果

物体编号	V	$\boldsymbol{n}$	d	WE
物体 1	18 513	(0,0,1)	80	0
物体 2	18 513	(0,1,0)	80	0.7714
物体 3	37 026	(0,1,0)	80	1.5428
物体 4	9257	(0,1,0)	200	0.0015
物体 5	37 026	(0,1,0)	200	0.0062

对候选遮挡体集中的每一个物体进行权重计算并进行排序，选取其中权重较大的固定数量物体作为遮挡体。固定遮挡体数量的好处是可以保持每一帧遮挡剔除耗时的稳定，避免因为遮挡体过多导致遮挡体绘制耗时增加。

采用上述遮挡体选取算法，在波音 777 客机舱段模型上的遮挡体选取结果如图 3-26 所示。图中左侧为当前帧图像，中间为应用上述遮挡体选取算法选取的遮挡体的深度图像，右侧为应用只考虑物体尺寸的传统算法选取的遮挡体深度图像。从图中可见，应用本算法选取的遮挡体尺寸大、离视点近，可以较多地遮挡其他物体，从而有利于提高后续遮挡剔除阶段的效率。

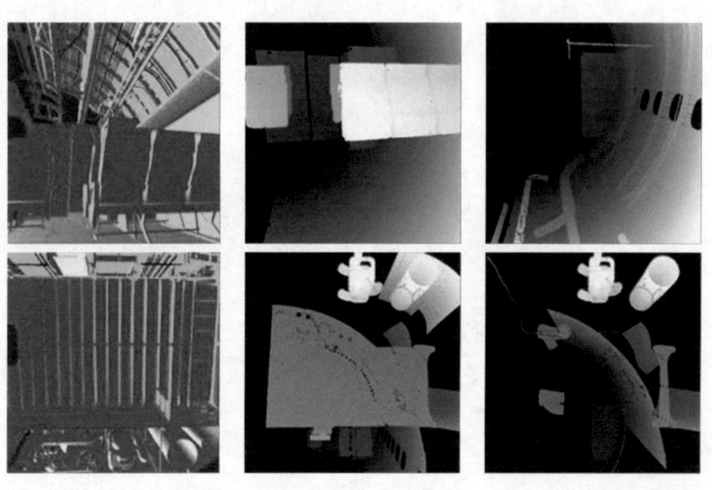

图 3-26　遮挡体选取结果对比

遮挡剔除的目的是确定潜在的可见物体集合。被选取的遮挡体全部归属于这个集合，对于候选遮挡体中的其他物体通过检查其是否被选取的遮挡体所遮挡来确定其是否属于潜在的可见物体集合。这里基于层次化深度图方法进行遮挡测试，如图 3-27 所示。

首先，绘制遮挡体的深度图，深度图的大小为当前帧图像的像素(使用深度图的大小为 1024×1024)。然后创建该深度图的层次化深度图序列，每一级分辨率减半，则总的级数 $L=1+\log_2 1024=11$，其中最低一级的深度图像只有一个像素。

层次化深度图序列创建完成之后，开始对待测物体进行遮挡测试。采用物体

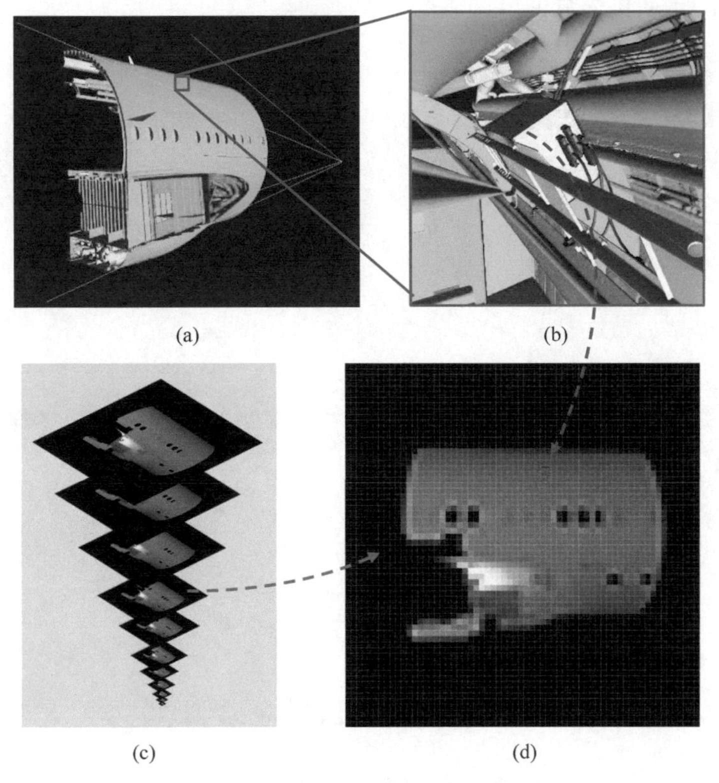

图 3-27　HZM 遮挡剔除原理

(a) 视点；(b) 被测物体；(c) 层次化深度图；(d) 被选取等级的深度图

投影区域的包围正方形作为近似在合适等级的深度图上进行遮挡测试。深度图等级的选取用如下公式计算：

$$l = L - \log_2 \frac{WH}{R} \quad (R \geqslant 1) \tag{3-7}$$

式中，W 为当前绘制帧的像素宽度，H 为当前绘制帧的像素高度，R 为包围正方形的大小(像素数量)。

通过以上深度图等级的选取，可以保证包围正方形在被选取深度图上的覆盖面积为 1 或 4 个像素。这里用近似最小包围盒的最小深度值作为物体的最小深度值，如果该值大于所有 4 个像素上的深度值，可以判定该物体被遮挡；反之，物体可能可见，将其加入可见物体集合。

值得注意的是，由于系统选取的遮挡体中可能包含一部分被遮挡的物体，上述剔除算法得到的可见物体集合并不精确，但可以保证所有可见物体均在可见物体集合中。

应用上述可见性剔除算法在燃气轮机模型和波音 777 模型上进行测试，剔除结果如图 3-28 所示。可以看出，经过视锥剔除和遮挡剔除，大大减少了系统绘制的几何模型数量,因而显著提高了系统绘制效率。

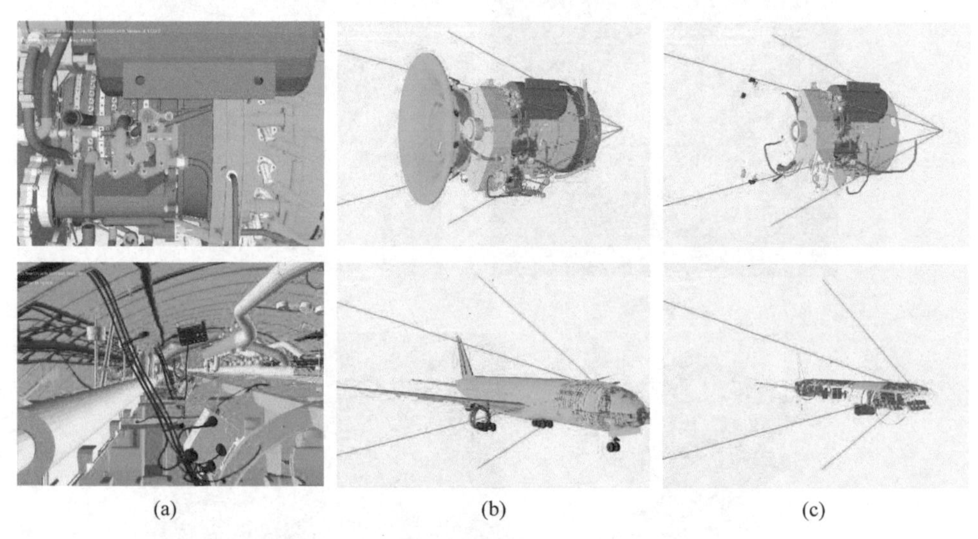

(a) (b) (c)

图 3-28 可见性剔除结果

(a) 当前帧图像;(b) 剔除前;(c) 剔除后

3.2.4 基于模型度量的 LOD 自适应绘制

传统 LOD[24]通过模型简化生成多分辨率面片模型,在绘制时根据视点与场景中物体的距离或物体在屏幕上的投影面积选取对应分辨率的模型进行绘制。对大规模复杂 CAD 模型,由于存在大量不规则形状的物体,尤其是任意弯曲的线缆管路,采用传统的 LOD 控制方法容易导致 LOD 调整不及时,造成显示失真的问题,如图 3-29 所示。

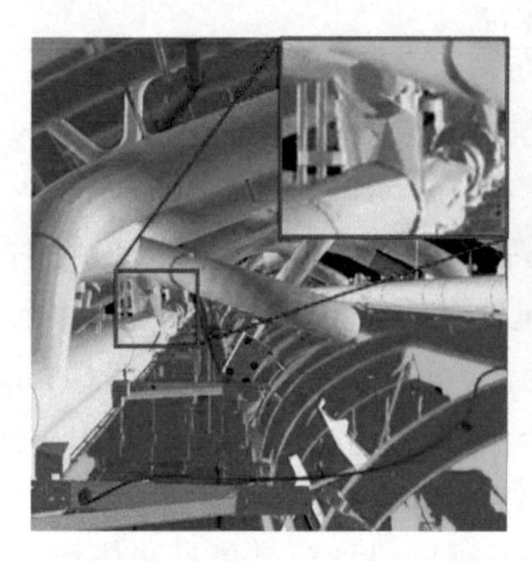

图 3-29 LOD 调整不及时导致的显示失真

本小节基于对模型大小和紧凑度的度量，对模型的准确大小和空间占用率进行估算，可以准确反映出物体的细小程度。细小物体在距离视点较远时对当前帧图像的贡献很小，因而可以选择不进行绘制。本小节通过控制细小模型的显示实现大规模场景的 LOD 绘制。对于通过遮挡查询的每个物体计算如下权重：

$$\mathrm{WE}=\frac{VC}{d^3} \tag{3-8}$$

式中，V 表示物体的体积；C 表示物体的紧凑度；d 表示物体中心与视点之间的距离。

不难看出，物体的体积越小，紧凑度就越小，与视点之间的距离越大，则权重越小。对通过遮挡查询的物体按照上述权重大小进行排序，在实时绘制时，根据系统负载，实时调整不进行绘制的细小物体的比例，实现自适应 LOD 绘制。

本小节将上述 LOD 算法在波音 777 模型上进行了测试，测试结果如图 3-30 所示。从图中可以看出，从左至右，场景中的细小物体逐渐减少，细小物体是否参与绘制得到了准确有效的控制。

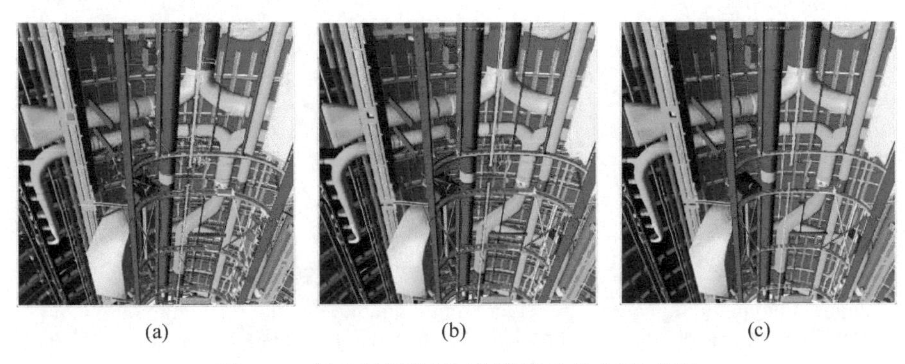

(a)　(b)　(c)

图 3-30　视点固定时基于模型度量的 LOD 控制

(a) $V>0, C>0$；(b) $V>1.396, C>0$；(c) $V>1.396, C>0.256$

3.2.5　实例分析

系统采用某燃气轮机（包含约 450 万三角面片）以及波音 777 客机的机身舱段模型（包含约 2400 万三角面片）为验证对象，对可见性剔除算法、LOD 自适应绘制算法进行了验证，如图 3-31 所示。

实验中原型系统运行在配置了 Intel i7 5960X（3.0GHz，8 核心）处理器、16GB 内存，NVIDIA GeForce GTX 970 显卡的桌面计算机上。

1. 可见性剔除结果

可见性剔除实验分别在燃气轮机和波音 777 舱段模型上测试了我们提出的视锥剔除和遮挡剔除算法。测试结果如图 3-32 所示。

图 3-32 为一个漫游路径下统计得到的燃气轮机模型的可见性剔除统计信息。

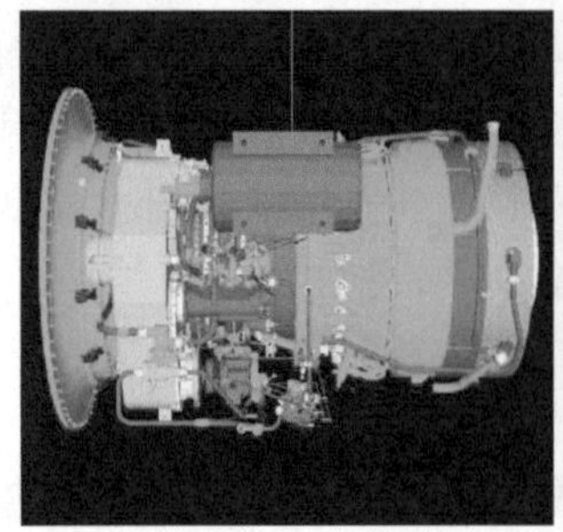
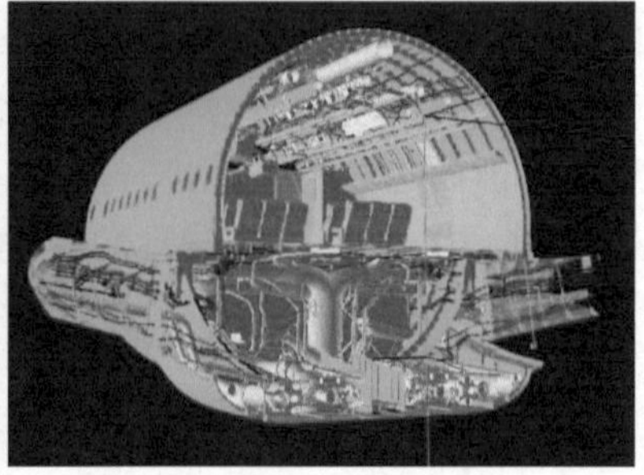

图 3-31　测试所用的燃气轮机及波音 777 客机舱段模型

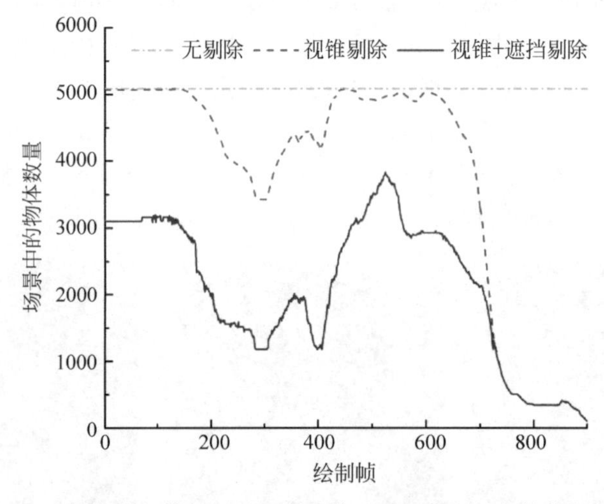

图 3-32　燃气轮机模型可见性剔除前后需要绘制的物体数量对比

从图中可以看出，在不执行可见性剔除算法的情况下，场景中需要绘制的物体数量为恒定值 5092；执行视锥剔除算法后，随视点位置和方向的改变，视锥体内的物体数量也在不断发生变化，总体上剔除掉场景中约 1/4 的物体。进一步执行遮挡剔除后，场景内参与绘制的物体数量进一步减少，总体上又剔除掉约 1/4 的物体。因此，执行了可见性剔除算法后，在总体上降低了约 1/2 的 GPU 绘制负载。通过实验验证了本小节可见性剔除算法的可行性。

图 3-33 为先后两次在同一漫游路径下统计得到的波音 777 舱段模型的可见性剔除统计信息。两次漫游时的遮挡体数量分别为 $N=10$ 和 $N=80$，其他系统参数相同。从图 3-33 中可以看出第一次漫游时开启遮挡剔除前后，场景内参与绘制的物体数量变化不大。这是由于遮挡体数量过少，难以起到很好的遮挡作用。在第二次漫游时，当遮挡体数量提高至 80 时，可以观察到场景内参与绘制的物体数量显著减少。因此增大遮挡体数量 N，可以增加场景内被测物体被遮挡的概率，从而提高剔除掉的物体数量。然而，遮挡体越多，绘制深度图的时间越长，导致直接参与绘制的物体越多，整个遮挡剔除消耗的时间也越长。因此，在实际中需要根据系统性能和模型的复杂度选择合适的遮挡体数量，以在剔除数量和剔除耗时之间

达到平衡。

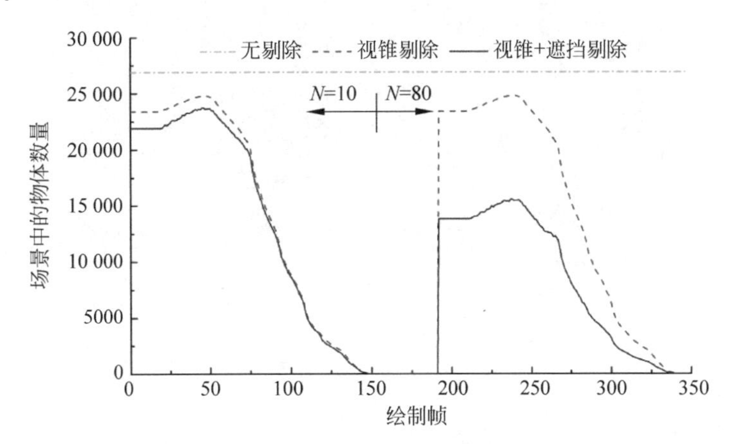

图 3-33　波音 777 舱段模型不同遮挡体数量下剔除效率对比

2. LOD 自适应绘制结果

在波音 777 舱段模型上测试了我们提出的 LOD 自适应绘制算法。测试结果如图 3-34 所示。从图 3-34 中可以看出，经过可见性剔除后，大部分情况下场景中参与绘制的物体数量已经降至 15 000 以下，在应用了本小节提出的针对细小物体的 LOD 自适应绘制算法后，场景中实际参与绘制的物体数量进一步减少，大部分情况下会降至 11 000 以下。而执行 LOD 算法前后，绘制的帧图像并未出现明显失真，如图 3-35 所示。该实验证明了本小节基于模型度量的 LOD 自适应绘制算法在大规模复杂 CAD 模型的实时绘制中是行之有效的。

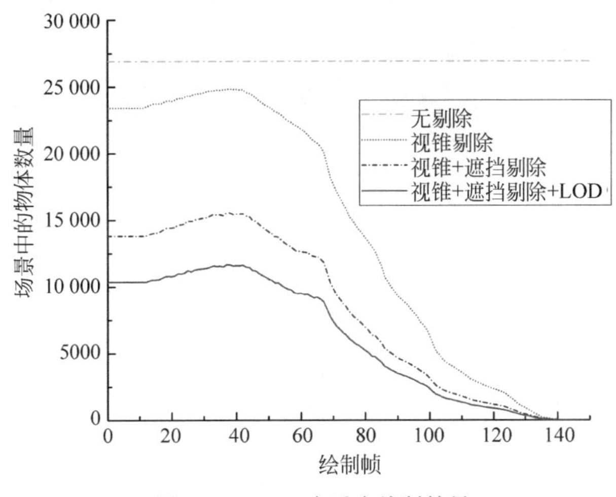

图 3-34　LOD 自适应绘制结果

针对大规模复杂 CAD 模型中不规则形状的物体导致传统遮挡剔除和 LOD 算法效率低、出现显示失真的问题，本节首先提出了基于近似最小包围盒的模型大小

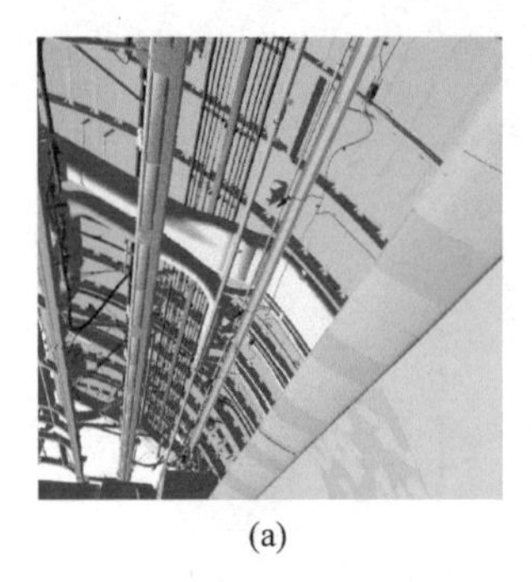
(a)

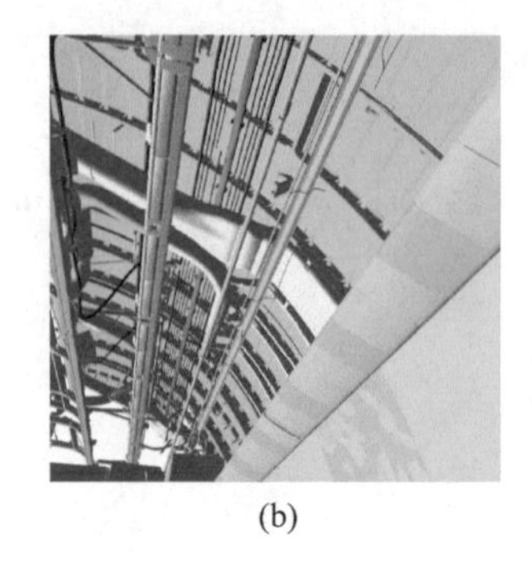
(b)

图 3-35　LOD 自适应绘制前后对比
(a) 无 LOD；(b) LOD 自适应绘制

和紧凑度的度量方法，并基于此提出了基于模型度量的可见性剔除和 LOD 自适应绘制算法。

模型紧凑度的计算基于 GPU 从物体近似最小包围盒的三个轴向分别进行正射投影，具有很高的效率。本节在裁剪坐标系中进行视锥剔除，用标准的矩阵式坐标变换取代了传统繁琐的包围盒-视锥体相交测试；相比传统算法，这个遮挡体的选取算法在大规模复杂 CAD 模型上更为准确合理，基于层次化深度图的遮挡查询也具有更高的效率。本节的 LOD 自适应绘制算法，实现了绘制过程中对大规模复杂 CAD 模型中细小物体的有效控制。

3.3　基于小波的多分辨率稀疏体素数据压缩和实时绘制算法

多分辨率绘制可以根据视觉需要或系统的实时性能自适应地调整绘制时模型的复杂度，从而能够有效提高绘制效率。因此，多分辨率绘制算法一直是大规模三维图形绘制的研究重点。传统的大规模三维模型实时绘制多采用模型空间分割和模型简化算法创建层次化结构树和不同细节等级的多分辨率面片模型，在绘制时则较多地使用图形硬件进行光栅化绘制[25]。然而，该技术严重依赖于计算机图形硬件，导致能够处理的面片规模受到图形硬件的存储和计算能力的制约；此外，随着 GPU 编程接口的不断开放，光栅化图形绘制管线也变得越来越复杂，加大了绘制系统的优化难度。

稀疏体素八叉树(sparse voxel octrees，SVO)是近年来提出的一种新的面片模型几何表达，也是对面片模型的几何和绘制属性进行多分辨率逼近表示的一种方法。由于 SVO 存储结构比较规则，因而具有极高的光线投射效率，已在阴影绘制[26-27]、环境光遮挡[28]、全局光照计算[29]等方面得到一些应用。然而，在 SVO 的生成阶段，尽管在八叉树的每一层级只保存非空区域(在高分辨率下通常不到整个三维网格的 1%)的体素数据[30]，其存储空间大小仍随分辨率增加而呈指数级增长。多分辨率稀疏体素的存储空间占用问题已成为影响 SVO 进一步发展的瓶颈。

本小节提出了一种基于小波的多分辨率稀疏体素数据压缩和实时绘制算法，为推进基于体素表达的实时绘制技术进行了有益的尝试[31]。在预处理阶段，利用三维 Haar 小波的多分辨率特性将高分辨率体素数据分解成低分辨率体素数据和细节信息并分别对其进行压缩存储，以此构建出多分辨率稀疏体素表达。在绘制阶段，首先借助于八叉树光线投射算法进行低分辨率体素的绘制，然后根据 LOD 控制算法确定每条光线对应体素的 LOD 等级，利用小波逆变换对需要更高精度的体素进行细化绘制。

3.3.1　背景介绍

面片模型通过体素化算法[32]生成稀疏体素。该算法首先将面片模型缩放到单位立方体空间内，然后将该空间划分为指定分辨率的均匀三维网格，并对每个网格与面片的相交情况进行判断，三维网格的与面片相交的非空区域即为稀疏体素。因此，三角面片和均匀三维网格(可视为 AABB)的相交测试算法是面片体素化的核心问题。

1. 三角面片和 AABB 相交测试算法

三角面片和 AABB 相交测试目前主要有两种算法。较早的算法是基于如下所述的分离轴定理[33]：

如果两个凸多面体 A 和 B 可以用一条平行于 A 或 B 的某一面法线的轴线，或者是 A 的一条边和 B 的一条边的叉积所在的轴线分开，那么 A 和 B 不相连。

由定理可知，判断三角面片和 AABB 的相交关系需要测试 13 个轴，即 AABB 的 3 条法线、三角面片的 1 条法线以及 9 个叉积的轴线，如图 3-36 所示。如果通过所有测试，即不存在分离轴，则可判断三角面片和包围盒相交。测试过程中一旦发现存在一条分离轴，则算法终止，返回不相交的测试结果。

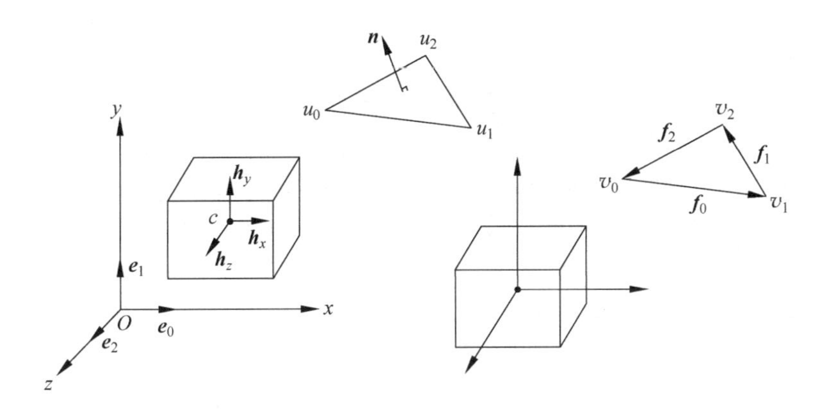

图 3-36　基于分离轴定理的三角面片和 AABB 相交测试

不难看出，上述算法的效率不高，在理解上也不够直观。Schwarz 等于 2010 年提出了基于投影的相交测试算法[32]。在该算法中，三角面片 T 和 AABB 的 B 同时满足以下条件，即可判定二者相交：

(1) T 所在的平面与 B 存在交叠；

(2) 对每一个坐标平面(xy，xz，yz)，T 和 B 在其上的二维投影存在交叠。

2. 稀疏体素数据压缩

每个体素单元通常包含位置、颜色和法线等属性，其中位置属性由网格分辨率、索引坐标确定，颜色和法线属性需要通过对该体素单元所包裹的面片进行采样计算得出，如图 3-37 所示。图中所示为 Bunny 模型在 32×32×32 分辨率下的体素化结果，其中每一个绿色方格为一个体素，蓝色直线为体素的法线。从图 3-37(b)和(c)中可以看出，体素模型的内部和面片模型一致，也是中空的，因而体素模型可以看作面片模型的几何逼近，也被称作稀疏体素。

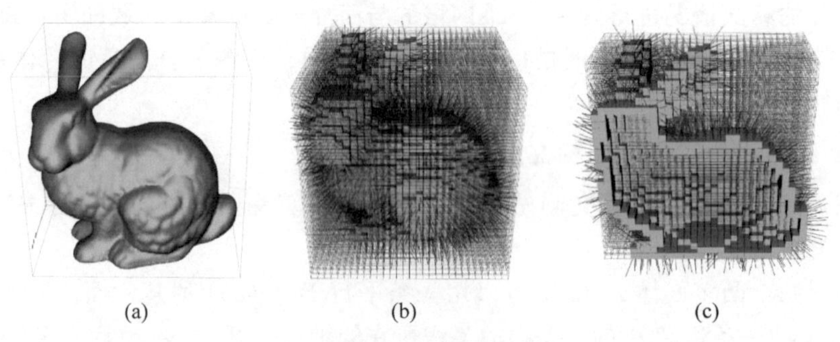

(a) (b) (c)

图 3-37 Bunny 模型的稀疏体素表达

(a) 面片表达；(b) 体素化结果；(c) 剖切显示

稀疏体素只保存了整个三维网格中与面片相交的体素单元(非空单元)，因而节省大量存储空间，但其存储量仍随网格分辨率增加呈指数增长。高效稀疏体素八叉树(efficient sparse voxel octrees，ESVO)中使用一种基于块的压缩方法对颜色和法线进行编码，用 6 个 32 位字长存储 16 个体素绘制属性[34]，该编码方式虽然紧凑，但在不同分辨率体素之间仍包含大量冗余信息。Kämpe 等使用有向无环图代替八叉树保存二进制体素节点[35]，该方法允许节点之间对相同子树共享指针，从而可以对相同空间区域进行高效率编码；但其缺少绘制属性的表达，需要额外创建一个树、图或表，用于查找相应位置的绘制属性来计算光照。JiTTree 采用一种混合数据结构来存储稀疏体数据[36]，并通过生成可以即时编译的 GPU 代码自适应局部的数据属性，同时保证了数据存储和访问效率，但未考虑多分辨率体数据各层级之间的数据相关性。

3.3.2 基于小波的稀疏体素绘制属性压缩

基于面片生成多分辨率稀疏体素与传统八叉树空间分割过程类似，不同的是对于每一个生成八叉树节点，均需要对该节点所包含的面片进行采样，以得到当前节点的颜色、法线等绘制属性。如图 3-38 所示。具体生成过程如算法 3-3 所示。

算法 3-3 基于八叉树的稀疏体素生成算法

步骤 1 计算物体的尺寸大小，将其放置于一个包围立方体中。

步骤 2 将包围立方体作为八叉树的根节点，记为层级 0；通过面片采样计算节点的绘制属性并保存。

步骤 3 利用 Schwarz 等提出的三角面片与 AABB 相交测试算法判断最后一级节点是否非空。对最后一级的非空节点(节点所覆盖的三维空间内包含有面片)进行细分，层级往下递增 1。

步骤 4 对于每一个子节点，如果当前节点非空，则对该节点所包含的面片进行采样计算节点的绘制属性并保存；如果当前节点内为空，则将当前节点作为叶节点，不再细分。

步骤 5 多次执行步骤 3 和步骤 4，直至达到预设的最大层级。

步骤 6 将带有绘制属性的八叉树节点进行编码并输出文件，算法结束。

由于不同层级的稀疏体素与八叉树的拓扑结构一致，因此，多分辨稀率疏体素大多基于八叉树数据结构进行数据组织和存储。也存在一些将稀疏体素八叉树转换成有向无环图的研究，但其针对的体素类型为无绘制属性稀疏体素，对于带有绘制属性的稀疏体素并不适用。

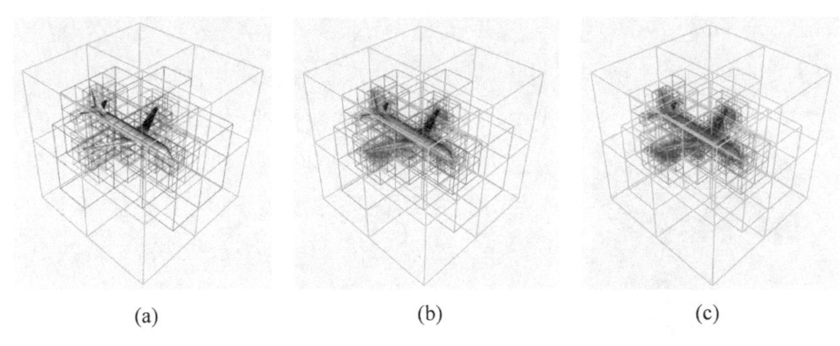

(a) (b) (c)

图 3-38 稀疏体素与八叉树

(a) 层级=4；(b) 层级=6；(c) 层级=8

传统多分辨率稀疏体素存储方法是对每一分辨率的体素数据进行离散保存，没有考虑多分辨率体数据各层级之间的数据相关性，导致数据冗余多、存储空间占用大。我们基于三维离散小波变换，由高分辨率体素自底而上建立稀疏体素的多分辨率表达，从而能够节省传统存储方法中、低分辨率体素占用的存储空间。

1. 三维 Haar 小波变换

目前,医学影像数据(如 CT、MRI)已经广泛使用了基于小波的无损压缩技术[37]。由于三维医学体数据以二维图像序列的形式存储,所以常采用二维小波变换对图像进行多分辨率分解。已有基于三维小波变换的医学体数据压缩方法中,体数据节点的绘制属性只包含了灰度或颜色信息(用于体绘制),而这里的稀疏体素的绘制属性同时包含了颜色和法线信息(用于面绘制),因此已有方法并不适用于稀疏体素。此外,对于医学体数据而言,在开展小波变换时,每一层的帧图像是预先给定连续存储的数据,而这里的稀疏体素在应用小波变换时稀疏体数据是稀疏分布的非空节点,需要采用合适的方法预先构造出适合于三维小波变换的处理单元,因此二者在应用小波变换时也有所区别。

为保证压缩和绘制效率,我们选用计算简单、计算量小的 Haar 基三维离散小波变换,其拥有和八叉树结构相似的离散数据的多分辨率表达。一维 Haar 小波变换通过取一维滤波器的张量积可以自然地扩展到三维[38]。考虑一个 2×2×2 的三维网格,8 个体素的绘制属性(颜色或法线)分别表示为 d_{ijk},其中 $0\leqslant i,j,k\leqslant 1$,如图 3-39 所示。则三维 Haar 小波变换可表示为:

$$\begin{cases} d_{\mathrm{lll}}=(d_{000}+d_{001}+d_{010}+d_{011}+d_{100}+d_{101}+d_{110}+d_{111})/8 \\ d_{\mathrm{llh}}=(d_{000}+d_{001}+d_{010}+d_{011}-d_{100}-d_{101}-d_{110}-d_{111})/8 \\ d_{\mathrm{lhl}}=(d_{000}+d_{001}-d_{010}-d_{011}+d_{100}+d_{101}-d_{110}-d_{111})/8 \\ d_{\mathrm{lhh}}=(d_{000}+d_{001}-d_{010}-d_{011}-d_{100}-d_{101}+d_{110}+d_{111})/8 \\ d_{\mathrm{hll}}=(d_{000}-d_{001}+d_{010}-d_{011}+d_{100}-d_{101}+d_{110}-d_{111})/8 \\ d_{\mathrm{hlh}}=(d_{000}-d_{001}+d_{010}-d_{011}-d_{100}+d_{101}-d_{110}+d_{111})/8 \\ d_{\mathrm{hhl}}=(d_{000}-d_{001}-d_{010}+d_{011}+d_{100}-d_{101}-d_{110}+d_{111})/8 \\ d_{\mathrm{hhh}}=(d_{000}-d_{001}-d_{010}+d_{011}-d_{100}+d_{101}+d_{110}-d_{111})/8 \end{cases} \tag{3-9}$$

式中,d_{lll} 为绘制属性的平均,其余的 7 个值为细节信息,由滤波顺序确定。例如,d_{hlh} 是在 3 个主轴上先后分别应用高通滤波器 h、低通滤波器 l 和高通滤波器 h。经过三维 Haar 小波变换,8 组绘制属性分解为 1 个平均绘制属性和 7 个细节信息。

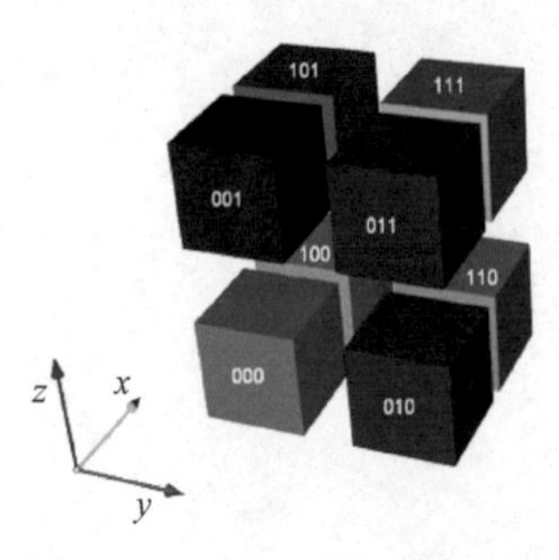

图 3-39　2×2×2 的三维网格

稀疏体素只存储网格内非空区域,对于三维 Haar 小波变换并不直接适用。为保证得到正确的平均绘制属性,同时过滤掉空区域的细节信息,在小波变换之前,用平均绘制属性填充网格,如图 3-40 所示。以二维表示为例,对于原始网格中每一个 2×2 网格中的空区域,用该 2×2 网格非空体素绘制属性的平均值填充,填充结果如图 3-40(b)中红色网格所示。在此基础上进行三维 Haar 小波变换,得到如图 3-40(c)所示的小波变换结果。

通过上述小波变换的逆变换可以重建原始值，逆变换过程表示为：

$$\begin{cases} d_{000}=d_{\text{lll}}+d_{\text{llh}}+d_{\text{lhl}}+d_{\text{lhh}}+d_{\text{hll}}+d_{\text{hlh}}+d_{\text{hhl}}+d_{\text{hhh}} \\ d_{001}=d_{\text{lll}}+d_{\text{llh}}+d_{\text{lhl}}+d_{\text{lhh}}-d_{\text{hll}}-d_{\text{hlh}}-d_{\text{hhl}}-d_{\text{hhh}} \\ d_{010}=d_{\text{lll}}+d_{\text{llh}}-d_{\text{lhl}}-d_{\text{lhh}}+d_{\text{hll}}+d_{\text{hlh}}-d_{\text{hhl}}-d_{\text{hhh}} \\ d_{011}=d_{\text{lll}}+d_{\text{llh}}-d_{\text{lhl}}-d_{\text{lhh}}-d_{\text{hll}}-d_{\text{hlh}}+d_{\text{hhl}}+d_{\text{hhh}} \\ d_{100}=d_{\text{lll}}-d_{\text{llh}}+d_{\text{lhl}}-d_{\text{lhh}}+d_{\text{hll}}-d_{\text{hlh}}+d_{\text{hhl}}-d_{\text{hhh}} \\ d_{101}=d_{\text{lll}}-d_{\text{llh}}+d_{\text{lhl}}-d_{\text{lhh}}-d_{\text{hll}}+d_{\text{hlh}}-d_{\text{hhl}}+d_{\text{hhh}} \\ d_{110}=d_{\text{lll}}-d_{\text{llh}}-d_{\text{lhl}}+d_{\text{lhh}}+d_{\text{hll}}-d_{\text{hlh}}-d_{\text{hhl}}+d_{\text{hhh}} \\ d_{111}=d_{\text{lll}}-d_{\text{llh}}-d_{\text{lhl}}+d_{\text{lhh}}-d_{\text{hll}}+d_{\text{hlh}}+d_{\text{hhl}}-d_{\text{hhh}} \end{cases} \tag{3-10}$$

在实际中，进行小波变换的离散数据为颜色、法线等三元组，分别对应红、绿、蓝通道或 x,y,z 通道，可以用 3 个无符号整形字符表示(法线数据需要量化转换)。因此逆变换中，1 个向量的加减运算可以由 3 个整数加减运算高效实现。

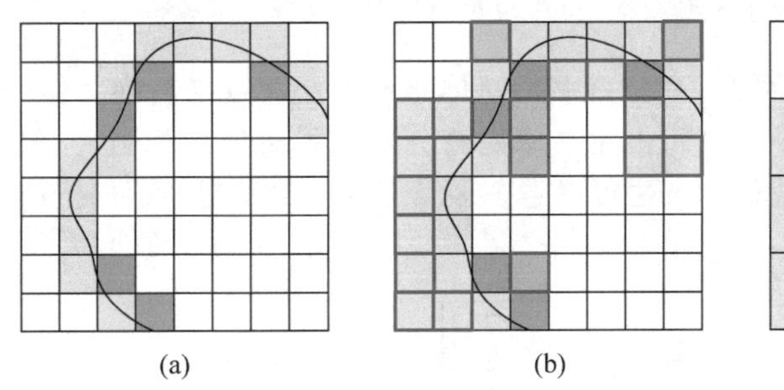
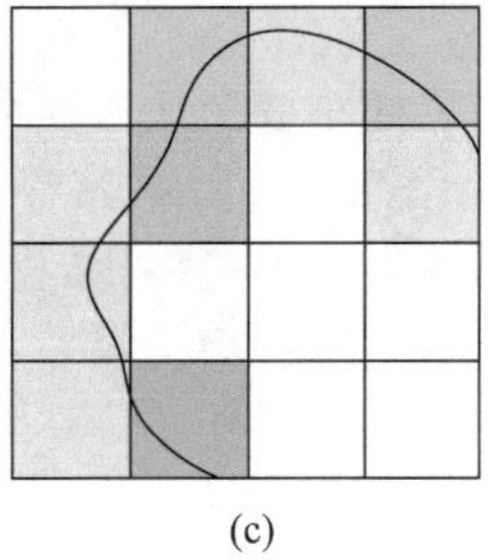

(a)　　(b)　　(c)

图 3-40　稀疏体素小波变换

(a) 原始体素网格；(b) 平均值填充；(c) 小波变换结果

2. 基于三维小波变换的稀疏体素多分辨率表达

我们提出自底向上的稀疏体素多分辨率建模方法，首先利用通用体素化方法生成初始高分辨率体素，初始分辨率一般在 4096×4096×4096 以上，以保证具有较高的面片采样质量(即保证相邻体素之间的绘制属性差异不大)。

现考虑三维网格的一个 4×4×4 单元 U。当三维 Haar 小波变换应用到 U 中每一个 2×2×2 子块后，生成 8 组小波系数，其中每一组包括 1 个平均值和 7 个细节值。通过对 8 个值继续进行三维 Haar 小波变换，单元 U 进一步分解成更粗尺度的小波系数。单元 U 的 64 个小波系数可以组织成 1 个树状层次结构，如图 3-41 所示。分解树包含 1 个平均 c，第 0 级上的 1 组细节系数 $\{d_{0j}\}$，其中 $j=1,2,\cdots,7$，以及第 1 级上分别与 8 个 2×2×2 子块关联的 8 组细节系数 $\{d_{ij}\}$，其中 $i=1,2,\cdots,8$，$j=1,2,\cdots,7$。变换后的单元 U 层次结构可表示为：

$$U=\{c,\{d_{01},d_{02},\cdots,d_{07}\},\{d_{11},d_{12},\cdots,d_{17}\},\cdots,\{d_{81},d_{82},\cdots,d_{87}\}\}$$

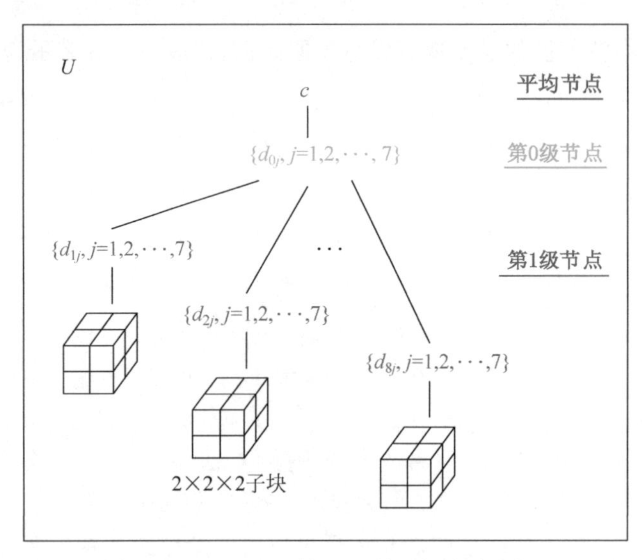

图 3-41　4×4×4 单元 U 的两级小波分解

由上述小波变换过程可知，高分辨率稀疏体素经过小波变换转换为多分辨率模型，如图 3-42 所示，其存储空间占用与原始高分辨率稀疏体素相当。与多层级的稀疏体素八叉树相比，我们的方法可以省去多级低分辨率模型的存储空间，从而节省存储空间占用。

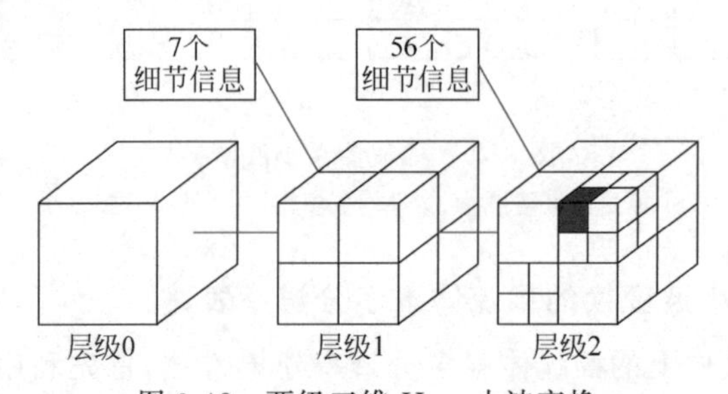

图 3-42　两级三维 Haar 小波变换

3. 体素稀疏性保持

如图 3-40 所示，为了在稀疏体素网格中应用三维小波变换，本小节对空白区域进行了平均值填充，因而在变换生成的细节信息中空白区域细节值较小。在保存小波变换结果方面，对每一个小波变换，本算法忽略空白区域的细节值，只保存非空区域的细节信息，并通过一个 8 位掩码来标识非空区域细节信息的位置，用于绘制时的小波重建过程。通过上述方法，得以在小波变换过程中保持稀疏体素的稀疏性。

4. 绘制属性的编解码

为了减少存储空间占用，需要对经过小波变换后的绘制属性进行编码。按照倒序，依次对第 0 级和第 1 级进行编码，每一级编码由 n 个(第 0 级 n 等于 1，第 1 级 n 不大于 8)64 位指示位区域和若干 64 位绘制属性位区域构成，如图 3-43 所示。其中,第0级指示位包含1位层级号、8位子体素掩码和32位指针;第1级指示位包含1位层级号、3位体素位置码和8位子体素掩码。平均和细节绘制属性编码参考ESVO中的单个体素绘制属性编码方式。

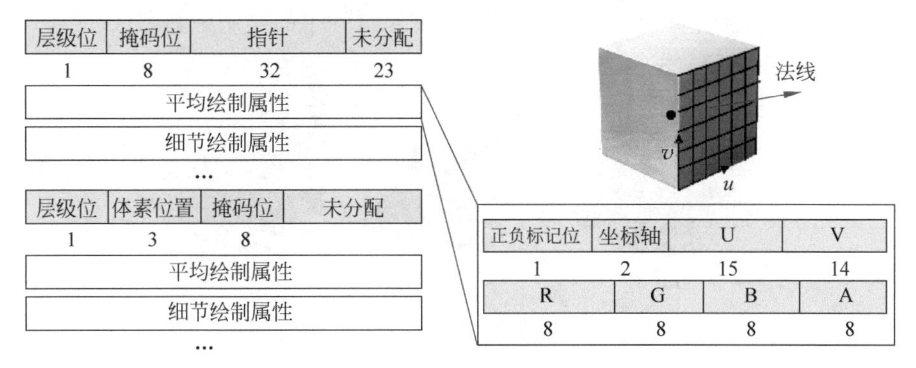

图3-43　绘制属性编码

其中,法线使用体素中心坐标和其在相交面上的交点来计算,该相交面由正负标记位(1位)和坐标轴标记位(2位)组成,交点在相交面上使用15位和14位UV坐标来确定;颜色使用32位RGBA表示。

为了进一步减少外部存储空间占用,加快绘制时文件载入速度,对编码后的体素数据流采用LZ4无损压缩算法写入文件[39]。LZ4具有较快的解压缩速度,在Intel Xeon E5-2690 v2处理器上的实测解压速率超过450MB/s。

3.3.3　基于小波的稀疏体素实时绘制算法

对于稀疏体素的实时绘制主要有两种绘制方法,光线投射算法和传统光栅化绘制算法。后者需要首先将稀疏体素转换为面片体素模型,然后再送入图形绘制管线进行光栅化绘制,在体素数量较多时,绘制效率较低。而前者则可以借助八叉树结构进行高效的光线-体素相交测试,从而拥有极高的绘制效率。本小节在此基础上结合小波变换实现了稀疏体素多分辨率光线投射绘制,并利用多线程方法将其并行化。

1. 基于小波的稀疏体素多分辨率光线投射绘制

目前,稀疏体素的光线投射多采用GPU实现,如GigaVoxels算法[40]和ESVO算法[41]。此类算法依赖于高性能GPU,对于高分辨率体素,其存储量往往超出显存大小。由于受到当前显存容量的限制,需额外采用out-of-core算法解决容量限制问题[42-43],但同时也会对绘制效率造成影响。本节提出一种基于CPU的并行光线投射绘制算法,其不依赖于图形显示硬件,具有可以直接使用系统大内存的优点;在保证绘制质量的同时,实现高效率绘制。

基于CPU的并行光线投射绘制算法,采用小波变换与SVO光线投射算法实现。首先,利用SVO光线投射最低分辨率的体素(即第2级平均绘制属性)计算光照,实现粗颗粒绘制;然后,根据LOD选取算法确定是否需要使用更为精细的体素进行绘制,如需提高体素精度,则逐步添加第0级和第1级细节绘制属性,利用小波逆变换重建原始高分辨率稀疏体素；再利用SVO光线投射重构后的体素单元进行光照计算，进一步实现精细化绘制。

利用上述算法对Bunny模型进行多分辨率绘制，绘制结果如图3-44所示。因此本算法在保证绘制质量的同时，可以提高交互过程中的绘制刷新率。

图3-44　Bunny多分辨率绘制结果

(a) 层级2；(b) 层级1；(c) 层级0

2. 稀疏体素并行光线投射绘制

为充分利用多核CPU的计算资源，可利用多线程方式将光线投射绘制算法并行化，如图3-45所示。基于CPU的稀疏体素并行光线投射绘制算法步骤如算法3-4所示。

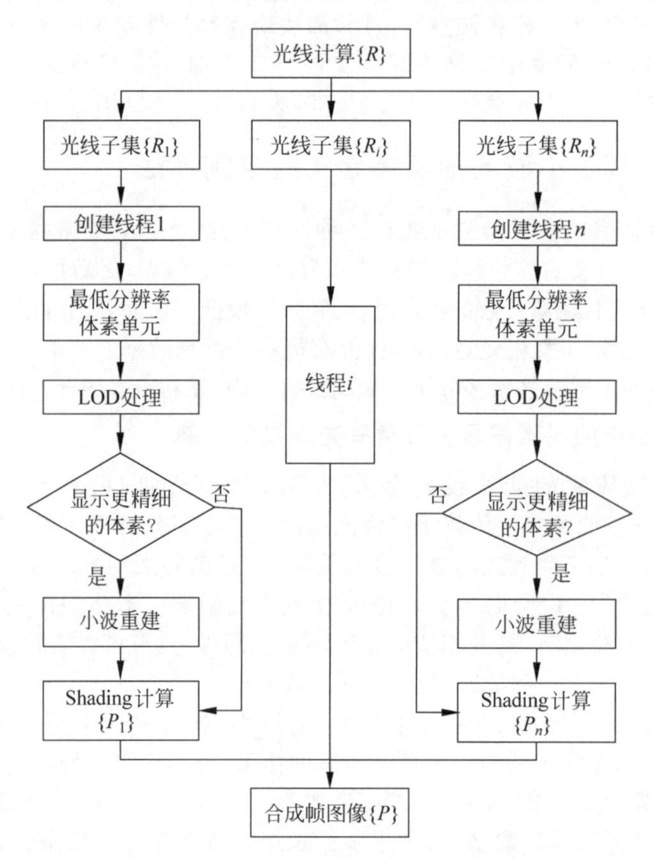

图3-45　并行实时多分辨率光线投射绘制算法

算法 3-4　基于 CPU 的稀疏体素并行光线投射绘制算法

步骤 1　加载稀疏体素模型到内存，根据视点位置和视线方向计算主光线$\{R\}$。

步骤 2　根据屏幕分辨率和计算机最优线程数 n 将光线等分成 n 个子集，创建 n 个线程，在每个线程上分配 1 个光线子集$\{R_i\}$。

步骤 3　将每条光线投射到小波变换后生成低分辨率体素，根据 LOD 选取算法判断是否需要显示更为精细粒度的体素。

步骤 3.1　若不需要显示更为精细粒度的体素，解码第 0 级平均绘制属性，转步骤 4。

步骤 3.2　若需要显示更为精细粒度的体素，解码全部平均和细节绘制属性，利用式(3-10)小波逆变换重建高分辨率体素绘制属性，执行下一步。

步骤 4　利用光照模型进行 Shading 计算$\{P_i\}$。

步骤 5　等待所有线程执行完毕，合成帧图像$\{P\}$。

3. 体素 LOD 选取算法

本节使用一种简单高效的基于屏幕空间像素误差（pixels of error，PoE）的 LOD 选取算法[44-45]，误差阈值为体素在屏幕空间的最大投影面积。误差阈值越大，显示越粗糙，绘制效率越高。

为简化计算，我们使用包围球替代体素，如图 3-46 所示，并将包围球的半径与半径阈值$\hat{r}_{\max}$ 进行比较。其中以阈值$\hat{r}_{\max}$ 为半径的圆的面积等于像素误差阈值。假设体素包围球的半径为 r，则包围球通过透视投影变换后在屏幕空间投影的半径可计算如下：

$$\hat{r}=\eta \frac{r}{l}$$

$$\eta=\frac{w/2}{\tan(\theta/2)} \tag{3-11}$$

式中，l 为从视点到体素的最近交点的距离，η 为屏幕投影常量，其值由视野角度 θ 和屏幕像素数量 w 确定。

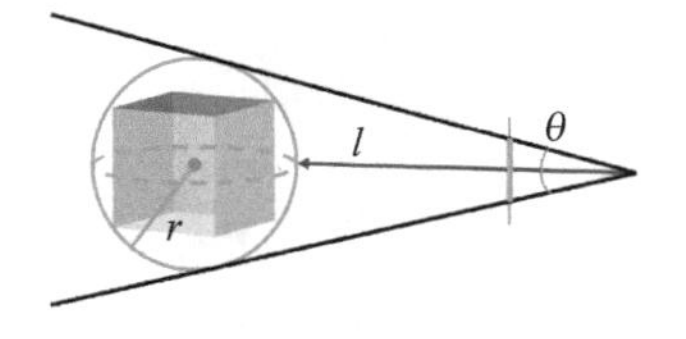

图 3-46　体素在屏幕空间的像素误差计算

为了高效地计算该体素满足像素误差要求的条件，计算如下不等式：

$$r \leqslant l \cdot C \tag{3-12}$$

式中，C 是一个全局常量，可以计算如下：

$$C=\frac{\hat{r}_{\max}}{\eta}$$

根据 r 值确定体素的最大尺度，进而确定为满足显示精度（像素误差阈值）而需要小波重建的级数。模型在不同像素误差阈值下的绘制结果如图 3-47 所示。

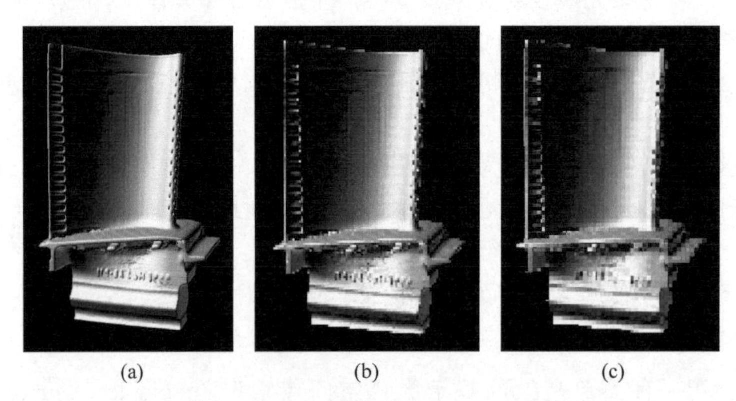

图 3-47　Blade 模型在不同像素误差阈值下的绘制结果

(a) PoE＝1；(b) PoE＝9；(c) PoE＝36

3.3.4　实例测试

本节已实现基于小波的多分辨率稀疏体素数据压缩算法。开发平台配置为 Intel Xeon E5-2690 v2 处理器，8GB 内存；程序设计语言为 C++，采用 Visual Studio 2015 的 64 位编译环境。为测试算法性能，选用了 3 个经典的图形学领域三维模型和 1 个工业领域的燃气轮机 CAD 模型，如图 3-44 和图 3-48 所示。

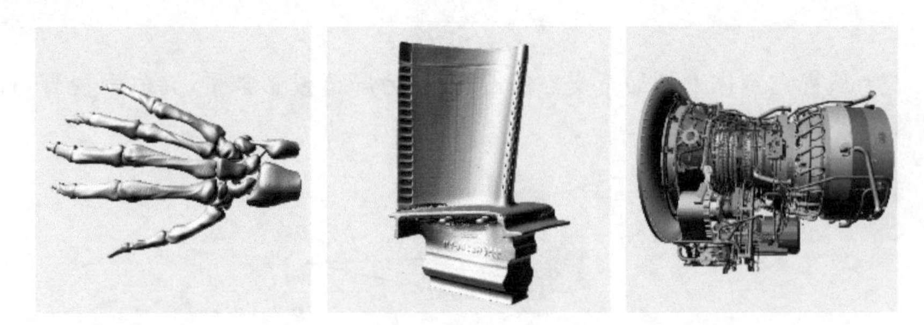

图 3-48　4096×4096×4096 分辨率下各模型的绘制结果

采用本节算法分别测试不同模型数据在不同的网格分辨率下多分辨率稀疏体素的生成时间，如表 3-6 所示。可以看出，对于同一模型，生成时间随分辨率的提高而增加，分辨率每提高 2^3 倍，生成时间大致增加至原来的 2^2 倍。

表 3-6　体素化生成时间　　s

模型	面片数	表面积	分辨率			
			1024×1024×1024	2048×2048×2048	4096×4096×4096	8192×8192×8192
Bunny	70 568	2.401	1.852	6.545	25.112	112.224
Hand	654 666	0.864	2.135	3.537	9.443	32.678
Blade	220 674	2.987	4.994	8.92	26.568	98.883
Engine	4 504 191	13.996	9.076	31.132	133.673	538.128

对比表 3-6 中 Hand 和 Blade 模型的生成时间可知，不同模型的生成时间并不与模型面片数量成正比。为研究体素化生成时间与面片模型几何属性的关系，将面片模型缩放到一个边长为 1 的立方体包围空间内，并计算出每个模型的所有面片面积之和，作为模型的表面积，如表 3-6 所示。从图 3-49 可以看出，体素化生成时间与模型的表面积成正比。这是由于体素化表达实质上是对模型面片的一种逼近，在网格分辨率固定不变时，模型表面积越大，网格分辨率越高，表达该模型需要的体素单元就越多，体素化过程的计算量也就越大。

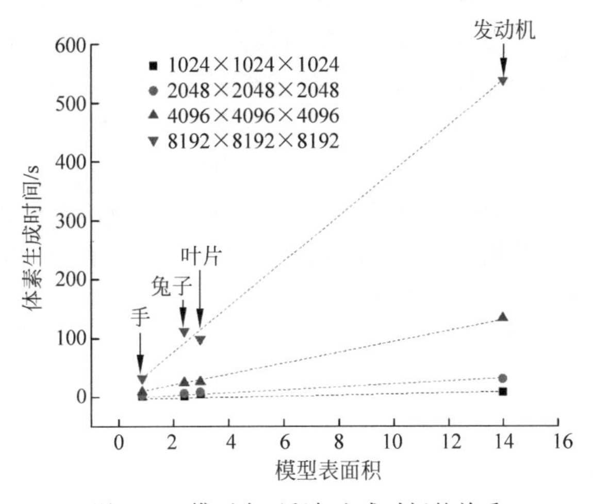

图 3-49　模型表面积与生成时间的关系

对比图 3-49 中不同分辨率下体素化生成时间与模型的表面积的比例系数(图中直线的斜率)可知，随着分辨率的增加，该比例系数亦增加。这是由于生成时间除网格面片相交、采样计算之外，还包括了网格生成、排序等处理过程。这部分耗时在低分辨率下并不显著，但随着分辨率增加，其增长速度 $O(N^3)$ 比相交采样 $O(N^2)$ 更快，导致这部分耗时显著增加，从而使得比例系数增加。

1. 多分辨率处理性能

为测试分析本节基于小波的稀疏体素多分辨率建模性能，统计了初始分辨率

4096×4096×4096 下各模型非空节点的数量与稀疏率，以及两级小波变换的处理时间，如表 3-7 所示。

表 3-7　多分辨率处理性能

模　　型	层级 0 非空节点		生成时间/ms	
	数量	稀疏率/%	层级 1	层级 2
Bunny	77 969 839	0.11	101	13
Hand	28 061 078	0.04	37	5
Blade	89 803 759	0.13	118	15
Engine	368 533 300	0.54	468	58

比较表 3-6 与表 3-7 可以看出，初始非空节点数量与模型表面积大致成正比关系；不同模型第一级小波变换时间与初始非空节点数量亦大致成正比关系。同一模型两级小波变换处理时间的比值约等于 8，这与前文中的两级三维 Haar 小波变换算法相吻合。

2. **存储空间大小**

本文基于小波的多分辨率体素数据压缩算法，利用小波的多分辨率特性由高分辨率体素逐级生成低分辨率体素和细节信息。在此过程中，小波变换未改变存储空间的占用大小，因此变换后的多分辨率体素存储空间占用与变换前的高分辨率体素相当。SVO 采用八叉树的 Mipmap 多分辨率实现方法，由于 SVO 对于每一等级都需要保存相应尺度的体素信息，其总存储空间占用等于各个等级存储空间占用之和。将 SVO 体素化生成算法(不生成体素轮廓信息)与本节基于小波方法的存储空间占用情况进行了对比，如表 3-8 所示。可以看出，本节基于小波方法的多分辨率体素化生成算法比 SVO 节省存储空间约 20%。

表 3-8　存储空间占用对比　　MB

模型	4096×4096×4096		8192×8192×8192	
	SVO	小波	SVO	小波
Bunny	323	256	1162	906
Hand	121	96	463	367
Blade	358	284	1328	1044
Engine	500	377	1493	1116

3. **实时绘制性能**

在绘制方面，本节基于 CPU 分别实现了基于 SVO 的单线程光线投射算法、基于小波的单线程光线投射算法和并行光线投射算法，并分别统计了 3 种算法的绘制速率，如图 3-50 所示。在单线程情况下，由于 SVO 始终绘制高分辨率体素，而本节算法则可以根据 LOD 选取算法自适应选取合适精度的体素进行绘制，因而其平均绘制时间比 SVO 绘制算法短。使用多线程并行绘制后，可以进一步提高绘制速率。经测试，在 1024×1024 图像分辨率下，绘制 Engine 的 8192×8192×8192 分辨率稀疏体素模型可以超过 60 帧/s 的刷新率。4 个面片模型的高分辨率稀疏体素绘制结果分别如图 3-44(c)和图 3-48 所示。

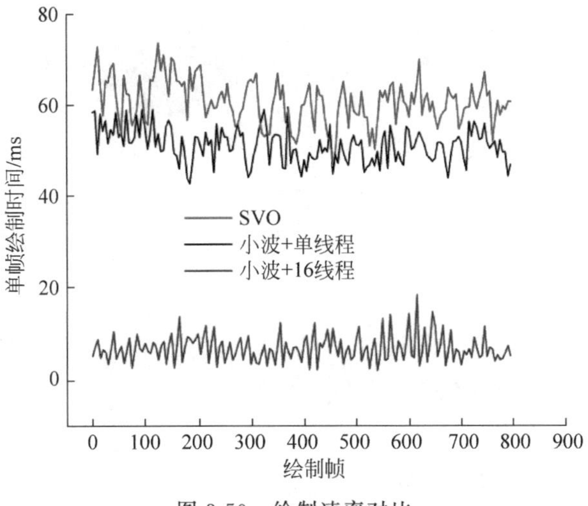

图 3-50　绘制速率对比

表 3-9 中分别统计每个模型在低分辨率(1024×1024×1024)体素表达下的平均光线投射绘制时间、由低分辨率体素经过两级小波变换重建高分辨率(4096×4096×4096)体素模型的时间，以及在高分辨率体素表达下的平均光线投射时间。由于采用多线程光线投射算法后对体素的光线投射效率很高，平均绘制时间只有 6～16ms，主要耗时在小波重建过程。

为了进一步验证本节算法的效率，与 ESVO 绘制算法进行了对比测试，在 1024×1024 屏幕分辨率下绘制 Engine 模型的 4096×4696×4096 分辨率稀疏体素数据，使相机沿着相同路径绕模型旋转数周，并记录每帧的刷新率数值，结果如图 3-51 所示。与本节算法不同，ESVO 在 GPU 中实现稀疏体素八叉树的光线投射绘制。测试结果表明，绘制同样分辨率的体素，本节基于小波的多分辨率并行光线投射算法的绘制刷新率更高，但 ESVO 实现了体素的法线光顺，在绘制质量方面优于本节算法。

表 3-9　绘制性能统计　　ms

模　　型	层级 2 平均光线投射时间	层级 2→层级 0 小波重建时间	层级 0 平均光线投射时间
Bunny	8	108	10
Hand	6	41	9
Blade	8	130	13
Engine	13	513	16

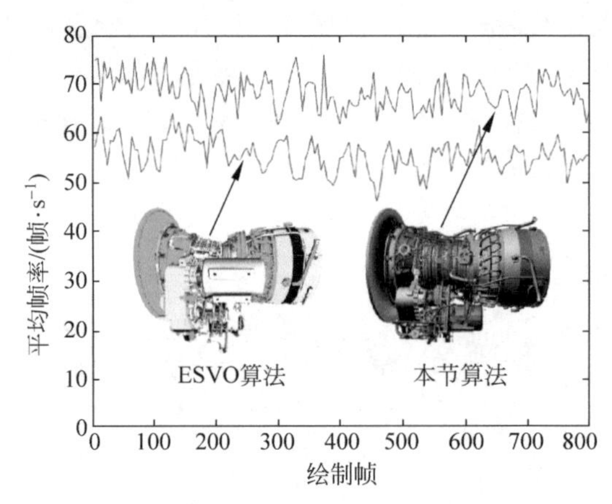

图 3-51　本节算法与 ESVO 绘制算法对比

3.4　沉浸式环境立体绘制优化

随着显示和交互硬件成本的不断降低以及用户体验的不断增强，虚拟现实技术在诸多领域正得到越来越多的应用。以航空领域为例，传统模式下工程师需要建造物理样机来检查飞机设计中的潜在问题。然而，构建物理样机的过程费时费力，并且一旦建造完成后续修改极为困难，容易导致飞机研制周期过长、成本高等问题。而如今，航空企业基本已普及三维数字化设计，通过三维 CAD 软件建模，进而构建飞机的数字样机，在沉浸式环境中进行设计评估、产品选型、虚拟装配等正逐渐成为可能[46-50]。

沉浸式环境与桌面式环境在视觉方面的主要差异是前者能够提供逼真的深度知觉。研究发现，人类能够通过多种深度线索来获取深度知觉，如双眼视差、运动视差、阴影、环境光遮挡等[51]。其中，双眼视差是由于双眼位置不同而导致的投射到视网膜的透视投影图像的差异，而运动视差则是由于头部运动带来的不同时刻投射到视网膜的图像差异[52]。在以上所有的深度线索中，双眼视差被认为是最为重要的深度线索；运动视差虽然对深度知觉的贡献相对较少，但如果被忽略，则会影响长时间处于沉浸式环境下的舒适度。

本章在前述大规模复杂 CAD 模型实时绘制技术研究的基础上，提出一种面向沉浸式环境的立体绘制优化方法，实现了 VR 环境中具有运动视差的快速立体显示，拓宽了大规模复杂 CAD 模型实时绘制的应用平台。该方法包含三方面内容：首先实现一种基于单相机视觉的低成本头部位置的高效跟踪算法；然后，通过头部和虚拟场景中相机之间的位移映射，实现用户头部对场景中相机位姿的控制，进而实现运动视差的渲染；最后基于高效的单通道立体绘制技术实现了左右眼立体图像的快速生成。

3.4.1 背景介绍

本小节介绍虚拟现实和增强现实领域广泛使用的位置跟踪和立体绘制技术，并通过对比分析，确定本小节在头部跟踪和立体绘制实现方面的最优方案。

1. 位置跟踪

在VR/AR应用中，位置跟踪用来在观察者漫游场景或在向物理世界中注册虚拟物体时连续地更新虚拟场景[53-54]。

根据所使用的原理和方法，目前至少有4类位置跟踪技术：磁场跟踪、超声跟踪、惯性跟踪以及光学跟踪。磁场跟踪使用带有电磁线圈的电磁设备，向包围工作区域的三维空间发射3个按一定规则分布的磁场，使用一个磁场感应器分别测量每个磁场的相对强度，经过计算即可得到跟踪点精确的位置和方向信息。磁场跟踪的典型代表是阿森松科技公司(Ascension Technology Corporation，ATC)的鸟群位置跟踪器(flock of birds，FOB)[55]。超声跟踪首先在跟踪点处放置3个超声波发射器，使3个发射器成一定夹角安放，同时向外发射超声波脉冲，然后在工作区域的其他地方安放接收器，通过测量脉冲到达接收器的时间，计算机可以计算出跟踪点精确的位置和方向信息[56]。惯性跟踪系统通常由陀螺仪和加速度计构成。其中，加速度计用来测量物体的加速度，陀螺仪用来得到角速度，两者结合即可计算出位置和方向。光学跟踪通过单个或多个相机捕捉观察者或标记的图像，通过图像处理算法，可以检测到人的头部和标记，进而可以计算出其相对于相机的位置和方向[57]，这方面的成熟产品较多，工业级的如先进实时捕捉(advanced realtime tracking，ART)，消费级的如Microsoft Kinect、Leap Motion等。随着计算机视觉技术的进步，计算机性能的提升以及摄像头等视频设备的普及，VR和AR领域正越来越多地使用光学跟踪技术[58]。

然而，以上4种跟踪技术均存在一定的缺点：金属物体能够扰乱磁场，容易使磁场发生扭曲[59]；而超声波信号同样可能被工作区域的某些物体干扰；相机容易受到较差的光照条件或者遮挡的影响。针对这些问题，一个可行的解决方案是混合使用不同的跟踪技术。由于使用了两种以上的系统同时提供连续的跟踪信号，当其中一个跟踪系统发生失真时，可以用另一套系统进行补偿。混合跟踪方法通常使用在对位置跟踪精度要求高的场合，比如波音公司曾在其AR项目“线缆车间”中使用超声跟踪附加惯性跟踪的混合跟踪解决方案，跟踪系统由超声波跟踪器、陀螺仪和加速度计构成，其中陀螺仪和加速度计用于辅助跟踪[60]。

2. 立体绘制

立体绘制的目标是分别生成包含双眼视差信息的左、右图像(立体图像对)。为实现立体图像对的生成，需要对虚拟场景中的左右相机(也叫作立体相机)进行合适的设置。目前，应用较广的主要有两种立体相机设置方法：“Toe-in”方法和

“Off-axis”方法，如图 3-52 所示。“Toe-in”方法中两个相机均使用对称的视锥体，且指向相同的焦点[61]。这种方法创建的立体图像对虽然具有立体感，但同时会带来垂直视差，容易产生视觉不适感。“Off-axis”方法中两个相机均使用非对称视锥体，两个相机的方向保持相互平行并且均始终垂直于投影平面[62-63]。“Off-axis”方法不会产生垂直视差，因而不存在前者方法带来的不适感，被认为是更优的立体图像对生成方法。尽管“Toe-in”方法更易于实现，但根据人的双眼视觉理论，在生成双眼视差时不应引入垂直视差，因此我们在立体绘制中使用“Off-axis”方法。“Off-axis”方法中需要的非对称视锥体可以利用 OpenGL 中的 glFrustum 和 gluLookAt 函数设置。

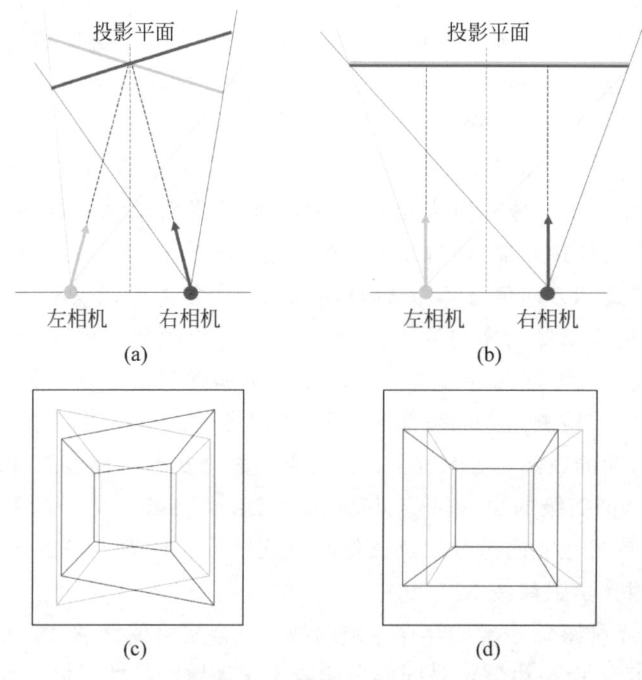

图 3-52　两种立体相机设置方法对比

(a)“Toe-in”方法；(b)“Off-axis”方法；

(c)“Toe-in”方法产生垂直视差；(d)“Off-axis”方法无垂直视差

在立体图像的绘制实现方面，传统方法采用两个独立、串行的绘制通道分别绘制左右图像，使得遮挡测试的次数、光栅化的面片数量以及绘制调用次数增加为非立体绘制模式的两倍，从而导致绘制帧率减半。针对这一问题，Didyk 等[64]提出一种基于图像的立体绘制算法，该算法只绘制一张传统非立体图像，结合深度缓冲和图像处理算法生成左右眼图像。使用这种方法绘制立体图像大约只需要使用传统算法所需时间的一半。Wilson[65]随后提出了基于几何体实例化的立体绘制方法，能够利用单个绘制通道高效地生成左右图像，它在 VR 游戏制作领域正获得越来越多的关注。

3.4.2　基于单相机视觉的头部位置跟踪

目前工业级的位置跟踪方案，如 ART 实时光学跟踪、鸟群位置跟踪器等，价格非常昂贵，动辄数十万元。微软推出的 Kinect 属于消费级的光学全身跟踪解决方案，用于一些体感游戏中的人体动作捕捉，然而其对单点的位置跟踪精度却不如人意，难以满足这里运动视差绘制对头部位置跟踪的精度要求。基于此，我们提出一种基于单相机的头部运动跟踪算法，且单相机的配置具有易于获取、成本低的优点，这也与我们实现在普通 PC 上实时绘制大规模复杂 CAD 模型的总目标相一致。

算法的核心是对相机采集的每一帧图像进行角度测量，这里假设相机的视野(field of view，FOV)角度在图像上是均匀分布的。运用图像处理算法，可以计算出头部的包围盒。通过包围盒占据的像素数量即可计算出头部占据的 FOV 角度。人的生理学参数头部宽度被作为已知常量来计算头部与相机的相对位置，如图 3-53 所示。

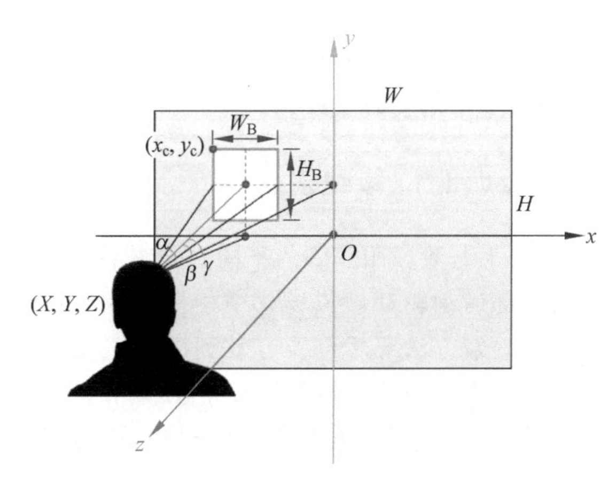

图 3-53　基于单相机视觉的头部位置跟踪

单位像素所占据的水平视角 P_h 可以用相机的水平视野角度 f_h 在相机图像的水平像素宽度 W 上平均分布得到：

$$P_h = \frac{f_h}{W}$$

同理，单位像素所占据的垂直视角 P_v 可用如下公式计算：

$$P_v = \frac{f_v}{H} \tag{3-13}$$

式中，f_v 为相机的垂直视野角度，H 为相机图像的垂直像素宽度。

帧图像可以看作是头部在屏幕上投影，头部包围盒可以利用计算机视觉算法检测得到。这里记头部包围盒的宽度为 W_B、高度为 H_B。假设包围盒的中心为头部在屏幕上的投影点，则头部的投影角度 α、头部的水平偏移角度 β 以及头部的垂直偏移角度 γ 可以分别用它们在图像上所占据的像素宽度计算：

$$\begin{cases}\alpha = W_{\mathrm{B}} P_{\mathrm{h}} \\ \beta = \left[\dfrac{W}{2} - \left(x_{\mathrm{c}} + \dfrac{W_{\mathrm{B}}}{2}\right)\right] P_{\mathrm{h}} \\ \gamma = \left[\dfrac{H}{2} - \left(y_{\mathrm{c}} + \dfrac{H_{\mathrm{B}}}{2}\right)\right] P_{\mathrm{v}}\end{cases} \tag{3-14}$$

式中，$(x_{\mathrm{c}}, y_{\mathrm{c}})$ 是帧图像中头部包围盒左上角点的坐标（以图像中心为坐标原点）。

假设生理学上成人头部的平均宽度为 W_{h}，则头部与相机之间的距离 Z 可以计算如下：

$$Z = \frac{W_{\mathrm{h}}}{2\tan\dfrac{\alpha}{2}}$$

则头部的水平偏移距离和垂直偏移距离可以分别计算如下：

$$\begin{cases}X = Z\tan\beta \\ Y = Z\tan\gamma\end{cases}$$

通过上述算法可以得到当前帧图像时刻的头部空间坐标，对连续的每一帧图像应用此算法即可实现对头部的实时跟踪。

3.4.3 头部和视点的位移映射

这一阶段的目标是将上一阶段跟踪到的不同时刻头部位移映射到虚拟场景中的绘制相机上，即使用头部运动驱动虚拟场景中相机的运动并设置合适的相机参数。为了实现上述目标，映射方法要尽可能有效利用虚拟场景和物理场景的相似性，即相机位移相对于绘制平面的关系相似于头部位移相对于显示屏幕。

图 3-54 所示为头部位移和相机位移之间的映射关系。其中头部位移 $\overrightarrow{H_0 H}$ 是输入量，相机位移 $\overrightarrow{C_0 C}$ 是我们在这一阶段在映射规则 f 下需要计算的输出量，即：

$$f: \overrightarrow{H_0 H} \rightarrow \overrightarrow{C_0 C}$$

为确保能够得到准确的相机位移，使用虚拟场景和物理场景的相似性作为映射规则。则映射规则 f 满足：

$$\begin{cases}\dfrac{\Delta X}{W_{\mathrm{s}}} = \dfrac{\Delta X_{\mathrm{c}}}{W_{\mathrm{n}}} \\ \dfrac{\Delta Y}{H_{\mathrm{s}}} = \dfrac{\Delta Y_{\mathrm{c}}}{H_{\mathrm{n}}} \\ \dfrac{\Delta Z}{Z_0} = \dfrac{\Delta Z_{\mathrm{c}}}{D_{\mathrm{n}}}\end{cases} \tag{3-15}$$

式中，$\Delta X, \Delta Y, \Delta Z$ 分别为物理场景中头部在 3 个轴向的位移；$\Delta X_{\mathrm{c}}, \Delta Y_{\mathrm{c}}, \Delta Z_{\mathrm{c}}$ 则为相机在虚拟场景中在 3 个轴向的位移；$W_{\mathrm{s}}, H_{\mathrm{s}}, Z_0$ 分别表示物理场景中屏幕宽

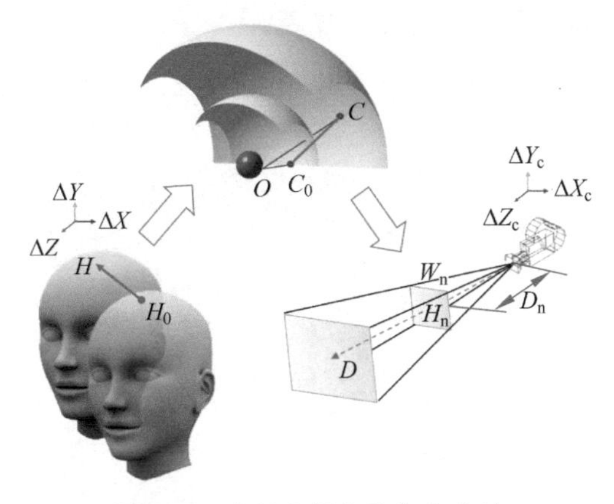

图 3-54　头部和视点的位移映射

度、屏幕高度以及头部与相机之间的距离；W_n，H_n，D_n 分别为虚拟场景中视锥体近裁剪面的宽度和高度，以及近裁剪面与相机之间的距离。

运动视差可以看作保持聚焦点不变时由于头部运动产生的在视网膜成像的不同。因此，为保证最终得到正确的图像，虚拟场景中绘制相机的焦距和方向必须进行相应的更新：

$$\begin{cases} L = |\overrightarrow{CC_0} + \overrightarrow{C_0O}| \\ \boldsymbol{D} = \dfrac{\overrightarrow{C_0O}}{|\overrightarrow{C_0O}|} \end{cases} \tag{3-16}$$

式中，L 为新的相机焦距，$\boldsymbol{D}$ 为新的相机方向，C_0 表示上一时刻相机的位置，C 表示计算出的当前时刻相机的位置，O 为当前场景的中心坐标。

3.4.4　左右立体图像的快速生成

这一阶段的目标是，在虚拟场景中利用“Off-axis”方法设置立体相机，并分别绘制生成左右立体图像。“Off-axis”方法使用非对称视锥体设置，即每一相机的水平视野不被视线方向等分。因此，需要计算左右相机之间的距离和视锥体偏移量。由于立体可视化过程实际上是对人的双眼视觉的模拟，因而，虚拟场景中的几何关系与人眼通过屏幕观察三维场景亦具有相似性，可以借助这一相似性进行相机参数的计算。

图 3-55(b)给出了物理场景和虚拟场景中的相似性。基于此，视锥体偏移量：

$$F_s = \frac{\text{IOD}}{2Z} D_n$$

同样地，计算左右相机之间的距离为：

$$E_s = \frac{\text{IOD}}{2Z} D_f \tag{3-17}$$

式中，IOD 为人的双眼瞳距，D_f 为相机焦距。

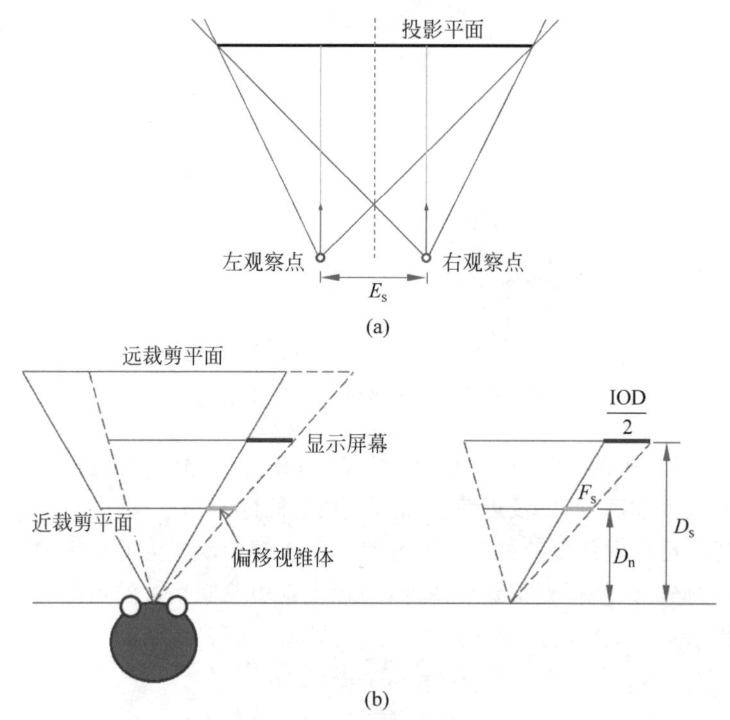

图 3-55　立体相机的设置

(a)“Off-axis”方法；(b) 利用相似性计算视锥体位移

在计算机图形学中使用 4×4 矩阵进行坐标变换，包括模型矩阵、视图矩阵和投影矩阵。其中，模型矩阵与物体的平移旋转缩放有关，视图矩阵与相机的位置和方向有关，投影矩阵与视锥体的设置有关。假设上一时刻的非立体绘制模式下投影矩阵和视图矩阵分别为 $\boldsymbol{P}$ 和 $\mathbf{V}$，则当前时刻左相机的投影矩阵为：

$$\boldsymbol{P}_{\text{left}} = \begin{bmatrix} 1 & 0 & 0 & 0 \\ 0 & 1 & 0 & 0 \\ \dfrac{\text{IOD}}{2Z} & 0 & 1 & 0 \\ 0 & 0 & 0 & 1 \end{bmatrix} \boldsymbol{P}$$

左相机的视图矩阵为：

$$\mathbf{V}_{\text{left}} = \mathbf{V} \begin{bmatrix} 1 & 0 & 0 & 0 \\ 0 & 1 & 0 & 0 \\ 0 & 0 & 1 & 0 \\ E_s & 0 & 0 & 1 \end{bmatrix}$$

右相机的视图矩阵为：

$$\boldsymbol{V}_{\text{right}}=\boldsymbol{V}\begin{bmatrix}1 & 0 & 0 & 0\\0 & 1 & 0 & 0\\0 & 0 & 1 & 0\\-E_{\text{s}} & 0 & 0 & 1\end{bmatrix}$$

基于上述视图矩阵和投影矩阵，使用 OpenGL 或其他三维图形库即可分别绘制左右立体图像。

在实时绘制中，如果绘制程序的主要瓶颈是 CPU，则绘制调用和每帧的绘制状态改变次数对绘制性能影响最大；如果绘制程序的主要瓶颈是 GPU，则绘制性能主要受每帧绘制的面片数量和不同着色器阶段计算复杂度的影响。在立体绘制实现方面，传统的立体绘制几乎无一例外地采用两个独立的串行绘制通道的方式实现，与非立体绘制相比，CPU 和 GPU 的负载都增加了一倍。此处在立体绘制实现方面，采用了与 Johansson 类似的单通道立体实例化绘制方法。在具体的绘制调用实现接口上，使用 glDrawArraysInstanced 替代非立体绘制中的 glDrawArrays，避免了重复输入几何图元，根据顶点着色器中实例化计数器（如 gl_InstanceID）的数值，每个顶点可以分别用左右眼进行变换和投影操作。同时，为了在同一视口中生成左右图像，通过 GPU 着色器分别对实例化的两个几何体进行屏幕空间变换。

3.4.5　实例分析

为了验证本章提出的带运动视差的立体绘制算法的性能和鲁棒性，分别在两个硬件系统上进行了测试。两个系统均由头部跟踪单元、计算与生成单元、显示单元构成。如图 3-56 所示，头部跟踪单元在显示器或投影机屏幕墙的上方居中位置

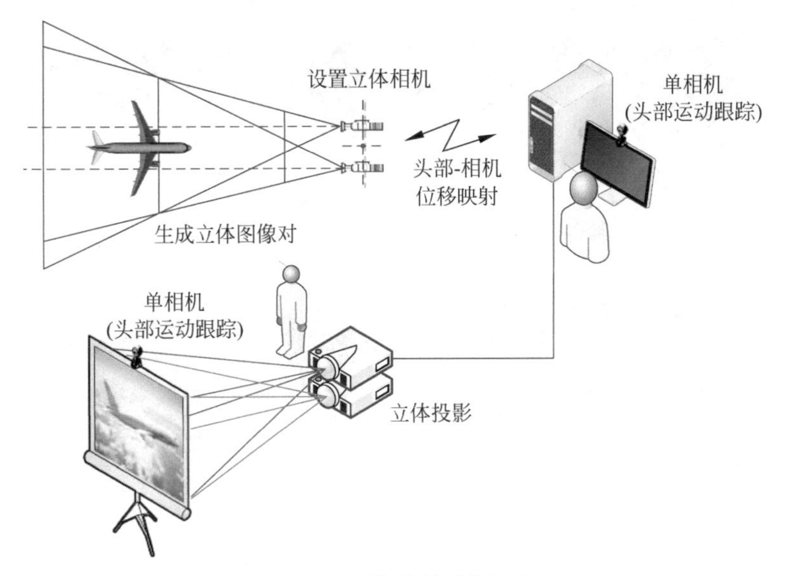

图 3-56　立体绘制系统组成

安放相机，通过我们提出的基于计算机视觉的方法实时计算用户头部的空间坐标。计算与生成单元将用户的头部位移映射到虚拟空间驱动立体相机的运动，并设置正确的立体相机参数，绘制生成左右立体图像对。显示单元分别使用普通 LCD 显示器和多通道立体投影墙，其中后者基于 PC 集群构建，可以满足大尺寸高分辨率的显示需求。

1. 立体绘制性能分析

绘制系统使用了两种不同的硬件配置。系统一配备了 Intel Q9500 处理器(4 核，单核 2.83GHz)、ATI Radeon HD 4350 图形处理器、4GB 内存(DDR3，1333MHz)，使用 LCD 显示器作为显示单元；系统二配备了两颗 Intel E5605 处理器(2×4 核，单核 2.13GHz)、NVIDIA GTX 590 图形处理器、8GB 内存(DDR3，1333MHz)，使用三通道立体投影墙为显示单元。立体绘制软件系统基于 OpenGL 4.3 和 OpenCV 2.1 开发。使用两套模型(使用同一飞机装配车间模型生成的不同的面片复杂度的模型)开展测试。其中，测试模型 1 包含 1400 万三角面片，测试模型 2 包含 2500 万三角面片。对于每一个系统分别测试 6 个方向的头部运动以验证运动视差的绘制结果，如图 3-57 所示。图中每一方向的头部位置偏移均为 20cm，同时保持其他方向的头部位置坐标不变。

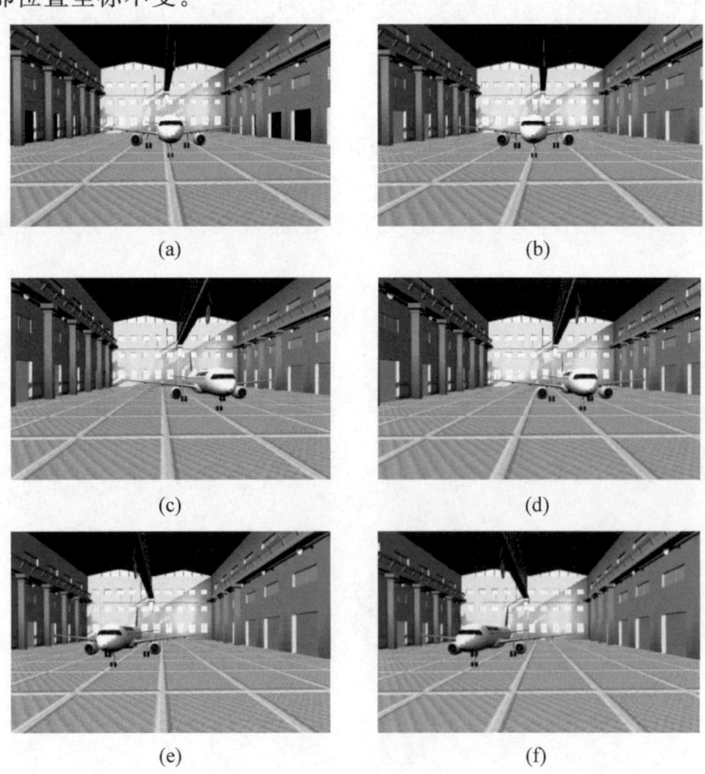

图 3-57　运动视差绘制结果

(a) 初始位置左眼视图；(b) 初始位置右眼视图；(c) 左移后左眼视图；(d) 左移后右眼视图；(e) 右移后左眼视图；(f) 右移后右眼视图；(g) 上移后左眼视图；(h) 上移后右眼视图；(i) 前移后左眼视图；(j) 前移后右眼视图

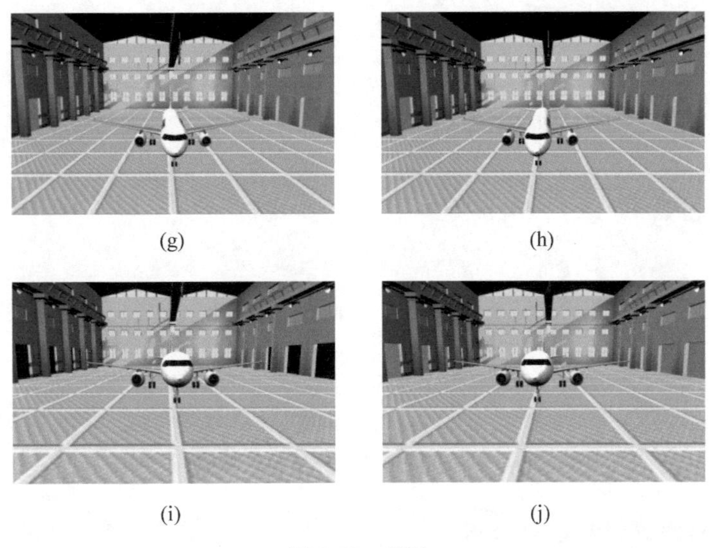

(g)　(h)　(i)　(j)

图 3-57 （续）

实验结果表明，使用我们提出的运动视差绘制算法只在立体可视化基础上增加了极少的计算和绘制负载，如图 3-58 所示。此外，为了单纯考察运动视差绘制的性能，图中结果并未使用第 3 章所述的可见性剔除和 LOD 算法，即便如此，测试中的平均绘制刷新率也达到了 30 帧以上实时性能。

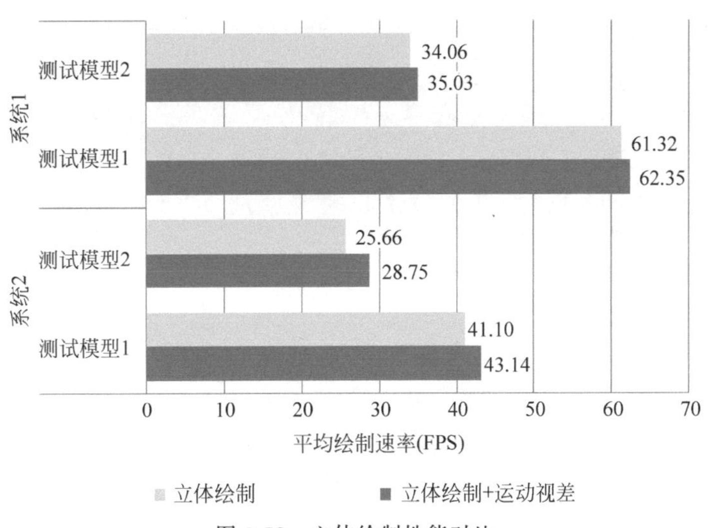

图 3-58　立体绘制性能对比

我们对比了采用单通道的立体实例优化绘制和传统双通道绘制的绘制性能，如图 3-59 所示，图中单帧绘制时间是以 50 帧为间隔的滑动平均值。对比两条曲线可以看出，采用单通道优化绘制后，单帧绘制时间明显减少，大致是无优化立体绘制所需时间的一半。单通道优化绘制方法大大提高了立体绘制效率。

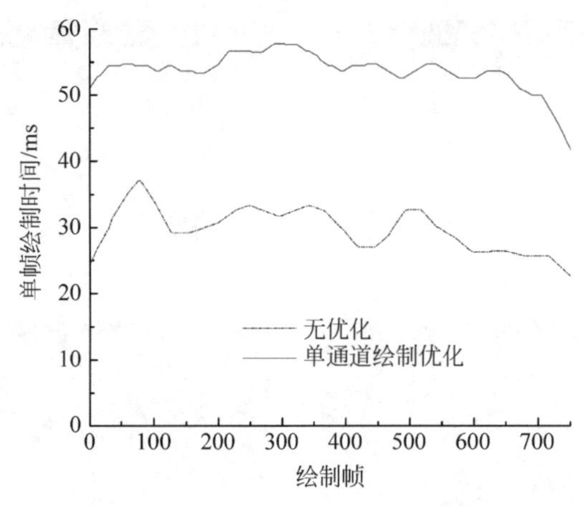

图 3-59　优化前后单帧立体图像绘制时间对比

2. 头部位置跟踪误差分析

为了对头部位置跟踪的精度进行分析，将基于单相机的头部位置跟踪算法结果与鸟群位置跟踪器的跟踪（FOB 方法）结果进行对比。通过在测试者头部固定一个位置传感器，使得相机和鸟群位置跟踪器可以同时进行位置跟踪。测试过程中头部只发生左右移动，同时使用程序对两个跟踪系统的头部位置坐标进行等时间间隔采样。实验结果如图 3-60 所示。

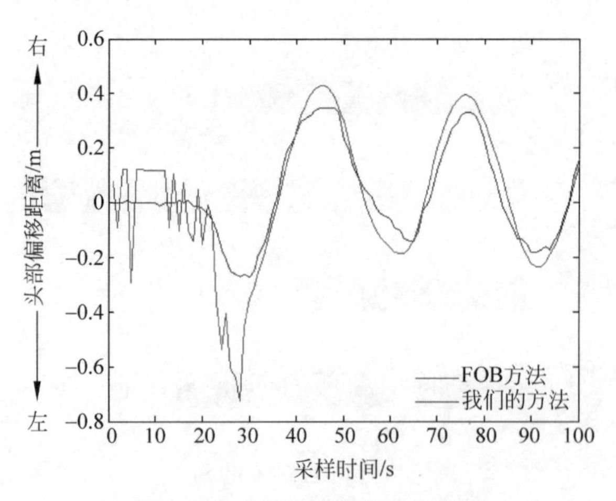

图 3-60　头部位置跟踪误差分析

从图 3-60 中可以看出，从系统初始化完成后的第 30 次采样起，两个系统的位置跟踪结果非常接近。与 FOB 方法跟踪结果相比，本跟踪算法每次采样的平均误差约为 0.035m，基本能够满足运动视差绘制对头部位置跟踪的精度要求。通过优化参数设置可以进一步提高跟踪精度。

参考文献

[1] GOBBETTI E,KASIK D,YOON S. Technical strategies for massive model visualization [C]//Proceedings of the 2008 ACM symposium on Solid and physical modeling. ACM, 2008: 405-415.

[2] YOON S,GOBBETTI E,KASIK D,et al. Real-time massive model rendering[J]. Synthesis Lectures on Computer Graphics and Animation,2008,2: 1-122.

[3] 谈敦铭,赵罡,薛俊杰. 飞行器大数据量CAD模型并行预处理[J]. 计算机辅助设计与图形学学报,2013(03): 425-432.

[4] LAUTERBACH C,GARLAND M,SENGUPTA S,et al. Fast BVH construction on GPUs [J]. Computer Graphics Forum,2010,28(2): 375-384.

[5] INKYU K,NOSAN K,HEONCHEOL L,et al. Improved particle fusing geometric relation between particles in FastSLAM[J]. Robotica,2009,27(6): 853-859.

[6] MACDONALD J D,BOOTH K S. Heuristics for ray tracing using space subdivision[J]. The Visual Computer,1990,6: 153-166.

[7] HAVRAN V. Heuristic ray shooting algorithms[D]. Prague: Czech Technical University,2000.

[8] WALD I,HAVRAN V. On building fast kd-trees for ray tracing,and on doing that in O (N log N)[C]//IEEE Symposium on Interactive Ray Tracing. IEEE,2006: 61-69.

[9] POPOV S,GUNTHER J,SEIDEL H-P,et al. Experiences with streaming construction of SAH KD-trees[C]//IEEE Symposium on Interactive Ray Tracing. IEEE,2006: 89-94.

[10] WALD I. On fast construction of SAH-based bounding volume hierarchies[C]//2007 IEEE Symposium on Interactive Ray Tracing. IEEE,2007: 33-40.

[11] WÄCHTER C,KELLER A. Instant ray tracing: The bounding interval hierarchy[J]. Rendering Techniques,2006,2006: 139-149.

[12] SHEVTSOV M, SOUPIKOV A, KAPUSTIN A. Highly Parallel Fast KD-tree Construction for Interactive Ray Tracing of Dynamic Scenes[J]. Computer Graphics Forum(Wiley Online Library),2007,26: 395-404.

[13] GOBBETTI E,MARTON F. Far voxels: a multiresolution framework for interactive rendering of huge complex 3d models on commodity graphics platforms[J]. ACM Transactions on Graphics (TOG),2005,24: 878-885.

[14] 吴哲锋. GPU上基于SAH的KD-tree构建[D]. 杭州: 浙江大学,2011.

[15] 谈敦铭. 飞行器大数据量CAD模型实时绘制[D]. 北京: 北京航空航天大学,2012.

[16] MEYER Q,SÜßMUTH J,SUßNER G,et al. On Floating-Point Normal Vectors[J]// Computer Graphics Forum(Wiley Online Library),2010,29: 1405-1409.

[17] CIGOLLE Z H,DONOW S,EVANGELAKOS D. A survey of efficient representations for independent unit vectors[J]. Journal of Computer Graphics Techniques. 2014,3(2).

[18] Lighthouse. View Frustum Culling[EB/OL]. (2011-04-15)[2019-11-14]. http://www.lighthouse3d. com/tutorials/view-frustum-culling.

[19] Czech Technical University. Efficient View Frustum Culling[EB/OL]. (2002-05-02) [2019-11-14]. http://old. cescg. org/CESCG-2002/DSykoraJJelinek/.

[20] FERNANDO R. GPU Gems：Programming Techniques, Tips and Tricks for Real-Time Graphics[M]. Reading：Addison-Wesley, 2004.

[21] JIMÉNEZ P, THOMAS F, TORRAS C. 3D collision detection：a survey[J]. Computers & Graphics, 2001, 25(2)：269-285.

[22] REDON S, KHEDDAR A, COQUILLART S. Fast continuous collision detection between rigid bodies[J]Computer graphics forum(Wiley Online Library), 2002, 21(3)：279-287.

[23] JOEY DE V. Coordinate Systems [EB/OL]. (2005-03-13) [2019-11-14]. https://learnopengl.com/#! Getting-started/Coordinate-Systems.

[24] LUEBKE D P. Level of detail for 3D graphics[M]. San Francisco：Morgan Kaufmann Publishers Inc, 2003.

[25] YOON S-E, LAUTERBACH C, MANOCHA D. R-LODs：fast LOD-based ray tracing of massive models[J]. The Visual Computer, 2006, 22：772-784.

[26] KÄMPE V, SINTORN E, ASSARSSON U. High resolution sparse voxel DAGs[J]. ACM Transactions on Graphics (TOG), 2013, 32：101.

[27] SINTORN E, KÄMPE V, OLSSON O, et al. Compact precomputed voxelized shadows [J]. ACM Transactions on Graphics (TOG), 2014, 33(4)：150.

[28] CRASSIN C. GigaVoxels：a voxel-based rendering pipeline for efficient exploration of large and detailed scenes[D]. Grenoble：Université de Grenoble, 2011.

[29] THIEDEMANN S, HENRICH N, GROSCH T, et al. Voxel-based global illumination [C]//Symposium on Interactive 3D Graphics and Games. 2011：103-110.

[30] BAERT J, LAGAE A, DUTRÉ P. Out-of-core construction of sparse voxel octrees[C]//Proceedings of the 5th high-performance graphics conference. 2013：27-32.

[31] 薛俊杰，赵罡，肖文磊. 基于小波的稀疏体素数据压缩与多分辨实时绘制[J]. 计算机辅助设计与图形学学报，2016，28(8)：1350-1357.

[32] SCHWARZ M, SEIDEL H-P. Fast parallel surface and solid voxelization on GPUs[J]. ACM Transactions on Graphics (TOG), 2010, 29：179.

[33] AKENINE-MÖLLER T. Fast 3D triangle-box overlap testing[C]//ACM SIGGRAPH 2005 Courses. ACM, 2005：8.

[34] LAINE S, KARRAS T. Efficient sparse voxel octrees [J]. IEEE Transactions on Visualization and Computer Graphics, 2011, 17：1048-1059.

[35] KÄMPE V, SINTORN E, ASSARSSON U. High resolution sparse voxel DAGs[J]. ACM Transactions on Graphics (TOG), 2013, 32：101.

[36] LABSCHÜTZ M, BRUCKNER S, GRÖLLER M E, et al. JiTTree：A Just-in-Time Compiled Sparse GPU Volume Data Structure[J]. IEEE Transactions on Visualization and Computer Graphics, 2016, 22：1025-1034.

[37] 吴向阳，周洋全，计忠平. 体数据压缩技术综述[J]. 计算机辅助设计与图形学学报，2015(1)：26-35.

[38] STOLLNITZ E J, DEROSE T D. Wavelets for computer graphics：theory and applications [M]. San Francisco：Morgan Kaufmann Publishers Inc, 1996.

[39] ZIV J, LEMPEL A. A universal algorithm for sequential data compression[J]. IEEE Transactions on information theory, 1977, 23：337-343.

[40] CRASSIN C. GigaVoxels：a voxel-based rendering pipeline for efficient exploration of

large and detailed scenes[D]. Grenoble: Université de Grenoble,2011.

[41] LAINE S,KARRAS T. Efficient sparse voxel octrees [J]. IEEE Transactions on Visualization and Computer Graphics,2011,17: 1048-1059.

[42] CORRÊA W T,KLOSOWSKI J T,SILVA C T. iWalk: Interactive out-of-core rendering of large models [EB/OL]. (2002) [2019-11-14]. https://nyuscholars. nyu. edu/en/publications/iwalk-interactive-out-of-core-rendering-of-large-models-technical

[43] BAERT J,LAGAE A,DUTRÉ P. Out-of-core construction of sparse voxel octrees[C]//Proceedings of the 5th high-performance graphics conference,2013: 27-32.

[44] YOON S-E,MANOCHA D. Cache-Efficient Layouts of Bounding Volume Hierarchies [C]. Computer Graphics Forum(Wiley Online Library),2006,25: 507-516.

[45] YOON S E,MANOCHA D. Cache-efficient layouts of bounding volume hierarchies[C]//Computer Graphics Forum(Wiley Online Library),2006,25(3): 507-516.

[46] ONG S K,NEE A Y C. Virtual and augmented reality applications in manufacturing[M]. New York: Springer Science & Business Media,2013.

[47] VÉLAZ Y,ARCE J R,GUTIÉRREZ T,et al. The influence of interaction technology on the learning of assembly tasks using virtual reality [J]. Journal of Computing and Information Science in Engineering,2014,14(4): 041007.

[48] FILLATREAU P,FOURQUET J-Y,LE BOLLOC'H R,et al. Using virtual reality and 3D industrial numerical models for immersive interactive checklists [J]. Computers in Industry,2013,64(9): 1253-1262.

[49] GAVISH N,GUTIÉRREZ T,WEBEL S,et al. Evaluating virtual reality and augmented reality training for industrial maintenance and assembly tasks [J]. Interactive Learning Environments,2015,23(6): 778-798.

[50] CHOI S,JUNG K,NOH S D. Virtual reality applications in manufacturing industries: Past research,present findings,and future directions[J]. Concurrent Engineering,2015,23(1): 40-63.

[51] ONO H. Perception of depth,motion,and stability with motion parallax[C]//2008 Second International Symposium on Universal Communication. IEEE,2008: 193-198.

[52] NADLER J W,BARBASH D,KIM H R,et al. Joint representation of depth from motion parallax and binocular disparity cues in macaque area MT[J]. Journal of Neuroscience,2013,33(35): 14061-14074.

[53] ARKENBOUT E A,DE WINTER J C,Breedveld P. Robust hand motion tracking through data fusion of 5DT data glove and Nimble VR kinect camera measurements[J]. Sensors,2015,15(12): 31644-31671.

[54] TSENG J-L. Development of a Low-Cost 3D Interactive VR System using SBS 3D Display,VR Headset and Finger Posture Motion Tracking[J]. International Journal of Advanced Studies in Computers,Science and Engineering,2016,5(8): 6.

[55] MESKERS C G M,FRATERMAN H,HELM F C T,et al. Calibration of the "Flock of Birds" electromagnetic tracking device and its application in shoulder motion studies[J]. Journal of biomechanics,1999,32(6): 629-633.

[56] SHIH S. An implementation and evaluation of indoor ultrasonic tracking system[R]. IPSJ Technical Report (2001) 2001-MBL-17.

[57] RIBO M,PINZ A,FUHRMANN A L. A new optical tracking system for virtual and augmented reality applications[C]//Proceedings of the 18th IEEE Instrumentation and Measurement Technology Conference. IEEE,2001,3：1932-1936.

[58] MAYCOCK J,ROHLIG T,SCHRODER M,et al. Fully automatic optical motion tracking using an inverse kinematics approach[C]. 2015 IEEE-RAS 15th International Conference on Humanoid Robots (Humanoids). IEEE,2015：461-466.

[59] LASCALZA S,ARICO J,HUGHES R. Effect of metal and sampling rate on accuracy of Flock of Birds electromagnetic tracking system[J]. Journal of biomechanics,2003,36(1)：141-144.

[60] RICE M,TAY H H,NG J,et al. Augmented wire routing navigation for wire assembly [C]//2015 IEEE International Symposium on Mixed and Augmented Reality. IEEE,2015：88-91.

[61] MCREYNOLDS T,BLYTHE D. Advanced graphics programming using openGL[M]. San Francisco：Morgan Kaufmann Publishers Inc,2005.

[62] BOURKE P. Calculating Stereo Pairs[EB/OL]. (1999-10-27)[2019-11-14]. http://paulbourke. net/stereographics/stereorender.

[63] HAWKINS R. Digital Stereo Video：display,compression and transmission[D]. Canberra：Australian National University,2002.

[64] DIDYK P, RITSCHEL T, EISEMANN E, et al. Adaptive Image-space Stereo View Synthesis[C]//VMV,2010 (1,2)：299-306.

[65] WILSON T. High performance stereo rendering for VR[EB/OL]. (2015-01-20)[2019-11-14]. https://docs. google. com/presentation/d/19x9XDjUvkW_9gsfsMQzt3hZbRNziVsoCEHOn4AercAc.

第4章

增强现实三维注册基础

本章开始介绍增强现实技术。由第 2、3 章可知,虚拟现实主要通过图形绘制技术构建一个完全虚拟的场景。与此不同的是,增强现实是在真实场景中叠加虚拟物体。虽然同样涉及虚拟物体的绘制,但通过图像对现实环境进行理解并准确计算相机相对于世界坐标系的六自由度位姿——即三维注册,才是增强现实最为核心的问题。该问题与计算机视觉、图像处理等领域密切相关。本章和下一章将介绍笔者所在课题组在这方面的一些探索。本章首先对三维注册方法及其相关的基础理论进行概述,下一章再将其拓展到工业制造场景。

4.1 摄像机模型

计算机利用与其连接的摄像机(或移动终端配备的摄像头)作为“眼睛”来“观察”外界环境的过程是将真实世界的三维场景投影到摄像机的二维成像平面上的过程。根据摄像机的成像原理,在计算机视觉领域我们通常使用小孔成像模型来描述此投影过程。

4.1.1 坐标系定义

如图 4-1 所示,在投影过程中主要涉及如下坐标系:

世界坐标系($O_wX_wY_wZ_w$):也称为现实世界坐标系。它是客观世界的绝对坐标系,真实环境中的物体以这个坐标系来描述位姿。

摄像机坐标系($O_cX_cY_cZ_c$):以摄像机的光心为原点建立的直角坐标系,其 X_cY_c 平面与摄像机焦平面重合,并且 Z_c 轴与光轴重合。

成像平面坐标系(O_ixy):定义在摄像机成像平面上以摄像机光轴与成像平面的交点 O_i 为原点的二维坐标系。x 轴和 y 轴分别与摄像机坐标系的 X_c 轴和 Y_c 轴平行。

像素坐标系(O_ouv):数字图像使用的坐标系,原点 O_o 位于图像左上角,u 轴向右 v 轴向下,其坐标值分别表示某像素点在图像中的行列索引位置。

4.1.2 坐标系转换

在图 4-1 中,三维空间内一点 P 经投影变换后对应于摄像机成像平面上的点

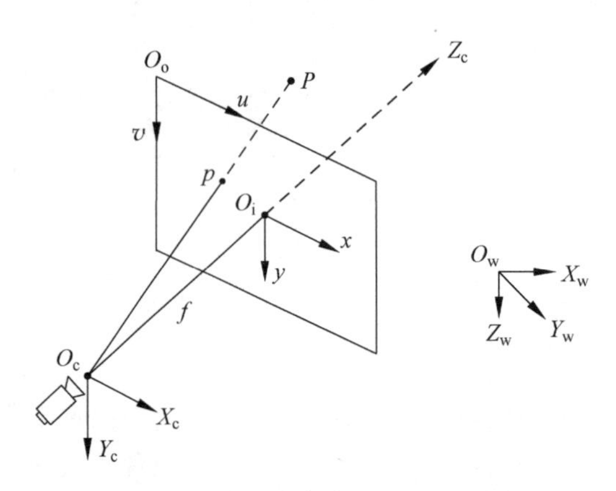

图 4-1　摄像机成像模型及坐标系定义

p。假设点 P 在世界坐标系中的齐次坐标为 P_w:$(X_w,Y_w,Z_w,1)^T$,点 p 在像素坐标系中的齐次坐标为 p_O:$(u,v,1)^T$,该投影变换涉及如下坐标系转换:

世界坐标系到摄像机坐标系:

$$\begin{pmatrix} X_c \\ Y_c \\ Z_c \\ 1 \end{pmatrix} = \begin{pmatrix} \boldsymbol{R} & \boldsymbol{t} \\ \boldsymbol{0} & 1 \end{pmatrix} \begin{pmatrix} X_w \\ Y_w \\ Z_w \\ 1 \end{pmatrix} = \boldsymbol{H} \begin{pmatrix} X_w \\ Y_w \\ Z_w \\ 1 \end{pmatrix} \tag{4-1}$$

式中,P_c:$(X_c,Y_c,Z_c,1)^T$ 为 P_w 在摄像机坐标系 $O_cX_cY_cZ_c$ 下的齐次坐标,$\boldsymbol{R}$ 为三阶旋转矩阵,$\boldsymbol{t}$ 为三维向量,$\boldsymbol{R}$ 和 $\boldsymbol{t}$ 分别表示世界坐标系与摄像机坐标系之间的相对姿态和位移。也就是说,世界坐标系与摄像机坐标系之间的转换关系可以用包含旋转 $\boldsymbol{R}$ 和平移 $\boldsymbol{t}$ 的转换矩阵(即式中 $\boldsymbol{H}$)来表示。

摄像机坐标系到成像平面坐标系:

$$\begin{pmatrix} x_i \\ y_i \\ 1 \end{pmatrix} = \frac{1}{Z_c} \begin{pmatrix} f & 0 & 0 & 0 \\ 0 & f & 0 & 0 \\ 0 & 0 & 1 & 0 \end{pmatrix} \begin{pmatrix} X_c \\ Y_c \\ Z_c \\ 1 \end{pmatrix} \tag{4-2}$$

式中,f 为成像平面到摄像机焦平面的距离,即摄像机焦距; p_i:$(x_i,y_i,1)^T$ 为点 p 在成像平面坐标系 O_ixy 中的坐标。

成像平面坐标系到像素坐标系(忽略斜向畸变角):

$$\begin{pmatrix} u \\ v \\ 1 \end{pmatrix} = \begin{pmatrix} \frac{1}{d_x} & 0 & u_o \\ 0 & \frac{1}{d_y} & v_o \\ 0 & 0 & 1 \end{pmatrix} \begin{pmatrix} x_i \\ y_i \\ 1 \end{pmatrix} \tag{4-3}$$

式中，d_x、d_y 分别表示像素坐标系中每个像素在 x 轴、y 轴方向上的物理尺寸，(u_o, v_o) 是摄像机主点 O_i 在像素坐标系 $O_o uv$ 下的坐标。

联立式(4-1)、式(4-2)与式(4-3)可得：

$$\begin{pmatrix} u \\ v \\ 1 \end{pmatrix} = \frac{1}{Z_c} \begin{pmatrix} \frac{1}{d_x} & 0 & u_o \\ 0 & \frac{1}{d_y} & v_o \\ 0 & 0 & 1 \end{pmatrix} \begin{pmatrix} f & 0 & 0 & 0 \\ 0 & f & 0 & 0 \\ 0 & 0 & 1 & 0 \end{pmatrix} \begin{pmatrix} \boldsymbol{R} & \boldsymbol{t} \\ \boldsymbol{0} & 1 \end{pmatrix} \begin{pmatrix} X_w \\ Y_w \\ Z_w \\ 1 \end{pmatrix}$$

$$= \frac{1}{Z_c} \begin{pmatrix} a_x & 0 & u_o & 0 \\ 0 & a_y & v_o & 0 \\ 0 & 0 & 1 & 0 \end{pmatrix} \begin{pmatrix} \boldsymbol{R} & \boldsymbol{t} \\ \boldsymbol{0} & 1 \end{pmatrix} \begin{pmatrix} X_w \\ Y_w \\ Z_w \\ 1 \end{pmatrix} = \frac{1}{Z_c} \boldsymbol{KH} \begin{pmatrix} X_w \\ Y_w \\ Z_w \\ 1 \end{pmatrix} \tag{4-4}$$

式中，矩阵 $\boldsymbol{K}$ 只与摄像机内部结构有关，称为摄像机内部参数，其中 $a_x = f/d_x$ 与 $a_y = f/d_y$ 分别是使用像素宽度和高度作单位时的焦距长度；$1/Z_c$ 被称为缩放因子；相应地，矩阵 $\boldsymbol{H}$ 称为摄像机外部参数，针对该矩阵的求解即为增强现实三维注册的核心问题。

4.1.3 摄像机标定

在4.1.2节中，摄像机内部参数 $\boldsymbol{K}$ 只与摄像机内部结构有关，理论上可从硬件信息直接获得并当作已知量参与摄像机外部参数 $\boldsymbol{H}$ 的计算。但在实际应用中，由于摄像机光学系统不是完全理想的小孔成像模型，此外还存在摄像机本身构造以及制造、安装工艺等因素导致的畸变误差，所以为了提高精度需要对 $\boldsymbol{K}$ 中的理论参数值进行校正，该过程称为摄像机标定(camera calibration)。摄像机标定根据是否需要标定物可分为传统标定方法、自标定方法以及基于主动视觉的标定方法[1-2]。

传统标定方法是在一定的摄像机模型下，基于特定的实验条件(如形状、尺寸已知的标定物)经过图像处理后利用数学方法求取摄像机模型的内部参数，主要包括利用最优化算法的标定方法[3-5]、利用摄像机透视变换矩阵的标定方法[6]、考虑畸变补偿的两步法[7-8]以及双平面标定方法[9-10]等。传统标定方法精度高，但标定过程需要已知高精度的标定物信息。

自标定方法不需要借助任何外在的特殊标定物或某些三维信息已知的控制点，仅仅通过图像点之间的对应关系对摄像机进行标定。自标定方法主要包括直接求解 Kruppa 方程的自标定[11-13]、分层逐步标定[14]和基于绝对二次曲面的自标定[15]。自标定方法仅需要建立图像之间的对应关系，因此灵活性较强，但非线性标定的鲁棒性尚待提高。

基于主动视觉的标定方法是将相机精确安装于运动平台上，控制平台按照预先制定的轨迹移动相机并获得多幅图像,利用图像信息和运动轨迹参数确定相机的内外参数。常用的方法主要包括:基于摄像机纯旋转的标定方法[16]、基于三正交平移运动的标定方法[17]、基于平面正交运动的标定方法[18]、基于平面单应矩阵的正交运动方法[19]等。基于主动视觉的方法通常可线性求解,鲁棒性有一定保证,但要求全程高精度控制相机的运动轨迹,平台成本较高。

此外,微软研究院的张正友博士提出单平面棋盘格的摄像机标定方法,又称张正友标定法[20],如图 4-2 所示。该方法是介于传统标定方法和自标定方法之间的一种方法,通过对一定标板在不同方向多次(3 次以上)完整拍照,利用线性模型分析计算得出摄像机参数的优化解,全过程不需要知道定标板的运动方式。它较自标定方法精度高,又避免了传统方法设备要求高、操作繁琐等缺点,因此已经作为工具箱或封装好的函数被广泛应用。德国著名的增强现实公司 Metaio[21]采用类似方法,对某一特定平面标识从多个角度连续拍照后计算摄像机内参。如图 4-2 所示,目前该方法已集成在 Metaio 公司推出的工具软件 ToolBox 中,该软件可直接安装在移动平台上很方便地对移动设备摄像头进行标定。

图 4-2 张正友标定法与 Metaio ToolBox 标定工具

4.2 透视投影

投影几何(projective geometry),是研究图形的投影性质,即它们经过投影变换后依然保持不变的图形性质的几何学分支学科[22]。投影几何也称为射影几何,它与透视绘图艺术密切相关。与摄像机成像模型类似,肉眼观察物体的过程也可近似为小孔成像模型(光线经瞳孔投射到视网膜上)。因此在计算机视觉领域,投影几何学的相关理论被广泛应用。

4.2.1 投影变换

以二维图形为例,根据形式不同,可将变换主要分为欧式变换、相似变换、仿射变换以及投影变换等,如图 4-3 所示。特别地,与平行投影沿着平行线将物体投影到图像平面上不同,透视投影变换是从投影中心发出直线将物体投影到图像平面,投影变换主要具有以下特点:

(1) 直线性保持不变;

(2) 平行性不再保持;

(3) 原点不一定对应原点；

(4) 封闭图形面积比不再保持，但直线交比保持。

投影变换在真实世界中的例子比比皆是。例如，人们观察各种物体所得图形与物体本身的图形不同，其大小会因眼睛与物体之间的垂直距离增加而变小，而形状则随观察视角不同而千差万别：一个圆可变成一个椭圆、一条双曲线或抛物线甚至会变成一条直线；一个立方体是由 6 个相同大小的正方形面组成，但我们观察立方体时 6 个面会变成长方形、菱形或任意四边形等，而不是 6 个相同大小的正方形；两条平行铁轨经过透视变成两条相交于远处的直线，等等。在 4.1.2 节中，摄像机成像模型中各坐标系之间的转换推导，并得到了世界坐标系中一点 P 到其在摄像机成像平面上的投影点 p 之间的对应关系，事实上就是完成了一次投影变换的过程。因此研究投影几何中的某些性质(尤其是在透视投影过程中保持不变的性质)可以帮助我们建立摄像机二维成像平面与三维客观世界之间的联系(点、线等特征的对应关系)。

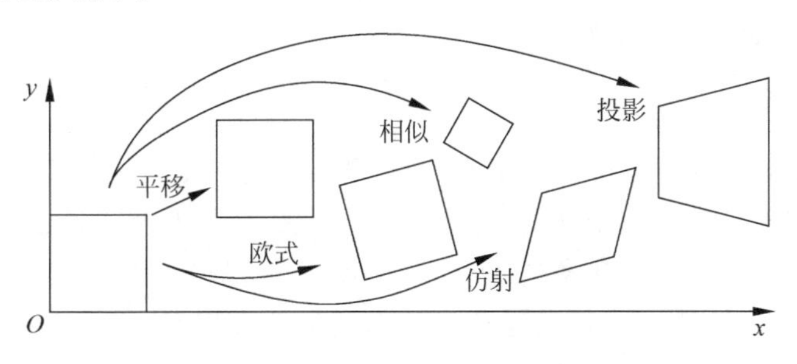

图 4-3　二维图形变换形式对比

4.2.2　投影不变量

在透视投影过程中，投影图形不随观察视点改变的各种性质一直是投影几何的研究重点，也是计算机视觉领域广泛采用的理论基础。与仿射变换不同，在投影变换中很多仿射不变量比如简比、平行线段比、封闭图形面积比、直线平行性等都不再保持，因此我们无法利用这些简单的几何关系构建成像平面与三维客观世界之间的联系。这里简要介绍最基本的投影不变量之一——交比。

交比(cross ratio)一般是用共线的 4 点来定义的，也称为调和比。设 A、B、C、D 为共线 4 点，则称 $\frac{AC \cdot BD}{BC \cdot AD}$ 为 4 点的交比。交比具有投影不变性，如图 4-4 所示，设由点 O 出发的 4 条射线被任意两条直线相截后分别交于 A、B、C、D 与 A'、B'、C'、D' 点，则该两组点

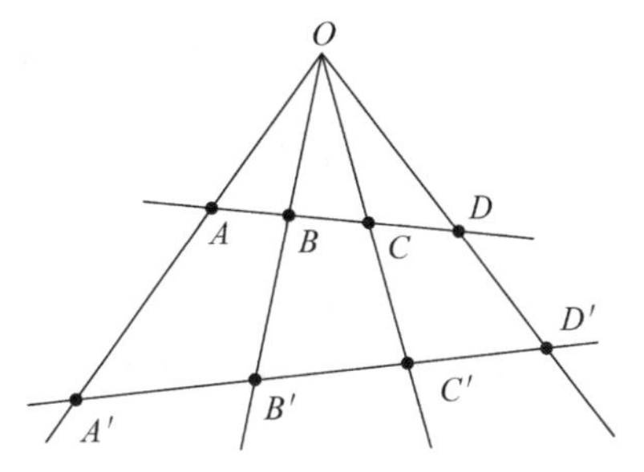

图 4-4　四点交比的投影不变性

的交比相等，即$\frac{AC \cdot BD}{BC \cdot AD}=\frac{A'C' \cdot B'D'}{B'C' \cdot A'D'}$，简要证明如下。

证明：

$$\frac{AC \cdot BD}{BC \cdot AD}=\frac{S_{\triangle AOC} \cdot S_{\triangle BOD}}{S_{\triangle BOC} \cdot S_{\triangle AOD}}=\frac{AO \cdot OC \cdot \sin\angle AOC \cdot OB \cdot OD \cdot \sin\angle BOD}{BO \cdot OC \cdot \sin\angle BOC \cdot AO \cdot OD \cdot \sin\angle AOD}$$
$$=\frac{\sin\angle AOC \cdot \sin\angle BOD}{\sin\angle BOC \cdot \sin\angle AOD}$$

由此可见，交比的值与截线长度无关，只与射线间的张角有关。同理可得

$$\frac{A'C' \cdot B'D'}{B'C' \cdot A'D'}=\frac{\sin\angle AOC \cdot \sin\angle BOD}{\sin\angle BOC \cdot \sin\angle AOD}=\frac{AC \cdot BD}{BC \cdot AD}$$

证毕。

交比由于具有投影不变性已经在计算机视觉、图像识别等领域被广泛采用。

4.3 三维注册

根据罗纳德·阿祖马提出的定义，增强现实系统的主要任务是进行虚实融合，需要解决真实场景和虚拟物体的合成一致性问题，其中涉及的最核心技术是三维注册技术。该技术的主要任务是实时计算出相机与真实环境（世界坐标系）的相对位姿（包括平移和旋转），并将需要叠加的虚拟信息依据相对位姿实时绘制在屏幕中，完成三维注册过程。三维注册技术一直是增强现实系统研究的重点和难点，原因在于三维注册是实现增强现实应用的基础技术，也是决定增强现实系统性能优劣的关键。注册技术的性能主要体现在实时性和鲁棒性。实时性要求注册算法有足够快的速度，以免造成叠加延迟、掉帧；鲁棒性要求注册算法足够健壮，可以应对光照变化、图像模糊、局部遮挡等非正常状况。

根据获得摄像机位姿的途径不同，可将增强现实的三维注册方式大致分为3种类型：基于硬件传感器的跟踪注册、基于二维标识的跟踪注册以及基于自然特征的无标识跟踪注册。

4.3.1 基于硬件传感器的跟踪注册

基于硬件传感器的注册算法主要依靠全球定位系统（global positioning system，GPS）、陀螺仪、重力加速计、位置跟踪器等硬件设备直接获得摄像机的位置和姿态。这种方式计算量最小，实现最容易，不需要进行图像处理、特征提取与匹配等复杂计算。但此类方法精度有限且受环境影响较大，注册误差会随时间增长而累积，鲁棒性容易受到遮挡、距离、环境条件的影响，主要适用于大尺寸、敞开环境下的三维跟踪注册，例如图4-5所示的实景导航。

图 4-5　AR 实景导航

4.3.2　基于二维标识的跟踪注册

基于二维标识的注册算法是指在场景中事先放入带有特定图案的平面标识物体，当其出现在摄像机捕捉到的图像中时，利用图像处理相关算法对其进行识别与检测，并以此推算摄像机的位姿，达到对三维场景进行注册的目的。目前最为领域内所熟知的二维标识是由日本的加藤太和（Hirokazu Kato）博士和华盛顿大学人机界面技术（Human Interface Technology，HIT）实验室共同开发维护的 ARToolKit[23]。该系统采用的二维标识主要由黑色矩形边框以及内部图案构成，边框提供了标识的区域信息以及 4 个特征角点用来计算摄像机位姿，内部图案用来表征标识的唯一性并确定 4 个角点的对应关系，如图 4-6 所示。

ARToolKit

传统矩形二维标识的识别与注册过程大致如下：

步骤 1　将输入图像通过自适应阈值法转化为二值图像；

步骤 2　提取图像中所有的凸轮廓；

步骤 3　通过多边形逼近筛选出具有 4 个角点的轮廓作为候选轮廓；

图 4-6　传统矩形二维标识[23-24]

步骤 4　针对每个候选轮廓，由其 4 个角点计算单应性矩阵消除透视投影变形（由不同的角点对应次序可得到 4 组结果）；

步骤 5　将 4 组结果分别与预设的内部图案匹配或计算其内部编码（如汉明码），若匹配成功则进入步骤 6，否则排除该轮廓并返回步骤 4；

步骤 6　根据 4 个角点的正确对应关系计算摄像机位姿。

此类方法计算量较小，实现相对容易，识别与检测算法基本成熟，但因为其必须出现在视野范围内才能完成注册过程，故使用范围受到一定限制。将这类标识直接应用于工业制造环境中时遇到了若干问题，比如空间狭小或零部件结构复杂导致的局部遮挡失效、自由曲面结构导致附着的标识检测失败、机器可读的识别编码不便于人工读取等。

针对上述问题，很多学者从不同角度进行了相关研究，如图 4-7 所示。针对编码空间问题，Jun Rekimoto 等[25]提出了一种基于条形码的标识系统，CyberCode。每个标识由一个导航条和位图区域组成，前者用来搜索区域角点，后者用来编码标识信息。这种标识在多个标识共存的情况下如何通过导航条进行准确匹配仍然值得商榷。Leonid Naimark 等[26]提出了一种圆形标识，Circular Data Matrix 这种标识由三层嵌套圆环组成，外层圆环是纯黑色，内层圆环中心为白色圆点，中间层圆环依靠颜色编码了标识的信息。这种标识拥有数量为 32 768 的编码空间，但其对遮挡敏感并且检测过程中可能引起误识别。Jonathan Mooser 等[27]提出了一种名为 TriCodes 的标识设计方案，每个标识外部由一个黑色矩形框包围用来检测标识区域，内部划分为 3×3 共 9 个网格，左上角的网格内被黑色矩形填充用来确定标识的方向，其余 8 个网格内分别放置一个三角形，每个三角形拥有以 45°为间隔的 8 个可能方向来编码标识信息。这种标识拥有数量为 2^{18} 的编码空间，但是依靠检测左上角网格中心附近区域像素值的方法来判断其是否为黑色矩形的逻辑并不十分严密，容易引起误识别。

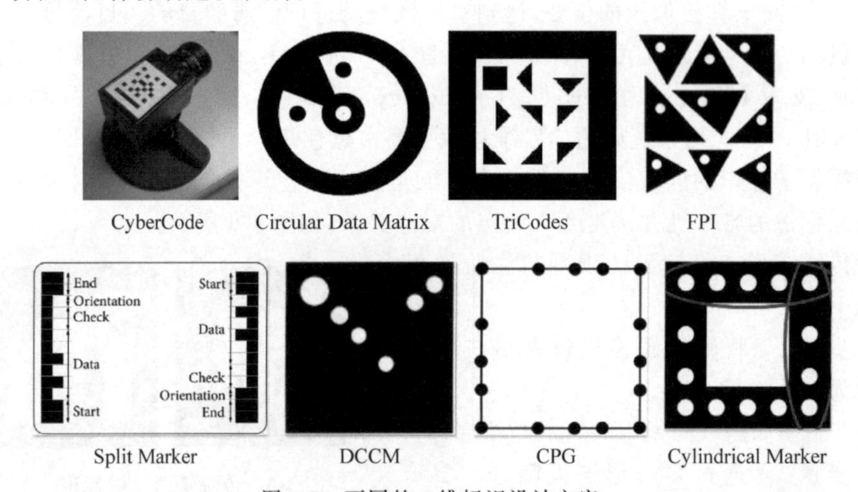

图 4-7　不同的二维标识设计方案

针对遮挡问题，北京理工大学的李玉等[28]提出了一种基于投影不变性的标识设计方案(fiducial marker based on projective invariant，FPI)，该标识由一系列黑色三角形组成，每个三角形内部包含一个白色圆点来确定角点顺序。在检测过程中，需要每次随机选取 2 个三角形计算角点之间的交比关系进行识别。显然，这种标识在制作过程中需要事先计算任意两个三角形之间的交比关系。Daniel Wagner 等[29]提出了一种分离式设计的标识 Split Marker，由两个独立的条形码组成。由于这种分离式结构，其内部不参与检测与识别，因此可以被遮挡或涂改。但同时带来的问题是，因为条形码的形状不规则导致其角点不容易高效地确定，并且两个条码编码为了匹配而编码同样的信息进而减少了一半的编码空间数量。青岛大学的吴虹飞[30]提出了一种对角线结构的矩形标识(diagonal connected components marker,DCCM),在黑色矩形的对角线上添加若干白色圆点,依靠圆点的数量和大小来进行识别,但同时带来的最大问题是编码空间非常有限,且对遮挡敏感。上海大学的 Li Yun 等[31]提出了一种名为 CPG 的二维标识,这种标识由一个矩形线框及附着在上面的 16 个黑色圆点构成(每条边有 5 个),其中每条边上每 4 个相邻的圆点之间的距离都构成相同的交比(预设),但不同标识具有不同交比。利用这种结构,其可遮挡范围大约达到了 62.5%。

针对标识弯曲问题,Asahi Suzuki 等[32]提出了一种主要针对标准圆柱形曲面的利用交比的标识设计方法,Cylindrical Marker。这种标识由一个黑色边框及若干白色圆点组成。上下两条边框上的 5 个白色圆点间距固定,用来检测曲面的弯曲程度;左右两边的 4 个圆点按照某固定交比排列,用来编码标识的身份(identity,ID)信息。但这两种利用交比来编码标识信息的设计都不能提供丰富的编码数量,因为在十分有限的空间里依靠调整圆点位置而生成不同交比具有很大局限性,而且在检测过程中可能由于识别误差导致交比匹配失败。

4.3.3　基于自然特征的无标识跟踪注册

基于自然特征的注册算法是在没有标识物的情况下,对目标物体的点、线、纹理等外形或几何特征进行描述与提取,在应用过程中利用图像处理相关算法进行相应的特征提取与匹配来建立投影面与三维空间之间的对应关系并在此基础上完成注册过程[33-34]。此类方法应用效果最自然、灵活,同时具有较高精度,是领域内今后的主要研究方向。但此类方法计算量大,算法复杂度高,如何保证算法的实时性与鲁棒性一直是研究热点与难点。当前,增强现实无标识跟踪注册方法从实现类型上大致可以分为几种:基于模型和关键帧的注册方法、基于局部特征描述的注册方法、基于几何特征的注册方法以及混合跟踪注册方法等。

基于模型和关键帧的注册方法主要利用输入图像与预采样图像之间的相似度来确定对应的摄像机位姿[35-37]。在离线阶段,首先以目标物体为球心、以某一固定距离为半径构建一个“高斯球”(Gaussian sphere),然后将摄像机放置在球体表面的不同位置(可采用真实物体与真实摄像机,也可采用 CAD 软件与三维模型)面对球心方向进行图像采样,以此作为对物体位姿的描述。采样过程结束后会得到一个采样图像库以及每幅图像对应的摄像机位姿信息。不难理解,采样位置越密集,对物体位姿的描述越精确,采样图像的数量也就越多,在匹配过程中将带来更大的计算消耗。在注册阶段,将输入图像与采样库中的图像进行一一比对,具有最高相似度的采样图像对应的摄像机位姿被用来当作粗略的位姿估计。但由于目标物体不一定总是出现在图像的中心区域,因此还需要对平移、旋转等信息进行精确定位。显然,这种方法不仅需要繁琐的准备工作,同时当采样图像库的数据量很大时在比对阶段产生的庞大计算量将对计算设备的硬件性能(尤其是移动设备)带来极大挑战。针对这些问题,众多学者提出了相应的改进方法。例如,Markus Ulrich等[38]提出了一种视角分级方法。在离线阶段得到采样图像库后,先根据相似度对库中的图像进行分类,即对应着相似摄像机位姿的图像被归为一组,并取组中的一幅图像作为该组的索引图像。对分类得到的索引图像重复该过程若干次后,则构建了一个图像金字塔,描述了采样库中图像(也即对应的摄像机位姿)的分类与层级关系,如图4-8所示。最上层金字塔中往往只包含几幅图像。在注册过程中,输入图像首先与最上层金字塔中的图像进行比对,然后仅通过具有最高相似度的那幅图像"进入"下一层继续比对,重复该过程直到从底层中找到匹配度最高的样本图像。与逐一比对的方法相比,该方法通过多次分类建立了图像索引,大幅缩小了搜索空间,减少了计算量。但此类方法需要更繁琐的准备工作,同时进一步增加了采样图像的数量,占用更多的存储空间,属于用空间换时间的解决方案。虽然在注册速度与计算量消耗上得到了改进,但对于计算性能与存储空间都十分有限的移动设备来说,空间占用仍然是需要特别关注的问题。

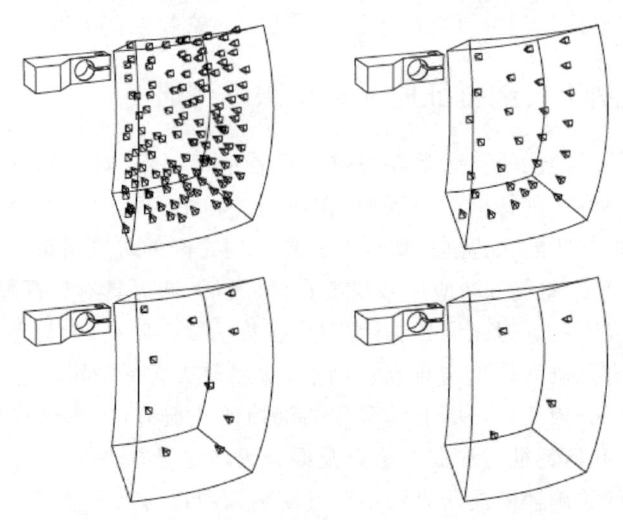

图4-8　基于图像相似度的采样视点分类图示[38]

基于局部特征描述的注册方法主要利用特征点提取方法如SIFT[39]、SURF[40]等在图像中提取特征点并在其邻域内建立具有尺度、旋转不变性的特征描述子,并利用匹配算法确定输入图像与三维世界之间的对应关系,以此求解摄像机位姿[41-42]。在离线阶段,目标物体表面的特征点被提取出来,并结合其三维位置建立特征描述。为了在匹配过程中减少计算量,通常对提取出来的特征点进行分类。在注册阶段,从输入图像中同样提取特征点后与预先处理过的特征点进行匹配寻找对应点,以此建立摄像机坐标系与世界坐标系之间的联系,如图4-9所示。此类方法对尺度、旋转、平移等具有不变性,并且在部分遮挡的情况下具有良好的鲁棒性。但是,提取特征点并建立描述的过程运算量较大,对移动设备的计算性能负荷较大。同时,在工业制造过程中,大部分零部件表面缺少纹理信息,难以提供足够的特征点来进行描述和匹配。

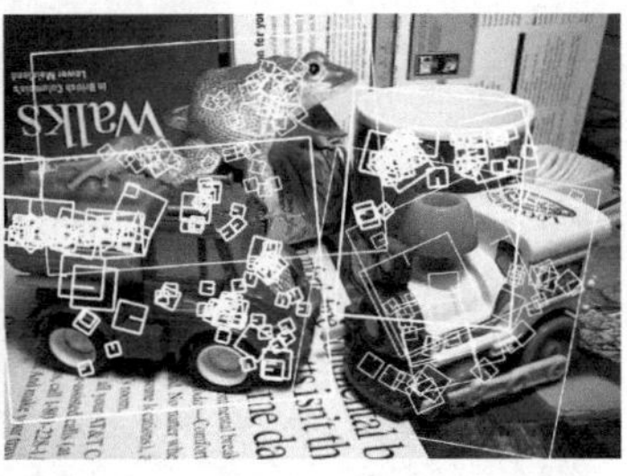

图 4-9　特征点提取与匹配示例[41]

基于几何特征的注册方法主要利用目标物体在几何结构上的典型特征进行匹配与注册。在离线阶段将几何特征进行提取与归纳,在注册阶段从输入图像中寻找相似特征并与预先提取的特征进行匹配,建立对应关系以求解摄像机位姿。例如 Ali Shahrokni 等[43]利用线条特征对多面体进行三维注册初始化。他们假设从图像中检测出的平行四边形线条对应于多面体的一个面,通过两个对应面的角点计算摄像机位姿。这种方法只能应对简单的、具有规则形状的多面体; Krystian Mikolajczyk 等[44]将 SIFT 描述子用于线条特征上,利用线条的位置和方向建立局部形状描述子,具有方向和尺度不变性; Gabriele Bleser 等[45]提出一种"半自动"的三维注册方法,文中对每帧图像都利用一个预设的初始化位姿运行跟踪算法,直到跟踪算法成功则视为完成精确注册,正式进入跟踪阶段。这种方法需要事先确定摄像机的近似位姿,或手动将摄像机移动到近似位置,不能处理任意位姿的自动计算; Daisuke Kotake 等[46]提出了一种结合了重力传感器的基于线条的快速初始化方法,研究人员在摄像机上安置了一个可以探测倾斜角度的传感器来捕获摄像机的部分位姿信息,并利用所有可能的对应线条确定旋转与平移参数; Hugo Álvarez 等[47]利用拐角结构对纹理匮乏物体进行初始化注册,首先从模型中提取出物体的交叉点(junction)和轮廓,前者用来从图像中搜索可能的匹配,而后者通过形状相似度评价筛选正确的匹配。这种方法仍然需要在离线阶段对物体从多个角度采集关键帧并进行繁琐的预处理过程,同时要求物体具有一定数量的拐角结构,因此使该方法的使用范围受到局限; 基于几何哈希(Geometric Hashing)的方法也常用来解决三维识别与注册问题[48-50]。此类方法在离线阶段将物体的点、线等特征提取出来后根据几何关系建立哈希表,注册阶段从输入图像提取相应特征后从哈希表中寻找可能的匹配并利用最小二乘等方法评估匹配结果,直到结果满足预设条件。Isaac Weiss 等[51]提出一种基于 CAD 模型与三维不变空间的物体单图像识别注册方法。作者用代数方法定义了一种三维不变空间(3D invariant space),在离线阶段将 CAD 模型上的若干组点特征通过它们之间的几何关系映射为不变空间中的若干独立点。类似地,在注册阶段从图像中提取若干组特征后将其映射为不变空间中的若干条直线,若直线与独立点相交则认为该组CAD模型特征与图像特征为相互对应关系并以此求解摄像机位姿,如图4-10所示。该方法具有很大的局限性,例如它建立在特定的目标物体具有对称结构的假设下,而且当特征数量较大时会导致组合数急剧增加,假设100个特征点被提取出来,每5个特征点被分为一组,则可得到100^5种不同的分组。总的来说,基于几何特征的注册方法因难以归纳统一的特征描述而在应用中存在各自的局限性,同时若特征选取不当可能导致搜索空间膨胀,影响注册的鲁棒性。

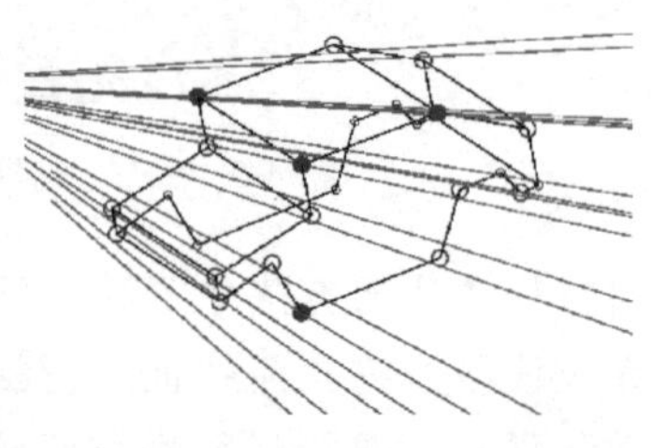

图4-10 基于三维不变空间的特征匹配与注册[51]

混合跟踪注册方法(hybrid tracking)是指采用不同种类的跟踪设备,取长补短共同完成注册跟踪任务。单独采用基于视觉的跟踪注册方法存在如下局限性:

(1) 通常电荷耦合器件(charge coupled device,CCD)的采样频率不超过60Hz,因此视觉跟踪系统适用于低频位姿变化的场景。一旦用户或目标物体发生快速、突然的移动,注册误差将增大。

(2) 图像处理、识别的计算量较大,系统鲁棒性较差,周围环境和用户的运动范围受限制。多数基于视觉的注册算法采用非线性优化的方式取得最优解。虽然对算法进行线性近似并利用线性方法可求得唯一解,但需要提取大量标识点或图像信息。一旦标识点或特征信息因为遮挡、模糊或从视野中消失,则基于视觉的算法将产生误差甚至导致失效。

(3) 受环境光照影响较大。环境光照强度改变引起的明暗变化/阴影,会影响图像特征的提取。

硬件跟踪设备理论上不存在上述问题,硬件跟踪器具有较强的鲁棒性与实时性。一般的惯性传感器采样频率可达到1kHz,较适用于待跟踪物体位姿发生快速变化的场景,但硬件跟踪设备的测量精度较低。考虑到系统的延迟性和不精确性,目前单一的跟踪技术难以全面解决三维注册问题。针对这些问题,业内学者相继提出采用混合注册方法,目前常用的硬件跟踪设备包括光电跟踪器、机电跟踪器、惯性跟踪器、电磁跟踪器、超声波跟踪器、GPS、陀螺仪等。按照跟踪器类型的不同,混合跟踪器大致分为惯性-超声波混合[52-53]、惯性-GPS混合[54-55]、GPS-罗盘混合[56]、惯性-罗盘混合[57]、视觉-GPS混合[58]、视觉-电磁混合[59-62]、视觉-惯性混合等类型的跟踪器。

参考文献

[1] ZHANG Z. A Flexible New Technique for Camera Calibration[J]. IEEE Transactions on Pattern Analysis & Machine Intelligence,2000,22(11): 1330-1334.

[2] 中国科学院自动化研究所模式识别国家重点实验室.摄像机标定课件[EB/OL].[2019-11-14]. http://www.nlpr.ia.ac.cn/english/rv.

[3] ABEL-AZIZ Y I,KARARA H M. Direct linear transformation from comparator coordinates into object space coordinates[J]. American Society of Photogrammetry,1971: 1-18.

[4] FAIG W. Calibration of close-range photogrammetric systems: Mathematical formulation [J]. Photogrammetric engineering and remote sensing,1975,41(12): 12-15.

[5] DAINIS A,JUBERT M. Accurate remote measurement of robot trajectory motion[C]// IEEE International Conference on Robotics and Automation,1985,2: 92-99.

[6] ZHANG Z. Camera calibration with one-dimensional objects[J]. IEEE Transactions on Pattern Analysis and Machine Intelligence,2004,26(7): 892-899.

[7] TSAI R Y. An efficient and accurate camera calibration technique for 3D machine vision [C]. Proc. IEEE Conf. on Computer Vision and Pattern Recognition,1986.

[8] TSAI R Y. A versatile camera calibration technique for high-accuracy 3D machine vision metrology using off-the-shelf TV cameras and lenses[J]. IEEE Journal of Robotics and Automation,1987,3(4): 323-344.

[9] MARTINS H A, BIRK J R, KELLEY R B. Camera models based on data from two calibration planes[J]. Computer Graphics and Image Processing,1981,17(2): 173-180.

[10] DE MA S. A self-calibration technique for active vision systems[J]. IEEE Transactions on Robotics and Automation,1996,12(1): 114-120.

[11] FAUGERAS O D,LUONG Q T,MAYBANK S J. Camera self-calibration: Theory and experiments[C]. Computer Vision-ECCV'92. Springer Berlin Heidelberg,1992: 321-334.

[12] MAYBANK S J,FAUGERAS O D. A theory of self-calibration of a moving camera[J]. International Journal of Computer Vision,1992,8(2): 123-151.

[13] ZELLER C,FAUGERAS O. Camera self-calibration from video sequences: the Kruppa equations revisited [EB/OL]. (1996). [2019-11-14]. https://hal.inria.fr/inria-00073897/.

[14] HARTLEY R. Euclidean reconstruction and invariants from multiple images[J]. IEEE Transactions on Pattern Analysis and Machine Intelligence,1994,16(10): 1036-1041.

[15] GUO-QING W, SONG-DE M. Implicit and explicit camera calibration: theory and experiments[J]. IEEE Transactions on Pattern Analysis and Machine Intelligence,1994,16(5): 469-480.

[16] HARTLEY R. Self-calibration of stationary cameras [J]. International Journal of Computer Vision,1997,22(1): 5-23.

[17] DE MA S. A self-calibration technique for active vision systems[J]. IEEE Transactions on Robotics and Automation,1996,12(1): 114-120.

[18] 李华,吴福朝,胡占义.一种新的线性摄像机自标定方法[J].计算机学报,2000,23(11):

1121-1129.

[19] 吴福朝,胡占义.摄像机自标定的线性理论与算法[J].计算机学报,2001,24(11):1121-1135.

[20] ZHANG Z. A flexible new technique for camera calibration[J]. IEEE Transactions on Pattern Analysis and Machine Intelligence,2000,22(11):1330-1334.

[21] Metaio.移动端增强现实平台[EB/OL].[2019-11-14]. http://www. metaio. com/.

[22] ARTIN E. Affine and Projective Geometry[J]. Geometric Algebra,1957:51-103.

[23] KATO H,BILLINGHURST M. Marker Tracking and HMD Calibration for a video-based Augmented Reality Conferencing System[C]//Proceedings of the 2nd International Workshop on Augmented Reality,1999:85-94.

[24] FIALA M. ARTag, An improved marker system based on ARToolkit[C]//IEEE Computer Society Conference on Computer Vision and Pattern Recognition, 2005, 2:590-596.

[25] REKIMOTO J,YUJI A. Cybercode: Designing augmented reality environments with visual tags[R]. Interaction Laboratory,Sony Computer Science Laboratories,Inc,2001.

[26] NAIMARK L,FOXLIN E. Circular data matrix fiducial system and robust image processing for a wearable vision-inertial self-tracker[C]//IEEE International Symposium on Mixed and Augmented Reality,2002,27-36.

[27] MOOSER J,YOU S Y, NEUMANN U. TriCodes: A barcode-like fiducial design for augmented reality media[C]//IEEE International Conference on Multimedia and Expo, 2006,1-5:1301-1304.

[28] LI Y,WANG Y T,LIU Y. Fiducial marker based on projective invariant for Augmented Reality[J]. Journal of Computer Science and Technology,2007,22(6):890-897.

[29] WAGNER D,LANGLOTZ T, SCHMALSTIEG D. Robust and Unobtrusive Marker Tracking on Mobile Phones[C]//7th IEEE International Symposium on Mixed And Augmented Reality,2008,121-124.

[30] WU H F,SHAO F J,SUN R CH. Research of Quickly Identifying Markers on Augmented Reality[C]//IEEE International Conference on Advanced Management Science,2010,3:671-675.

[31] LI Y,CHEN Y,LU R,et al. A novel marker system in augmented reality[C]//Proceedings of 2012 2nd International Conference on Computer Science and Network Technology. IEEE,2012:1413-1417.

[32] SUZUKI A,MANABE Y,YATA N. Design of an AR Marker for Cylindrical Surface[C]//IEEE International Symposium on Mixed And Augmented Reality,2013,293-294.

[33] LOWE D G. Distinctive image feature from scale invariant key points[J]. International Journal of Computer Vision, 2004,60(2):91-110.

[34] BAY H. Speeded-up robust features (SURF)[J]. Computer Vision and Image Understanding,2008,110(3):346-359.

[35] BYNE J H M,ANDERSON J A D W. A CAD-based computer vision system[J]. Image and Vision Computing,1998,16(8):533-539.

[36] BOROTSCHNIG H,PALETTA L,PRANTL M, et al. Appearance-based active object recognition[J]. Image and Vision Computing,2000,18(9):715-727.

[37] CYR C,KIMIA B. 3D object recognition using shape similiarity-based aspect graph[C]//Proceedings of Eighth IEEE International Conference on Computer Vision,2001: 254.

[38] ULRICH M,WIEDEMANN C, STEGER C. CAD-based recognition of 3D objects in monocular images[C]. ICRA IEEE international conference on robotics and automation, 2009,1191-8.

[39] LOWE D. Distinctive image feature from scale invariant keypoints [J]. International Journal of Computer Vision,2004,60(2): 91110.

[40] BAY H,ESS A,TUYTELAARS T. Speeded-up robust features (surf) [J]. Computer Vision and Image Understanding,2008,110(3): 34659.

[41] LOWE D G. Local feature view clustering for 3D object recognition[C]//IEEE Computer Society Conference on Computer Vision and Pattern Recognition,2001: 682-688.

[42] FRED R,SVETLANA L,CORDELIA S,et al. 3D object modeling and recognition using local affine-invariant image descriptors and multi-view spatial constraints[J]. International Journal of Computer Vision,2003,2(2): 272.

[43] SHAHROKNI A,VACCHETTI L,LEPETIT V,et al. Polyhedral object detection and pose estimation for augmented reality applications[C]//Proceedings of IEEE Computer Animation,2002,65-69.

[44] MIKOLAJCZYK K, ZISSERMAN A, SCHMID C. Shape recognition with edge-based features[C]. British Machine Vision Conference (BMVC'03). The British Machine Vision Association,2003,2: 779-788.

[45] BLESER G,WUEST H,STRICKER D. Online camera pose estimation in partially known and dynamic scenes [C]//2006 IEEE/ACM International Symposium on Mixed and Augmented Reality. IEEE,2006: 56-65.

[46] KOTAKE D,SATOH K,UCHIYAMA S,et al. A fast initialization method for edge-based registration using an inclination constraint [C]//2007 6th IEEE and ACM International Symposium on Mixed and Augmented Reality. IEEE,2007: 239-248.

[47] ÁLVAREZ H,BORRO D. Junction assisted 3d pose retrieval of untextured 3d models in monocular images [J]. Computer Vision and Image Understanding, 2013, 117 (10): 1204-1214.

[48] COSTA M S,SHAPIRO L G. 3D object recognition and pose with relational indexing[J]. Computer Vision and Image Understanding,2000,79(3): 364-407.

[49] LAMDAN Y,WOLFSON H J. Geometric hashing: a general and efficient model based recognition scheme[C]. Second international conference on computer vision,1988,238-49.

[50] SEHGAL A,DESAI U B. 3D object recognition using Bayesian geometric hashing and pose clustering[J]. Pattern Recognition,2003,36(3): 765-780.

[51] WEISS I,RAY M. Model-based recognition of 3D objects from single images[J]. IEEE Transactions on Pattern Analysis and Machine Intelligence,2001,23(2): 116-128.

[52] CURTIS D,MIZELL D,GRUENBAUM P,et al. Several devils in the details: Making an AR app work in the airplane factory[C]//Proceedings of the 1st IEEE and ACM International Workshop on Augmented Reality,San Francisco,1998.

[53] FOXLIN E,HARRINGTON M. WearTrack: A self-referenced head and hand tracker for wearable computers and portable VR[C]//Proceedings of The Fourth IEEE International

Symposium on Wearable Computers，Atlanta，2000.

[54] FEINER S，MACINTYRE B，HOLLERER T，et al. A touring machine：Prototyping 3D mobile augmented reality systems for exploring the urban environment[C]//Proceedings of the IEEE First International Symposium on Wearable Computers，Boston，1997.

[55] HUOLLERER T，FEINER S. Situated documentaries：Embedding multimedia presentations in the real world[C]//Proceedings of the 3th IEEE International Symposium on Wearable Computers，San Francisco，1999.

[56] PIEKARSKI W，GUNTHER B，THOMAS B. Integrating virtual and augmented realities in an outdoor application[C]//Proceedings of the 2nd IEEE and ACM International Workshop on Augmented Reality，San Francisco，1999.

[57] AZUMA R，HOFF B，NEELY H. I，et al. A motion-stabilized outdoor augmented reality system[C]//Proceedings of IEEE Virtual Reality，Houston，1999.

[58] BEHRINGER R. Registration for outdoor augmented reality applications using computer vision techniques and hybrid sensors [C]//Proceedings of IEEE Virtual Reality，Houston，1999.

[59] AUER T，PINZ A. Building a hybrid tracking system：Integration of optical and magnetic tracking [C]//Proceedings of the 2nd IEEE and ACM International Workshop on Augmented Reality，San Francisco，1999.

[60] BAJURA M，NEUMANN U. Dynamic registration correction in video-based augmented reality systems[J]. IEEE Computer Graphics and Applications，1995，15(5)；52 -60.

[61] STATE A，HIROTA G，CHEN D. T，et al. Superior augmented reality registration by integrating landmark tracking and magnetic tracking[C]//Proceedings of the 23rd Annual Conference on Computer Graphics and Interactive Techniques，New Orleans，1996.

[62] AZUMA R，LEE J W，JIANG B，et al. Tracking in unprepared environments for augmented reality systems[J]. Computers & Graphics，1999，23(6)：787-793.

第5章

面向制造场景的增强现实三维注册

将增强现实技术应用于制造领域进行操作引导、装配辅助、状态监测等，可以给用户提供更直观、更具沉浸感的操作体验，从而提高生产效率。同样的，作为增强现实技术的核心问题，在制造场景中实现鲁棒、准确的三维注册仍然是首先要解决的。在4.3节中我们介绍了几种三维注册方法，但鉴于工业制造环境的特殊性，将现有方法直接应用时面临若干工程与科学问题。例如，基于硬件传感器的注册方法易累积误差影响精度；基于二维标识的注册方法必须保持标识物出现在摄像机的视野范围内，具有一定局限性；基于点特征的方法适用于强纹理场景，对于缺少纹理的工业零部件则无法提供足够丰富的点特征。针对这些问题，本章介绍若干由笔者所在课题组提出并研究的基于线条特征的增强现实三维注册方法。

5.1 基于线条特征的三维注册相关研究

在某些情况下，相对于点特征，线条特征包含的信息量较少。在对点特征进行描述时，通常包含了特征点及其附近区域内的灰度、梯度方向等信息，而线条特征则主要刻画了物体的轮廓、结构等信息。线条特征的稳定性较高，例如受光照明暗变化的影响较小、对局部遮挡不敏感等。因此，点特征更适合于物体表面具有丰富纹理的场景，而线条特征则常被(但不限于)用来处理表面纹理匮乏的物体，更适用于工业制造场景。本节对利用线条特征进行三维注册的相关方法做一综述性介绍。

5.1.1 基于线条形状

部分研究者利用简单形状或独立线条进行特征描述与匹配。Ali Shahrokni等[1]提出了一种利用线条特征对多面体进行三维注册初始化方法。他们假设从图像中检测出的平行四边形线条对应于多面体的一个面，通过两个对应面的角点来计算摄像机位姿。这种方法只能应对简单的、具有规则形状的多面体(例如正立方体)。Krystian Mikolajczyk等[2]将SIFT描述子用于线条特征上，利用线条的位置和方向建立局部形状描述子，具有方向和尺度不变性。但这种方法只适用于平面图像中的物体识别和特征匹配，该方法没有涉及摄像机位姿计算。Philip David

等[3]提出一种从复杂背景中识别出部分被遮挡物体的方法。他们利用一对或两对已知的图像线条与三维世界线条间的对应关系来计算近似的摄像机位姿，但此方法必须保证部分三维线条的投影线在图像中被完整地检测出来，不能有遮挡，即线条的端点必须相对应。

5.1.2 基于硬件传感器

部分学者借助人为或硬件传感器的辅助实现三维注册算法。Gabriele Bleser 等[4]提出一种"半自动"的三维注册方法，此方法对每帧图像都利用一个预设的初始化位姿运行跟踪算法，直到跟踪算法成功则视为完成精确注册，正式进入跟踪阶段。这种方法需要事先确定摄像机的近似位姿，或手动地将摄像机移动到近似位置，不能处理任意位姿的自动计算。佳能公司的 Daisuke Kotake 等[5]提出了一种结合了重力传感器的基于线条的快速初始化方法，研究人员在摄像机上安置了一个可以探测倾斜角度的传感器(inclination sensor)用来捕获摄像机的部分位姿信息，并利用所有可能的对应线条及"投票"机制确定旋转参数。最后从"有贡献"的"投票者"(即可能为正确对应关系的线条对)中每次随机挑选 3 对线条进行平移参数的计算，选择与实际线条最接近的一组结果当作算法的最终结果。但是，采用随机抽选的方式可能会导致计算量及鲁棒性的不稳定，并且当图像中出现很多平行线条时可能造成多解情况。Gunhee Kim 等[6]基于线条特征以及特征间的几何关系提出了一种面向移动机器人的无纹理物体识别方法，主要针对室内环境中表面缺乏纹理，且具有典型几何结构的物体，如冰箱、桌椅等。这种方法需要进行离线训练，并且侧重于识别而非注册。

5.1.3 基于拓扑结构

另有部分研究者利用线条间的相对位置关系进行特征描述与算法设计。Hung Truong 等[7]介绍了一种利用相交线的基于模型的三维注册方法。这种方法的作者试图用两条互相垂直的线条以及它们的投影线对平行六面体进行识别注册，但是这种几何结构辨识度较低，当有类似结构的物体存在时不能准确地加以区分。复旦大学的邱振宇等人提出一种基于线条几何特征的人造物体识别注册方法[8]，将三维物体的注册转化为对物体上的平面进行注册。平面的注册依赖特征点的提取与匹配，线条特征则被用来验证注册结果。但对于表面没有纹理的物体来说，提取足够多的特征点本身就是一个待解决的问题。中北大学的卢昭金等人提出了一种基于线条结构匹配的物体识别与注册方法[9]，利用线条间的平行、相交等关系对物体进行描述，然后从图像中检测类似的线条结构并进行匹配建立对应关系，进而计算摄像机位姿。这种方法的主要问题是，三维空间中的直线结构投影到平面上时可能会发生变形，从而导致对应关系难以建立。德国基尔大学的 Lilian Zhang 等[10]提出一种 Perspective-n-Line 问题的解法，用来在已知线条对应关系的情况下对摄像机位姿进行快速、精确地求解，但是如何确定线条间的对应关系文中没有提及。Hugo Álvarez 等[11]利用拐角结构(junction)对纹理匮乏物体进行初始化注册。首先从模型中提取出物体的拐角结构和轮廓，前者用来从图像中搜索可能的匹配，而后者通过形状相似度来评价筛选正确的匹配。但这种方法仍然需要在离线阶段对物体从多个角度采集关键帧并进行繁琐的预处理过程，同时要求物体具有一定数量的拐角结构，因此该方法的使用范围具有一定的局限性。

5.2　基于直线条特征与移动设备传感器的初始化注册方法

针对上述问题，本节首先提出一种基于直线条特征与移动设备传感器的初始化注册方法，利用三维世界中的直线条与其投影线之间的几何关系建立方程约束，分别求解摄像机位姿中的旋转和平移信息。

5.2.1　基于移动设备传感器的旋转矩阵求解

摄像机位姿，即世界坐标系与摄像机坐标系之间的转换关系可以用包含旋转矩阵 $\boldsymbol{R}$ 和平移向量 $\boldsymbol{t}$ 的变换来表示，如式(5-1)。

$$\overrightarrow{O_c X_c} = \boldsymbol{R} \cdot \overrightarrow{O_w X_w} + \boldsymbol{t} \tag{5-1}$$

如图 5-1 所示，PQ 为世界坐标系中的一条直线段，pq 为其在摄像机成像平面上的投影。明显地，摄像机坐标系原点 O_c 与线段 PQ、pq 在同一平面 π 上。而由于一个平面中的任意一条直线都垂直于这个平面的法线 $\boldsymbol{n}$，因此可得：在摄像机坐标系下，O_cP_c、O_cQ_c 以及 P_cQ_c 都与平面 π 的法线 $\boldsymbol{n}$ 垂直，其中 P_c、Q_c 分别为 P、Q 两点在摄像机坐标系下的坐标。联立式(5-1)可得：

$$\begin{cases} \boldsymbol{n} \cdot \overrightarrow{O_c P_c} = \boldsymbol{n} \cdot (\boldsymbol{R}\overrightarrow{O_w P_w} + \boldsymbol{t}) = 0 \\ \boldsymbol{n} \cdot \overrightarrow{O_c Q_c} = \boldsymbol{n} \cdot (\boldsymbol{R}\overrightarrow{O_w Q_w} + \boldsymbol{t}) = 0 \\ \boldsymbol{n} \cdot \overrightarrow{P_c Q_c} = \boldsymbol{n} \cdot \boldsymbol{R}(\overrightarrow{O_w P_w} - \overrightarrow{O_w Q_w}) = 0 \end{cases} \tag{5-2}$$

式(5-2)是利用本章方法求解摄像机位姿的主要依据。

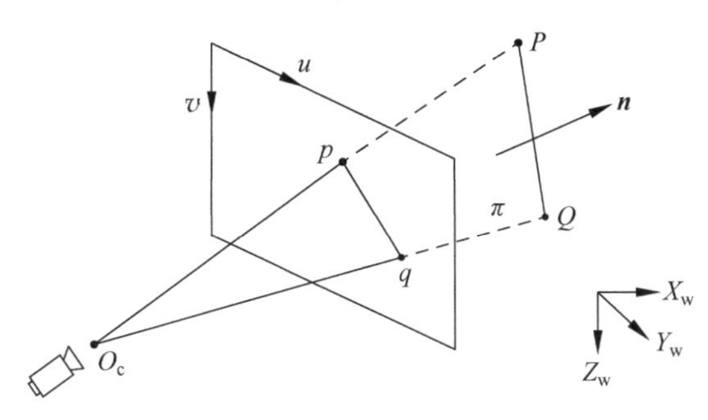

图 5-1　三维空间线条与其投影线的几何关系

在 Daisuke Kotake 等提出的方法[5]中，为了获得摄像机的姿态信息，文中研究人员在摄像机上安置了一个传感器(inclination sensor)来获取其倾斜角度。而对于现在的移动终端设备，陀螺仪、加速度计等内部传感器已经成为标配，某些情况下利用这些硬件的测量数据可以帮助我们快速获得摄像机位姿中的部分信息。在本文中，笔者利用测量得到的重力在设备(相机)坐标系中的分量，即坐标系各轴与重力方向的夹角，来直接计算旋转矩阵中的部分参数，以减少计算量。

众所周知，一个 3×3 的旋转矩阵 $\boldsymbol{R}$ 可以表示为欧拉角的形式。摄像机坐标系相对于世界坐标系的姿态，可以形象地理解为以世界坐标系的轴向为初始状态，摄像机坐标系沿自身的 z、y、x 轴依次旋转了角度 θ_z、θ_y、θ_x，即

$$\boldsymbol{R}=\boldsymbol{R}_x\boldsymbol{R}_y\boldsymbol{R}_z \tag{5-3}$$

式中，

$$\boldsymbol{R}_x=\begin{pmatrix}1 & 0 & 0\\ 0 & \cos\theta_x & -\sin\theta_x\\ 0 & \sin\theta_x & \cos\theta_x\end{pmatrix},\boldsymbol{R}_y=\begin{pmatrix}\cos\theta_y & 0 & -\sin\theta_y\\ 0 & 1 & 0\\ \sin\theta_y & 0 & \cos\theta_y\end{pmatrix},\boldsymbol{R}_z=\begin{pmatrix}\cos\theta_z & -\sin\theta_z & 0\\ \sin\theta_z & \cos\theta_z & 0\\ 0 & 0 & 1\end{pmatrix}$$

此亦说明，如果已知 θ_z、θ_y、θ_x，则旋转矩阵 $\boldsymbol{R}$ 即可确定。这里假设 $\boldsymbol{R}_{\mathrm{i}}=\boldsymbol{R}_x\boldsymbol{R}_y$，并称 $\boldsymbol{R}_{\mathrm{i}}$ 为倾斜矩阵(inclination matrix)。为了便于阐述，本文约定世界坐标系的 z 轴指向重力方向。利用移动设备的内部传感器提供的信息，我们可以直接求得 $\boldsymbol{R}_{\mathrm{i}}$。假设在某一时刻，设备坐标系的 x 轴、z 轴与重力方向之间的夹角分别为 θ_{xg}、θ_{zg}，则通过如图 5-2 所示的分解关系，可以直接得到：

$$\begin{cases}\theta_y=\theta_{xg}-90^\circ\\ \theta_x=\arccos\dfrac{\cos\theta_{zg}}{\cos\theta_y}\end{cases} \tag{5-4}$$

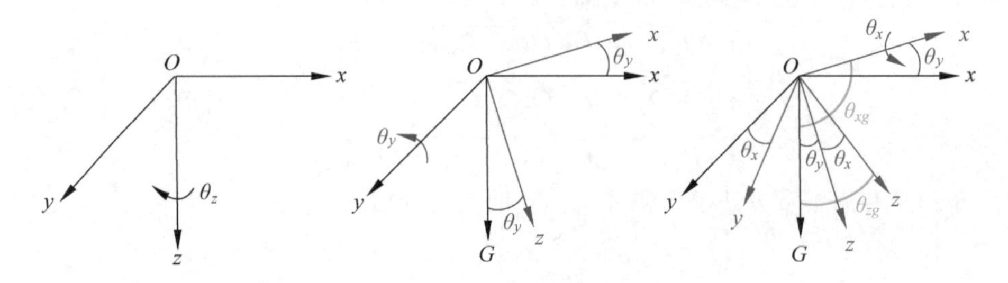

图 5-2　重力方向与欧拉角的关系(zyx 顺序)

利用式(5-4)可以求得 $\boldsymbol{R}_{\mathrm{i}}=\boldsymbol{R}_x\boldsymbol{R}_y$，式(5-3)进而可改写为

$$\boldsymbol{R}=\boldsymbol{R}_{\mathrm{i}}\boldsymbol{R}_z \tag{5-5}$$

可以看到，如果再求得 $\boldsymbol{R}_z$(也即 θ_z)则可以得到完整的旋转矩阵 $\boldsymbol{R}$。因此通过利用移动设备传感器，我们把对 3×3 旋转矩阵的求解转化为对方位角 θ_z 的求解。

联立式(5-5)与式(5-2)中的第三个方程可得：

$$\boldsymbol{n}\cdot\overrightarrow{P_{\mathrm{c}}Q_{\mathrm{c}}}=\boldsymbol{n}\cdot\boldsymbol{R}(\overrightarrow{O_{\mathrm{w}}P_{\mathrm{w}}}-\overrightarrow{O_{\mathrm{w}}Q_{\mathrm{w}}})=\boldsymbol{n}\cdot\boldsymbol{R}_{\mathrm{i}}\boldsymbol{R}_z(\overrightarrow{O_{\mathrm{w}}Q_{\mathrm{w}}}-\overrightarrow{O_{\mathrm{w}}Q_{\mathrm{w}}})=0 \tag{5-6}$$

对于三维空间内一直线段 PQ，其端点 P、Q 坐标为已知量(可从 CAD 模型中获得)，$\boldsymbol{R}_{\mathrm{i}}$ 已经求得，$\boldsymbol{n}$ 可由两向量的叉积得到，即 $\boldsymbol{n}=\overrightarrow{O_{\mathrm{c}}p_{\mathrm{c}}}\times\overrightarrow{O_{\mathrm{c}}q_{\mathrm{c}}}$，其中 p_{c}、q_{c} 分别为 P、Q 的投影点 p、q 在摄像机坐标系下的坐标(实际上，不一定必须利用 p、q 两点，在 PQ 的投影线上的任意两点都可以用来计算 $\boldsymbol{n}$)，而 $\boldsymbol{R}_z$ 中只有一个未知量 θ_z。亦即，只要得知一对三维空间线条与图像中的投影线的对应关系，就可以利用式(5-6)解得 θ_z，继而获得旋转矩阵 $\boldsymbol{R}$。显然，直接确定准确的一一对应关系十分困难，因此笔者在这里采用“投票”法先选出所有可能的 θ_z。

首先，将图像进行灰度处理后提取出图像中所有的直线条。其次，将目标物体上所有的线条与图像中检测到的线条进行一一对应，遍历所有的组合并计算 θ_z。最后，对于计算得到的若干 θ_z，建立一个虚拟的“投票箱”，统计相同结果的出现次数(实际上，由于计算和检测误差的存在，很难出现结果完全相同的情况。本文将差值小于某个阈值的结果视为相同，并取均值作为最终结果)，“得票”最高的几个结果被视为候选的 θ_z 进行后续计算。需要注意的是，由于在求解过程中三角函数具有对称性，往往会发生同时出现多个高票结果的情况。而工业制造环境中工位相对固定，活动范围有限，因此可以结合实际情况预设 θ_z 的取值范围，对候选的 θ_z 进行适当筛选。

5.2.2　基于线条匹配的平移向量求解

平移向量 $\boldsymbol{t}$ 中有 3 个未知数，在旋转矩阵 $\boldsymbol{R}$ 已知的情况下，利用式(5-2)的第一个或第二个等式，至少需要联立 3 组方程才能求解 $\boldsymbol{t}$。也就是说，至少需要 3 对三维空间线条与其在成像平面上的投影位置。因此，如何确定三维空间线条与图像线条之间的正确对应关系是问题的关键。

在文献[5]中，Daisuke Kotake 等采用随机配对并验证注册结果的方式对向量 $\boldsymbol{t}$ 进行求解，主要过程如下：

步骤 1　分别从三维空间与二维图像中随机挑选 3 条线条并建立所有可能的对应关系。

步骤 2　验证挑选出来的线条是否满足如下条件，满足则转入步骤 3，否则转入步骤 1 重新挑选。

(1) 不存在相同的线条；

(2) 三维空间线条不两两平行，且不交于一点；

(3) 线条组合在之前的挑选过程中没有出现过。

步骤 3　代入式(5-2)对 $\boldsymbol{t}$ 进行求解。

步骤 4　利用 $\boldsymbol{R}$ 和 $\boldsymbol{t}$ 重新对所有的三维空间线条在成像平面上的投影位置进行计算，并与实际检测到的图像线条进行比对验证。

步骤 5　如果验证结果达到某个预设阈值，则认为注册成功，否则重复步骤 1～步骤 5。

在具体实现过程中,我们发现通过多次随机挑选的方式难以控制算法的计算量以及鲁棒性。因为从众多线条中恰好选出相对应的3对线条在大部分情况下属于小概率事件,所以能否快速获得满意结果往往具有很大的不确定性。为了确保高鲁棒性需要增大随机挑选的次数,而这又势必增加了算法的计算量。

在解决上述问题的过程中笔者注意到,旋转矩阵 $\boldsymbol{R}$ 主要影响物体在成像平面上呈现的姿态,而平移向量 $\boldsymbol{t}$ 则主要影响物体在成像平面上出现的位置。如果我们可以通过某种方法获得平移向量 $\boldsymbol{t}$ 的粗略估计 $\boldsymbol{t}'$,并利用 $\boldsymbol{R}$ 和 $\boldsymbol{t}'$ 重新将物体上的三维线条投影到成像平面上,则得到的投影线条与图像中检测到的线条应该在位置、形状以及平行度上相似。利用这一特点,用户手动微调相机位置,使得目标物体出现在画面中央附近(即 $\boldsymbol{t}'$),然后利用 $\boldsymbol{R}$ 和 $\boldsymbol{t}'$ 重新将物体上的三维线条投影到成像平面上,在计算得到的投影线附近区域内依据距离和平行度约束寻找图像中检测到的线条,作为可能的匹配。

得到 $\boldsymbol{t}'$ 后,结合前文已经得到的旋转矩阵 $\boldsymbol{R}$,我们可以重新将物体上的三维线条投影到成像平面上,如图5-3中的粗体线条(实际上我们只需计算每条投影线的像素坐标,并没有真的在图像中画出它们)。通过计算得到的新的投影线条与原本图像中检测到的线条应该在位置、形状以及平行度上相似。因此,我们假设三维线条为 $L_i(i=1,2,\cdots,n)$,利用 $\boldsymbol{R}$ 和 $\boldsymbol{t}'$ 计算得到的投影线为 $l_i(i=1,2,\cdots,n)$。对于每个 l_i,分别在它的邻近区域内搜索是否存在与它近似平行的图像检测线条。如果存在,则认为搜索到的线条与 L_i 可能相对应,并记为 $l_{ij}(i=1,2,\cdots,n;\ j=1,2,\cdots,m)$。通过这种方式,我们可以得到一个匹配集合。

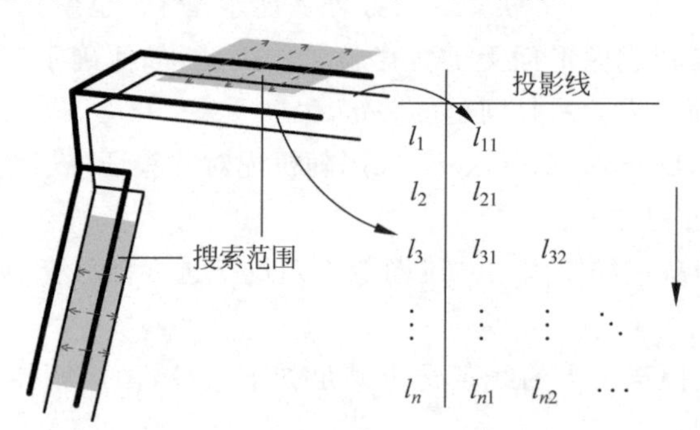

图5-3　通过邻域平行线搜索建立线条匹配集合

如何从该集合中快速找到正确的匹配进行求解是接下来要解决的问题。与随机挑选线条的方式不同,本文采用对集合进行遍历的方法。同时为了加快速度,在遍历过程中引入优先级,具体过程如下:

步骤1　依据在邻近区域内搜索到的图像线条的数量,按照从少到多的原则对集合元素进行排序(数量越少一般情况下代表线条间的对应关系越明确,缩小匹配空间),如图5-3中的表格所示。

步骤2　对于排序后的集合,从中依次选择3组线条并验证是否满足上文中的

3 个条件。若满足则转入步骤 3，否则重复步骤 2。

步骤 3　将 3 组对应线条代入式(5-2)对 t 进行求解。

步骤 4　利用求解结果重新对所有的三维空间线条在成像平面上的投影位置进行计算，并与实际检测到的图像线条进行对比评价(主要依据重合度、平行度)。

步骤 5　如果评价结果达到某个预设阈值，则认为注册成功，结束算法，否则转入步骤 2 继续遍历。

5.2.3　三维空间竖直线条提取

在 5.2.1 节中，利用式(5-6)来计算每对线条组合的方位角。但当三维空间中与重力平行的竖直线条代入公式参与计算时却无法正常求解，因为竖直线条的向量形式为$(0,0,c)$，其中 c 为常数。实际上，从几何角度也很容易理解，因为本文约定世界坐标系的 z 轴与重力同向，所以无论将摄像机坐标系沿 z 轴旋转多少角度，其与重力方向之间的夹角始终不变，无法求得唯一解。为了避免这种无意义的计算，在求解方位角的过程中我们可以先从 CAD 模型中剔除掉三维空间中的竖直线条。但是这些竖直线条在成像平面上的投影线却暂时无法剔除，因为我们还没有确定它们之间的准确对应关系。这无疑也导致了冗余计算，而且还相对增大了错误结果的比例(因为与这些投影线条正确对应的三维空间线条已经被剔除了)。因此，如果可以从图像线条中找出哪些是可能与三维空间内的竖直线条相对应的，则不仅可以减少冗余计算，而且可以提前建立可能的匹配关系，进一步缩小搜索空间。

我们注意到，当摄像机的成像平面与水平面垂直时，三维空间中的竖直线条在该成像平面上的投影也总是竖直方向的，如图 5-4(a)所示。但是一旦成像平面与水平面不再垂直，在摄像机坐标系内产生了深度差，会导致三维空间竖直线条在成像平面上的投影发生偏转。受到此现象的启发，我们提出一种判断某图像线条是否对应于三维空间竖直线条的方法。如图 5-4(b)所示，假设存在一个不可见的虚拟平面(m'、n'所在的平面)，该平面始终与水平面垂直，且可由摄像机的成像平面沿自身 z 轴旋转角度 θ_{zg} 得到(θ_{zg} 可由移动设备传感器直接测得)。该虚拟平面被用来模拟图 5-4(a)中的情形，具体方法如下。

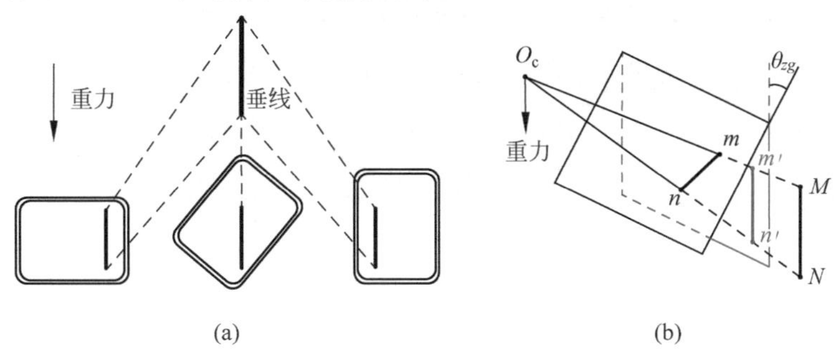

图 5-4　三维空间竖直线条的投影提取原理

(a) 空间竖直线条在竖直平面上的投影方向保持不变；(b) 利用倾角构建虚拟投影面

对于每一条图像线条 mn，首先通过像素坐标求得两端点 m、n 分别在摄像机坐标系下的坐标，从图中的几何关系可以看到，在 θ_{zg} 已知的情况下一定可以唯一确定 m'、n' 两点并获得其在摄像机坐标系下的位置。同时，重力在设备(摄像机)坐标系各轴上的分量可由传感器获得，因此可以把重力方向表示为由各轴分量组成的向量形式。最后判断 $m'n'$ 与重力方向之间的夹角，如果夹角足够小，则认为与线条 mn 对应的三维空间线条 MN 极有可能与重力同向。

5.2.4 实例分析

本节实验采用配备有 1.5 GHz CPU、2 GB RAM 和 8 MP 摄像头的 iPad Air 2 作为硬件平台，摄像头采集图像分辨率设置为 640×480，摄像头内参数已事先标定。

笔者在国内某航空制造企业装配车间内对若干民用飞机零部件进行拍照采样并记录采样时刻的传感器数据，利用这些静态图像(当作输入图像)和数据验证本方法。可以看到，飞机零部件在装配阶段都以黄绿色涂装，表面缺乏纹理。笔者在移动设备上实现本章方法，并在图 5-5 中展示了相应结果。其中绿色部分为根据位姿计算结果叠加绘制的 CAD 模型，以此与实际物体的位姿进行对比。

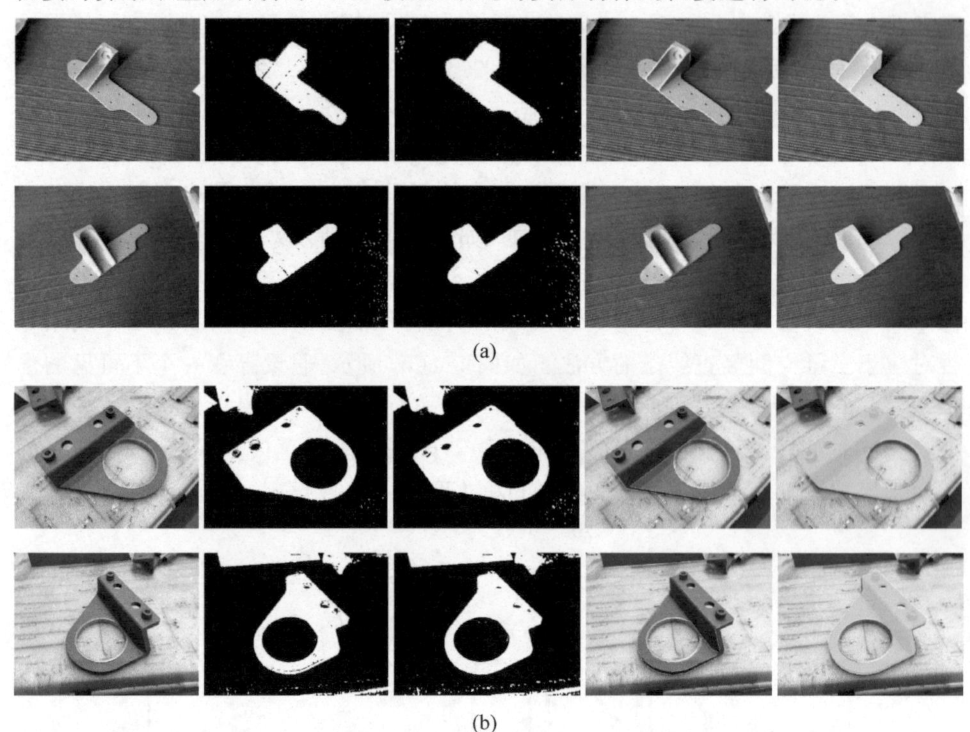

(a)

(b)

图 5-5　基于直线条特征的飞机零部件初始化注册实例

(a) PD_536A2070-004-001；(b) PD_227A4120-001-001；(c) PD_536A8210-002-001；
(d) PD_522A3211-100-001；(e) AD_551A2100-000-001；(f) AD_572A5010-000-001；
(g) AD_534A2090-000-001

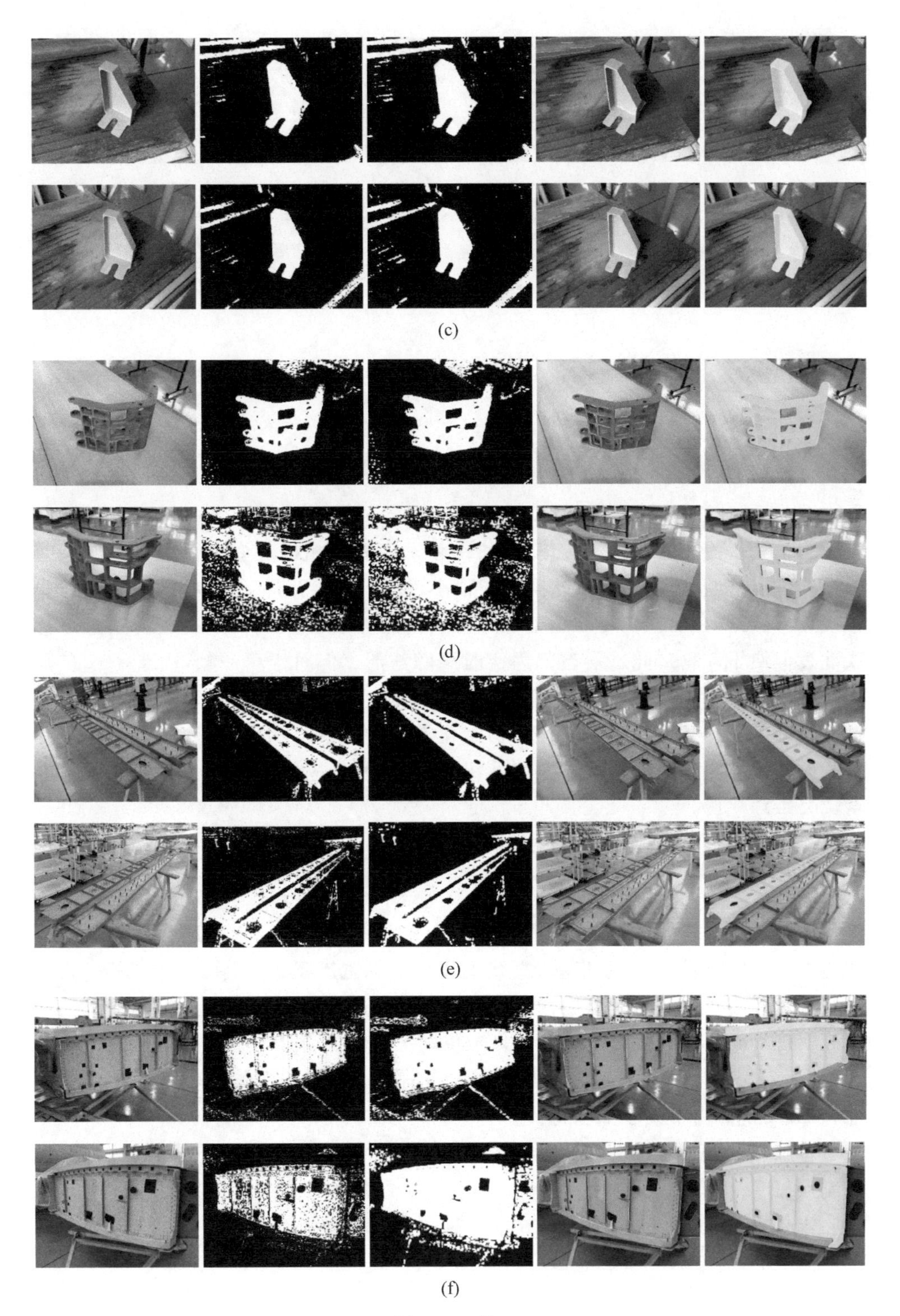

(c)

(d)

(e)

(f)

图 5-5　（续）

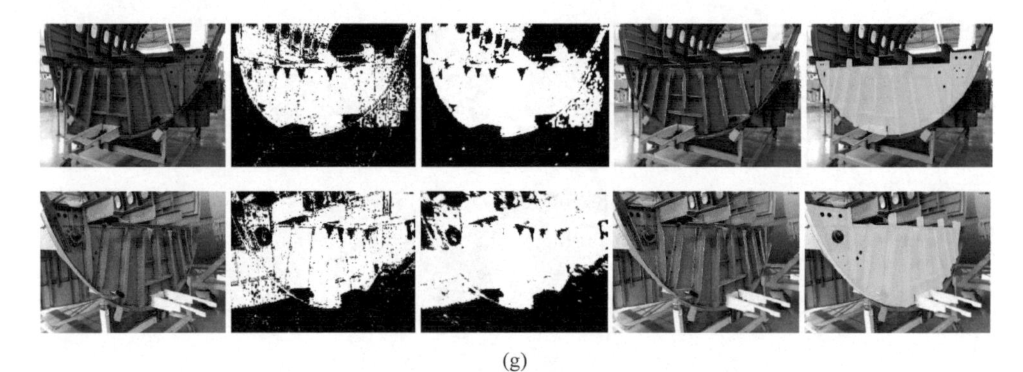

(g)

图 5-5 （续）

5.3 基于直线条特征的位姿实时跟踪方法

为了获得流畅的增强现实体验，每一帧都需要对相机位姿进行解算。如果前一帧的位姿已经求得，由于两帧间差异很小，可以认为当前帧位姿与前一帧位姿非常接近，只需要在前帧位姿的基础上进行微量更新即可（同时可以将旋转矩阵进行线性近似便于计算），此过程被归为实时跟踪注册。但对于第一帧，由于不存在其前一帧信息，因此需要“凭空”解算相机位姿，被称为初始化注册。在 5.2 节中我们已经介绍了一种基于直线条特征的初始化方法，本节继续介绍一种基于直线条特征的刚体位姿实时跟踪方法。当初始化成功后，便可应用本节方法对后续每帧进行位姿跟踪注册。

5.3.1 RAPiD 方法

RAPiD 方法是首个可以实时运行的刚体跟踪方法[12]。它通过分析连续帧间的边缘（此处的边缘为任意形状，直线条作为特例也属于边缘特征）位移来估计当前帧相对于前一帧的相对位姿，通过增量更新的方式获得待跟踪物体每帧的位姿，从而实现实时跟踪。假设前一帧的目标位姿已经解得为$[\boldsymbol{R}|\boldsymbol{t}]$，则当前帧的位姿可表示为$[\Delta\boldsymbol{R}\cdot\boldsymbol{R}|\boldsymbol{t}+\Delta\boldsymbol{t}]$，其中$[\Delta\boldsymbol{R}|\Delta\boldsymbol{t}]$为当前帧相对于前一帧的位姿变化。具体地，$[\Delta\boldsymbol{R}|\Delta\boldsymbol{t}]$可由下列步骤求得：

步骤 0　预先在目标物体的 CAD 模型上按照一定间隔采样三维边缘点，称为控制点$\{E\}$。

步骤 1　计算所有控制点 E 在上一帧中的投影位置 e。任意控制点 E_{ij} 在成像平面上的投影点 $e_{ij}(u_{ij},v_{ij})$可由式(5-7)获得。

$$\begin{pmatrix} u \\ v \\ 1 \end{pmatrix} = \frac{1}{Z_c} \begin{pmatrix} a_x & 0 & u_o & 0 \\ 0 & a_y & v_o & 0 \\ 0 & 0 & 1 & 0 \end{pmatrix} \begin{pmatrix} \boldsymbol{R} & \boldsymbol{t} \\ \boldsymbol{0} & 1 \end{pmatrix} \begin{pmatrix} X_w \\ Y_w \\ Z_w \\ 1 \end{pmatrix} \tag{5-7}$$

步骤 2　如图 5-6 所示，对于每个 e_{ij}，沿边缘的梯度方向（双向）搜索强边缘点 e'_{ij}，作为控制点在当前帧中投影位置的对应点。

步骤 3　将$[\Delta\boldsymbol{R}\cdot\boldsymbol{R}|\boldsymbol{t}+\Delta\boldsymbol{t}]$代入式(5-7)重新计算所有控制点的投影位置，使得新的投影位置与对应点的欧氏距离满足最小二乘，即求解

$$[\Delta\boldsymbol{R}\cdot\boldsymbol{R} \mid \boldsymbol{t}+\Delta\boldsymbol{t}] = \underset{[\Delta\boldsymbol{R}\cdot\boldsymbol{R}|\boldsymbol{t}+\Delta\boldsymbol{t}]}{\operatorname{argmin}} \sum_i \operatorname{dist}(\operatorname{Proj}(E_{ij},[\Delta\boldsymbol{R}\cdot\boldsymbol{R} \mid \boldsymbol{t}+\Delta\boldsymbol{t}]),e'_{ij}) \tag{5-8}$$

该式既可由非线性优化方法求解，也可将 $\Delta\boldsymbol{R}$ 线性近似后通过线性方程组求解。

步骤 4　求得$[\Delta\boldsymbol{R}|\Delta\boldsymbol{t}]$后，代入$[\Delta\boldsymbol{R}\cdot\boldsymbol{R}|\boldsymbol{t}+\Delta\boldsymbol{t}]$即可获得当前帧的位姿，同时更新$[\boldsymbol{R}|\boldsymbol{t}]$，供下一帧的位姿求解使用。

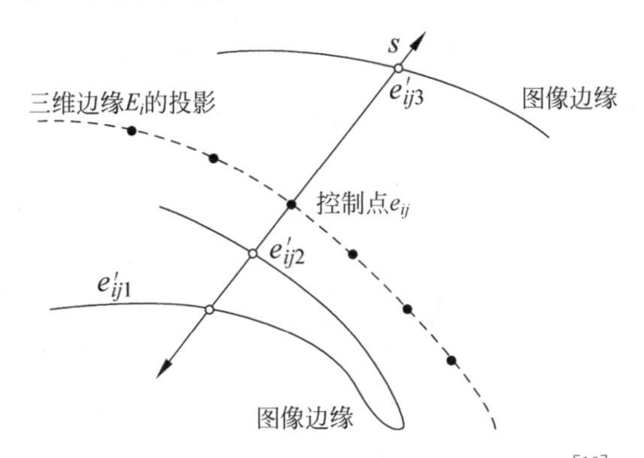

图 5-6　沿二维控制点的梯度方向搜索边缘点[12]

5.3.2　问题与改进

原始方法普适于任意形状的边缘特征，没有利用直线特征的特殊性，存在以下问题：

(1) 沿梯度方向进行一维搜索的过程中可能引入噪声点。搜索过程只记录强梯度点，但无法区分该点是否为噪声点或干扰点；

(2) 损失函数式(5-8)不精确。因为边缘形状不能显式写出解析式，所以沿梯度方向搜索对应点只是近似手段，实际上控制点在当前帧中的投影点不一定严格地落在梯度方向上。

针对上述问题，本节提出一种基于直线条特征的刚体六自由度位姿实时跟踪

方法,充分利用直线特征的特殊性对 RAPiD 方法进行优化和改进,主要包括:

(1) 将三维控制点改为三维控制直线段。

(2) 将在控制点的投影邻域内沿梯度方向搜索强梯度点,改为在控制直线段的投影邻域内搜索对应直线段,一定程度上降低了噪声干扰和误匹配率(噪声通常以点的形式出现,较少以线段形式出现)。

(3) 由于直线具备显式解析式,所以将损失函数改为两直线段的间距更精确。在原 RAPiD 方法中由于边缘形状不能显式写出解析式,所以沿梯度方向搜索对应点是近似手段,实际上控制点在当前帧中的投影点不一定落在梯度方向上。

5.3.3 基于直线条特征的位姿实时跟踪方法

方法的主要步骤如下:

步骤 0　预先在待跟踪物体的 CAD 模型上采样三维直线边缘(首尾点),得到控制直线段集$\{L\}$(元素数量$\geqslant 6$),同时假设前一帧的位姿已求得为$[\boldsymbol{R}|\boldsymbol{t}]$,当前帧待求位姿为$[\Delta\boldsymbol{R}\cdot\boldsymbol{R}|\boldsymbol{t}+\Delta\boldsymbol{t}]$。

步骤 1　图像采集与预处理。通过摄像头采集当前帧图像,对当前帧进行灰度化处理并提取图像中所有的直线段$\{l_{\text{image}}\}$,同时获得端点坐标。

步骤 2　计算控制直线段的投影。利用式(5-7)分别计算每条控制直线段L_i的两端点在图像中的投影坐标,得到投影直线段l_i。

步骤 3　邻域搜索对应直线段。针对每一投影直线段l_i,在步骤 2 中获得的直线段集合$\{l_{\text{image}}\}$中搜索对应直线l'_i,该直线需满足如下条件:

条件 1:l_i与l'_i的平行度在预设阈值范围内;

条件 2:l_i与l'_i的距离 dist(l_i的中点到l'_i的距离)在预设阈值范围内;

条件 3:把l'_i的两端点沿垂向投影至l_i或其延长线上时,投影线段与l_i有重叠;

条件 4:l_i与l'_i的长度比例在预设阈值范围内;

条件 5:若$\{l_{\text{image}}\}$中多条直线段满足上述条件,则选取条件 2 中距离最近的。

步骤 4　最小化直线段距离。若控制直线段-对应直线段$\geqslant 6$对,将$[\Delta R\cdot R|t+\Delta t]$代入式(5-7)重新计算所有控制直线段的投影位置,使得新的投影位置与对应直线段的距离满足最小二乘,即求解

$$[\Delta\boldsymbol{R}\cdot\boldsymbol{R}\mid\boldsymbol{t}+\Delta\boldsymbol{t}]=\underset{[\Delta\boldsymbol{R}\cdot\boldsymbol{R}|\boldsymbol{t}+\Delta\boldsymbol{t}]}{\operatorname{argmin}}\sum_i \operatorname{dist}(\operatorname{Proj}(L_i,[\Delta\boldsymbol{R}\cdot\boldsymbol{R}\mid\boldsymbol{t}+\Delta\boldsymbol{t}]),l'_i) \tag{5-9}$$

其中 dist 为 Proj(L_i,$[\Delta\boldsymbol{R}\cdot\boldsymbol{R}|\boldsymbol{t}+\Delta\boldsymbol{t}]$)的中点到$l'_i$的距离,如图 5-7 所示。该式既可由非线性优化方法求解,也可将$\Delta\boldsymbol{R}$线性近似后通过线性方程组求解。

步骤 5　求得$[\Delta\boldsymbol{R}|\Delta t]$后,代入$[\Delta\boldsymbol{R}\cdot\boldsymbol{R}|\boldsymbol{t}+\Delta\boldsymbol{t}]$即可获得当前帧的位姿,同时用新位姿更新$[\boldsymbol{R}|\boldsymbol{t}]$,供下一帧使用,重复步骤 1。

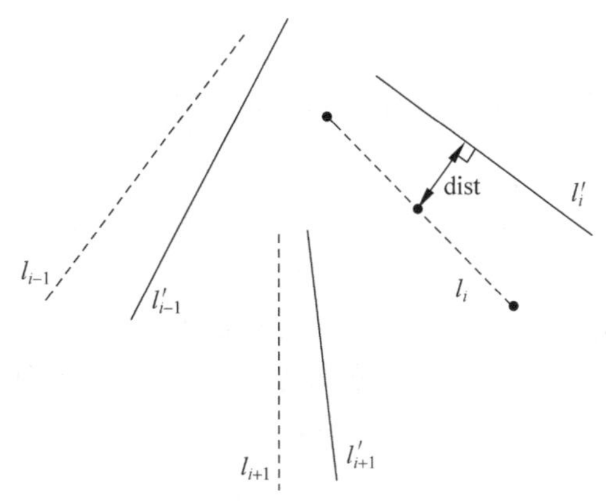

图 5-7　在控制直线段的投影 l_i 邻域内搜索对应直线段 l_i' 并最小化线段距离 dist

5.3.4　实例分析

本节实验采用配备有 2.4GHz CPU、3GB RAM 和 12MP 摄像头的 iPhone Ⅹ作为硬件平台，摄像头采集图像分辨率设置为 1280×720，摄像头内参数已事先标定。

笔者对图 5-8 中所示零件进行拍摄，以 60Hz 帧率实时采集图像进行计算，验证本节方法。其中绿色与红色部分为以解算所得位姿绘制的 CAD 模型的线框模型，以此与实际物体的位姿进行对比（绿色代表尚未初始化成功，红色表示已初始化成功并且正在进行实时跟踪）。

图 5-8

图 5-8　利用本节方法对刚体位姿进行实时跟踪实例

5.4 基于轮廓特征的初始化注册方法

在5.2节和5.3节中，我们分别介绍了基于直线条特征的初始化注册和实时跟踪方法，在多数工业制造场景中取得了良好效果。但顾名思义，基于直线条特征的注册方法是建立在"物体表面存在可被提取的直线条特征"的前提下进行的。而在实际使用过程中，笔者注意到极个别的零部件（尤其是小型零件）为自由曲面结构或单一形状结构，不具有或只具有极少量的直线条特征。针对此问题，本节提出一种基于轮廓特征的零部件初始化注册方法，其主要思想是利用三维空间中的物体在不同姿态下呈现的外形轮廓与其投影区域形状之间的几何关系建立约束，并求解摄像机位姿。

5.4.1 轮廓提取与预定位

在很多情况下，假设将三维空间中一质量均匀的物体 O 投影到任一平面上得到投影区域 P，则该物体的重心 M 在这个平面上的投影点 C 落在投影区域 P 的质心位置，如图5-9所示。

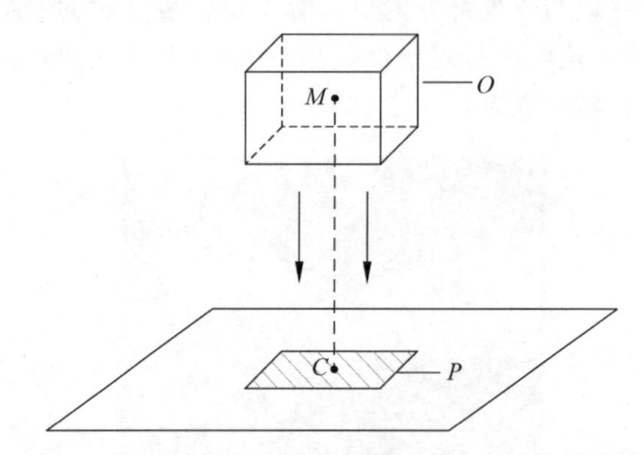

图5-9 匀质物体重心与其投影区域的几何关系示例

对于三维空间中某物体，假设我们从摄像机成像平面中提取出其投影区域的轮廓并计算得到轮廓质心 C 的坐标（将像素坐标转换为摄像机坐标系下的坐标），则可判定该物体在摄像机坐标系中位于由坐标系原点与质心 C 所确定的直线上。通过这种方式，物体在摄像机坐标系中的六自由度位姿搜索空间被迅速缩小。接下来确定剩余的自由度参数。我们同时注意到：物体的旋转姿态直接影响着投影区域的形状，而深度则直接决定了投影区域的面积大小。因此，三维物体在成像平面上的投影区域的位置、形状、面积等特征与物体（或摄像机）的位姿信息有着密切联系。

既然是基于轮廓特征的注册方法，顾名思义首先要把物体投影区域的轮廓完整、准确地提取出来，具体方法如下：

步骤 1　将彩色输入图像转换为灰度图像；

步骤 2　使用高斯滤波(Gaussian filter)去除图像中的部分噪点；

步骤 3　通过 Canny 边缘检测算法从灰度图像中检测出边缘线条(与前两节中的线条不同的是，此处的线条不一定是直线)；

步骤 4　采用 findContours 方法提取所有的轮廓；

步骤 5　计算每个轮廓的面积，若面积小于某个预设的阈值则被认为是噪声轮廓并被排除掉，否则就记录该轮廓并计算其质心坐标。

通过上述步骤，可以得到输入图像中若干可能与目标物体的投影区域相对应的候选轮廓(为了保证轮廓提取的质量，在使用图像处理算法时可根据环境适当调整算法参数)。然后利用轮廓的质心对物体在摄像机坐标系中的位置(即 $\boldsymbol{t}$)进行粗略估计。对于每一个候选轮廓，可以计算得到其质心 C 在输入图像中的像素坐标，则结合摄像机的内部参数可以转换得到点 C 在摄像机坐标系下的坐标 $C_c(x_c, y_c, z_f)$，如图 5-10 所示。因此，可得到由摄像机坐标系原点 $O_c(0,0,0)$ 与 $C_c(x_c, y_c, z_f)$ 确定的直线 L_c：

$$L_c: \frac{x}{x_c} = \frac{y}{y_c} = \frac{z}{z_f} \tag{5-10}$$

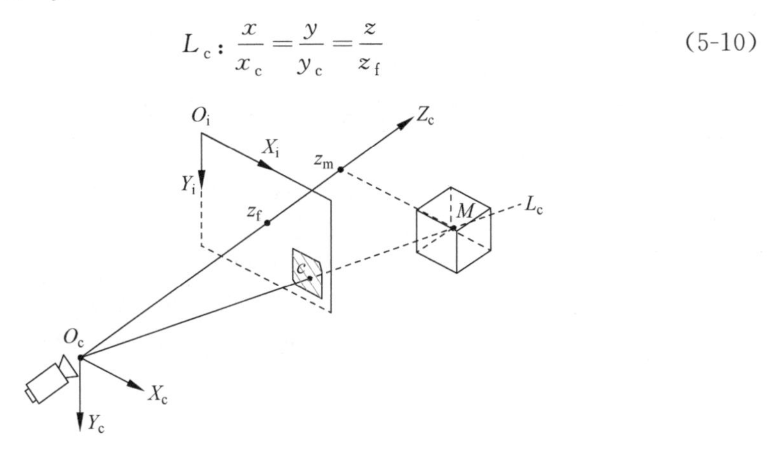

图 5-10　利用投影区域轮廓质心预估平移参数

前文已经分析，物体在摄像机坐标系中位于直线 L_c 上。因此如果确定了深度值，即物体在 Z_c 轴的坐标值，则通过式(5-10)可以直接计算得到其在直线 L_c 上的精确位置。在本小节中，我们先任意假定一深度值 $z_m(z_m > z_f)$，并代入式(5-10)中计算得到一组平移坐标：

$$\boldsymbol{t} = \left(\frac{x_c \cdot z_m}{z_f}, \frac{y_c \cdot z_m}{z_f}, z_m\right)^{\mathrm{T}} \tag{5-11}$$

显然，该坐标并不是物体的真实位置。但当物体在直线 L_c 上时，不同的深度值仅影响着投影区域的面积大小，而并不影响投影区域的形状。因此我们暂时先任意给定一初始深度值，待在后文中确定了物体的姿态参数后再利用投影区域面积对该深度值进行校正。

5.4.2 旋转矩阵求解

本节将对物体的姿态，即旋转矩阵进行求解。旋转矩阵求解的整体思路与5.2.1节类似，我们仍然首先利用移动设备传感器获得部分信息后再确定方位角。但不同的是，本节在确定方位角的过程中采用的是基于轮廓匹配的方法。

在5.2.1节中，我们利用移动设备内置的传感器测量得到重力在设备（相机）坐标系中的分量，即坐标系各轴与重力方向的夹角，然后通过欧拉角的形式来直接计算得到旋转矩阵中的部分参数，有效减少了计算量。在本节，我们仍然采用这一方法首先对旋转矩阵中的 $\boldsymbol{R}_x$、$\boldsymbol{R}_y$ 进行计算，即

$$\boldsymbol{R}=\boldsymbol{R}_x\boldsymbol{R}_y\boldsymbol{R}_z=\boldsymbol{R}_i\boldsymbol{R}_z \tag{5-12}$$

可知，我们只需再得到方位角 θ_z 即可获得旋转矩阵 $\boldsymbol{R}$。由图5-10中可以看到，物体在直线 L_c 上的不同位置并不影响其投影区域轮廓的形状（只影响面积）。虽然旋转矩阵可以影响投影区域轮廓的形状，但得益于传感器的使用，此时旋转矩阵 $\boldsymbol{R}$ 中只剩方位角这一个未知量，因此方位角成为影响投影区域轮廓形状的唯一因素。当前问题可重新描述为：在[0,360°]内，是否存在角度 γ_z，使得将其代入式(5-11)并与式(5-12)联立求得物体的六自由度位姿时，该位姿对应的投影区域轮廓与某候选轮廓具有足够高的相似度？若存在，则认为 $\theta_z=\gamma_z$；否则就排除该候选轮廓。针对此问题，本节提出一种基于轮廓匹配的方位角搜索方法，主要过程如下：

步骤1　在[0,360°]内按照某特定规则取值为 γ，并代入式(5-12)得到旋转矩阵 $\boldsymbol{R}$。

步骤2　利用 $\boldsymbol{R}$ 以及式(5-11)中的平移向量 $\boldsymbol{t}$，将目标物体的CAD模型在OpenGL环境中进行离屏渲染。

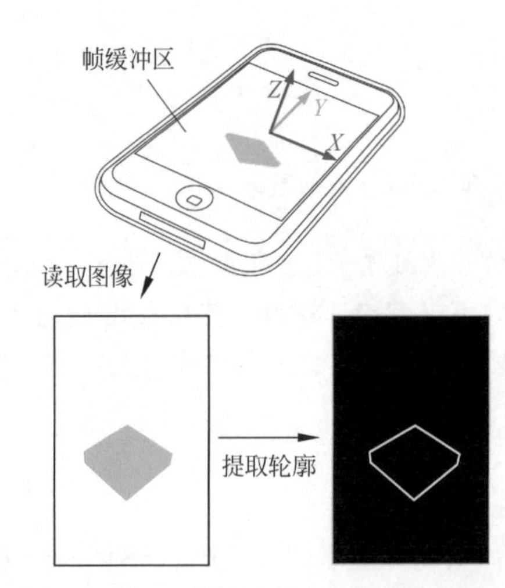

图5-11　CAD模型渲染与轮廓提取过程

步骤3　从帧缓冲区中读取渲染图像，进行处理后提取外层轮廓，如图5-11所示。

步骤4　将提取出的轮廓与5.4.1节中的候选轮廓进行比对并计算相似度，若相似程度高于预先设定的阈值则认为 $\gamma_z=\gamma$ 并结束算法，否则返回步骤1。

在步骤1中笔者提到按照某种“特定规则”进行取值，自然地，比较容易想到的一种方式是采用遍历的方法以固定角度为间隔（间隔大小取决于精度要求）对[0,360°]内的所有取值进行尝试匹配，但很明显这种方式并不高效。针对此问题，本小节提出一种快速搜索方法。已知的是，物体在方位角改变的过程中其投影区域轮廓

的形状变化是难以预测的，更无法用数学形式统一精确表达，但我们注意到以下规律：

(1) 若两个方位角之间的距离(差值的绝对值)足够小，则与它们相对应的两个投影区域轮廓的形状可近似看作相同；

(2) 两个轮廓之间的形状相似程度与其相对应的方位角之间的距离近似成反比。

假设我们把方位角 γ 当作自变量，把与 γ 对应的物体投影区域轮廓和候选轮廓之间的相似度 S 作为函数值，即建立函数关系

$$S = f(\gamma) \tag{5-13}$$

基于上述规律，可以推测该函数曲线的大致走向应该与抛物线类似，如图 5-12 所示(根据本章采用的形状匹配算法，越小的 S 值代表越高的相似程度，详见后文)。首先以 30° 为间隔在[0,360°]范围内取值并进行匹配运算，则可以计算得到 12 个点对(γ_i, S_i)，其中 $\gamma_i = i \cdot 30°, i=0,1,\cdots,11$。假设 12 个点中 S 取值最小的点为$(\gamma_{\min}, S_{\min})$，若 $S_{\min}$ 仍然大于某阈值则认为此候选轮廓不是与目标物体对应的投影区域轮廓并舍弃，否则可初步认为

$$\gamma_z \in \begin{cases} [-30°, \gamma_1], & \min = 0 \\ [\gamma_{11}, 360°], & \min = 11 \\ [\gamma_{\min-1}, \gamma_{\min+1}], & \text{其他} \end{cases} \tag{5-14}$$

同时令

$$S_i = \begin{cases} S_{11}, & i = -1 \\ S_0, & i = 12 \\ S_i, & i = 0,1,\cdots,11 \end{cases} \tag{5-15}$$

然后对$(\gamma_{\min-1}, S_{\min-1})$、$(\gamma_{\min}, S_{\min})$、$(\gamma_{\min+1}, S_{\min+1})$三点进行抛物线拟合，以此

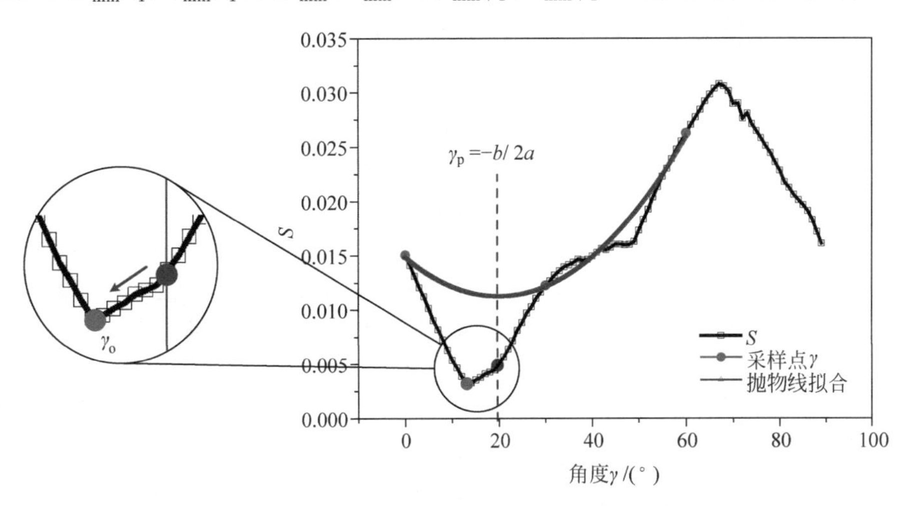

图 5-12　基于抛物线拟合的方位角快速搜索

来大致模拟函数曲线(5-13)的局部走向。根据抛物线的标准方程,可得到区域内的极值点为

$$\begin{cases}\gamma_{\mathrm{p}}=\dfrac{-b}{2a}\\ a=\dfrac{(S_{\min-1}-S_{\min+1})(\gamma_{\min-1}-\gamma_{\min})-(S_{\min-1}-S_{\min})(\gamma_{\min-1}-\gamma_{\min+1})}{(\gamma_{\min-1}-\gamma_{\min})(\gamma_{\min-1}-\gamma_{\min+1})(\gamma_{\min+1}-\gamma_{\min})}\\ b=\dfrac{S_{\min-1}-S_{\min}-(\gamma_{\min-1}+\gamma_{\min})(\gamma_{\min-1}-\gamma_{\min})a}{\gamma_{\min-1}-\gamma_{\min}}\end{cases} \tag{5-16}$$

需要注意的是,这里求得极值点 γ_{p} 并不是为了直接确定 γ_z,而是为了快速定位到 γ_z 的邻近区域,缩小搜索范围。如图 5-12 所示,笔者使用迭代法在 γ_{p} 附近继续搜索 S 的极小值：设置一个步长变量 γ_{step},从 γ_{p} 开始以 γ_{step} 为步长对 γ_z 进行逼近,同时根据计算得到的 S 值对 γ_{step} 进行动态调整(加权值 w),即

$$\begin{cases}\gamma_0=\gamma_{\mathrm{p}}\\ \gamma_{i+1}=\gamma_i+\gamma_{\mathrm{step}}, \quad i=0,1,2,\cdots\\ \gamma_{\mathrm{step}}=\gamma_{\mathrm{step}}\cdot w, \quad S(\gamma_{i+1})>S(\gamma_i)\end{cases} \tag{5-17}$$

当 γ_{step} 或 $S(\gamma_{i+1})$满足预设的阈值条件时算法终止,即 $\gamma_z=\gamma_{i+1}$。

采用这种方法,一般只需要几十次匹配运算即可找到满足条件的方位角,极大地提高了算法效率。

需要特别说明的是,在对轮廓进行匹配的过程中,本节采用标准中心矩对轮廓的形状进行相似度评估。

5.4.3 平移参数校正

通过轮廓匹配的方法确定方位角后,代入式(5-12)即可得到旋转矩阵 $\boldsymbol{R}$。本小节主要对前文的平移参数进行校正,以得到最终的位姿信息。在 5.4.1 节中已经提到,当物体位于直线 L_{c} 上并且姿态信息 $\boldsymbol{R}$ 已知时,不同的深度值仅影响着投影区域的面积大小,而并不影响投影区域的形状,因此我们暂时任意给定了一初始深度值 z_{m},在确定姿态信息后只要找到投影区域的面积与物体深度之间的对应关系即可对深度值进行校正。但是对于任意形状的投影区域,往往难以用数学表示对其面积进行定量描述。考虑到投影区域的形状不随深度值变化,笔者采用拆分思想解决此问题。如图 5-13 所示,根据微积分理论,曲线 $y=f(x)$在定义域范围内与坐标轴围成的区域面积可表示为无穷多矩形面积之和,即

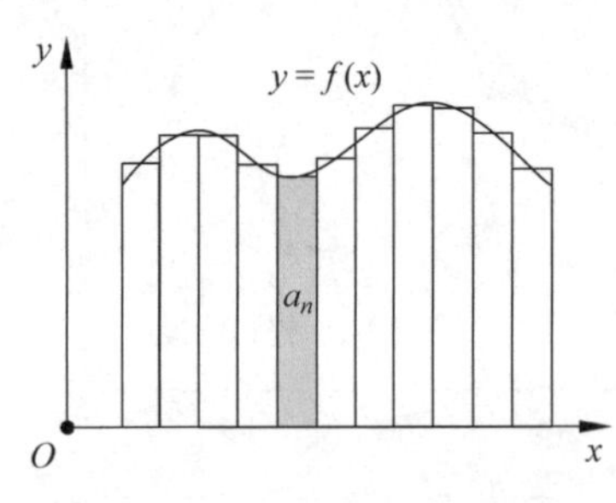

图 5-13　将任意区域的面积表示为无穷多矩形面积之和

$$A=\sum_{n=1}^{\infty}a_n \tag{5-18}$$

基于此,我们可以把当前问题转化为寻找单个矩形面积 a_n 与深度值的关系。由图 5-14 中的几何关系容易得到

$$a_n=x_n\cdot y_n=2z_{\mathrm{i}}\tan\theta_x\cdot 2z_{\mathrm{i}}\tan\theta_y=4z_{\mathrm{i}}^2\tan\theta_x\cdot\tan\theta_y \tag{5-19}$$

式中,

$$\tan\theta_x=\frac{w_n}{2z_{\mathrm{o}}},\quad \tan\theta_y=\frac{h_n}{2z_{\mathrm{o}}} \tag{5-20}$$

则式(5-18)可重写为

$$A=\sum_{n=1}^{\infty}a_n=\sum_{n=1}^{\infty}\frac{w_nh_nz_{\mathrm{i}}^2}{z_{\mathrm{o}}^2} \tag{5-21}$$

式中 w_n 与 h_n 为由物体形状决定的常量,z_{i} 为固定值。也就是说,物体投影区域的面积与其深度值的平方成反比。根据此结论,可将初始深度值 z_{m} 由下式校正为 z'_{m}:

$$\frac{A_{\mathrm{m}}}{A_{\mathrm{c}}}=\frac{(z'_{\mathrm{m}})^2}{z_{\mathrm{m}}^2} \tag{5-22}$$

式中 A_{m} 为在初始深度值 z_{m} 下物体的投影区域面积,A_{c} 为从输入图像中实际检测到的投影区域面积。将 z'_{m} 重新代入到式(5-10)中即可获得准确的平移参数 t。

至此,三维空间物体在摄像机坐标系下的六自由度参数已全部确定。

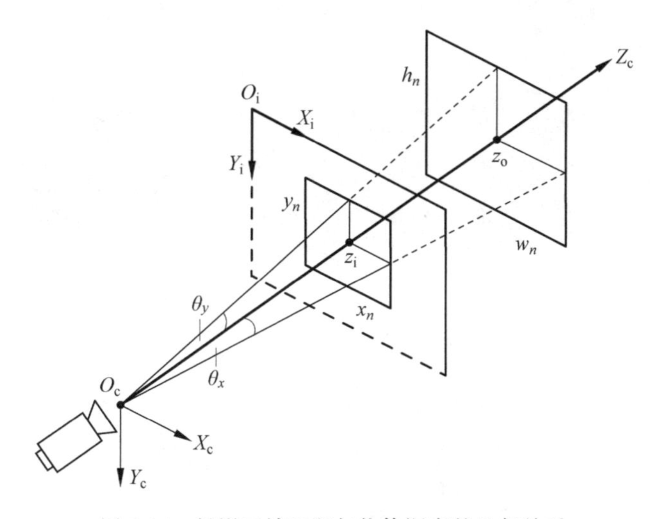

图 5-14　投影区域面积与物体深度的几何关系

5.4.4　实例分析

本节实验采用配备有 1.3GHz CPU、1GB RAM 和 8MP 摄像头的 iPhone 5 作为硬件平台,摄像头采集图像分辨率设置为 960×540,摄像头内参数事先已标定好。

本节涉及的图像处理算法，例如灰度转换、高斯滤波（size＝5×5，sigma$X$＝sigma$Y$＝1.5）、Canny 边缘检测（thresh1＝0，thresh2＝250，aperturesize＝3）、轮廓提取（retrievalmode＝CV_RETR_TREE）等，均采用 OpenCV 标准库实现。提取出的轮廓通过面积阈值 1500～300 000 进行初步筛选。在式(5-17)中，笔者设置 $\gamma_{\text{step}}=-6°$[γ_{step} 的符号由 $S(\gamma_{i+1})$动态确定]，$w=0.25$。如果$|\gamma_{\text{step}}|=0.25°$或者 $S(\gamma_{i+1})<0.003$ 则结束迭代过程。

实验中线框模型在注册过程完成后被绘制叠加到输入图像上，用来与图像中的物体进行位姿比对以验证注册效果。

图 5-15 展示了本节方法的主要过程及注册效果。其中图 5-15 (a)～(e)分别展示了轮廓提取、平移参数预估、旋转矩阵求解、方位角求解以及平移参数校正过程，图 5-15(f)、(g)则展示了注册效果。需要特别说明的是，本章方法采用离屏渲染对 CAD 模型进行绘制并从帧缓冲区中提取绘制结果，这一过程理应是不可见的。但为了清晰地展示方法细节，笔者在实验过程中特意采用了屏幕渲染模式（一定程度降低了计算效率）。

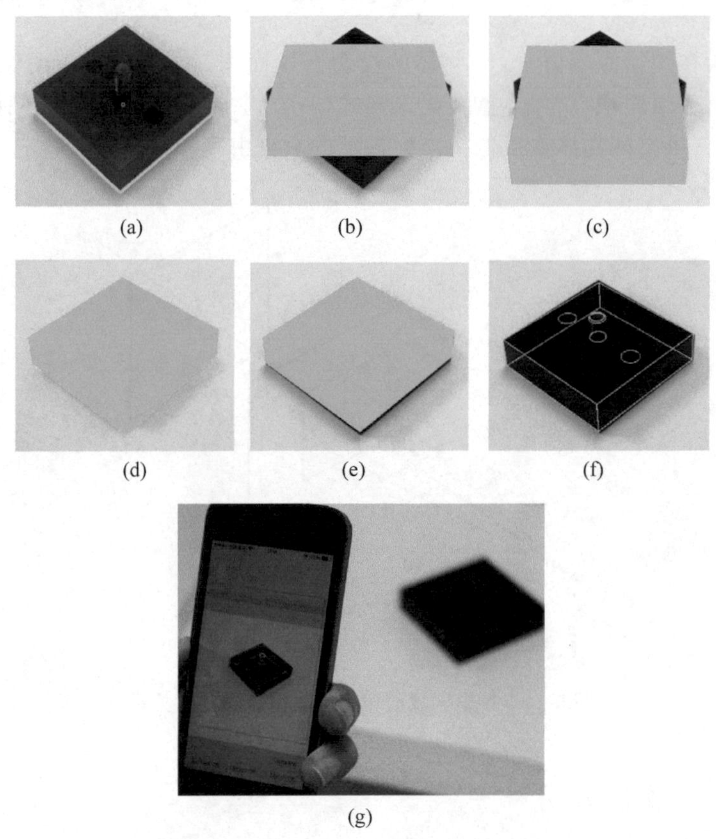

(a) (b) (c) (d) (e) (f) (g)

图 5-15 基于轮廓特征的注册方法分步示例

(a) 轮廓提取；(b) 平移参数预估；(c) 旋转矩阵求解；(d) 方位角求解；(e) 平移参数校正；(f) 注册结果；(g) 设备实际运行效果

此外,为了进一步验证本节方法的有效性,我们针对若干不同形状、不同结构的零部件进行注册实验,如图 5-16 所示。

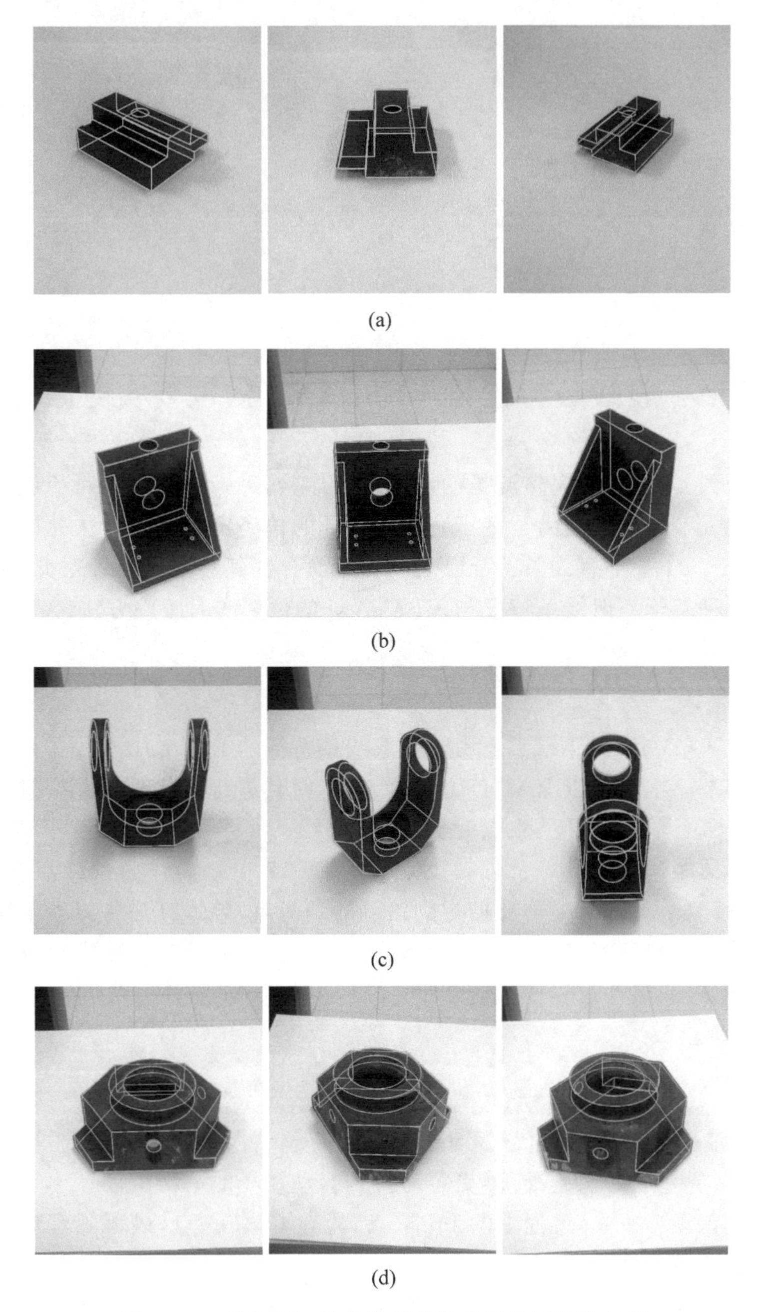

图 5-16　不同形状、结构的零部件轮廓特征注册实例

(a) 立方体结构; (b) 肋型结构; (c) 曲面结构; (d) 多边形结构; (e) T 型结构

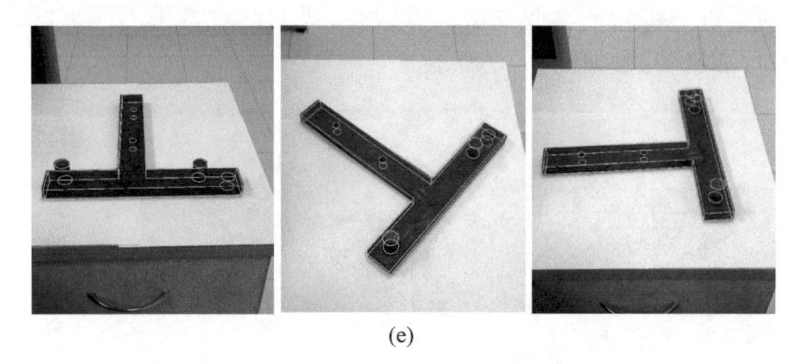

(e)

图 5-16 （续）

5.5 基于一般线条特征与 VI-SLAM[①] 的位姿实时跟踪方法

前文提到，为了获得完整流畅的增强现实体验，每一帧都需要对相机位姿进行解算。在 5.3 节中我们提出了基于直线条特征的位姿实时跟踪方法并取得了良好效果，但对于 5.4 节中直线条特征匮乏的场景尚存在其局限性。针对此问题，本节我们介绍一种基于一般线条特征与 VI-SLAM 的位姿实时跟踪方法。

5.5.1 RAPiD 方法优化

在 5.3.1 节中我们介绍了适用于一般线条特征的 RAPiD 方法，并且分析了原始方法的弊端。本小节以 RAPiD 方法为基础，对其进行优化改进，主要包括：

(1) 沿梯度方向搜寻预测点时保留多个候选[13]。在原 RAPiD 算法中，笔者仅搜寻并保留距离最近的一个强梯度点（如图 5-17 中 q_{i1}）作为预测点，但由于图像噪声、环境复杂等因素很可能搜寻到错误的预测点，导致算法鲁棒性下降。本文同时保留多个强梯度点作为预测点的候选（q_{i1}, q_{i2}），采用非线性优化方法替代线性近似方法，并在迭代过程中结合 Huber、Tukey 等 M 估计方法削弱错误数据的影响，即求解

$$(\boldsymbol{R}, \boldsymbol{t}) = \arg\min_{\delta(\boldsymbol{R}, \boldsymbol{t})} \sum_i \rho_{\text{Tukey}}(\min_j \text{dist}(\text{Proj}(m_{wi}; (\boldsymbol{R}, \boldsymbol{t})), m_{nij})) \tag{5-23}$$

(2) 控制点筛选。在迭代过程中，控制点与预测点正确匹配的数量占比越大，则位姿计算结果越稳定、越准确，更容易得到抖动较小的平滑位姿。本文在每次迭代收敛后只保留 M 估计过程中的 Inlier 点，抛弃 Outlier 点，最大限度地提高正确匹配所占的比例。

(3) 控制点更新。初始控制点是在某个特定位姿下从目标物体的表面线条中

① VI-SLAM：visual-inertial simultaneous localization and mapping，VI-SLAM，视觉惯性同时定位与地图构建。

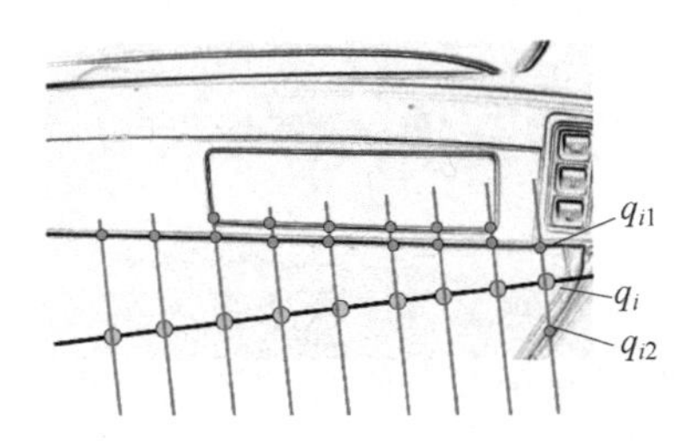

图 5-17　改进的 RAPiD 算法：在控制点邻域内进行 1D 搜索时保留多个预测点候选[13]

提取的，但随着摄像机视角的移动，物体位姿开始发生变化，当该变化量较大时控制点的覆盖范围会显著缩小(一些控制点因为遮挡而不再可见)，导致错误匹配的数量增加。针对此问题，本文记录摄像机视角的移动轨迹，当检测到与上一关键帧的位姿变化大于一定阈值时，算法自动基于当前视角重新选择一批控制点并更新到跟踪流程中，该帧也被设置为新的关键帧。

5.5.2　基于线条特征与 VI-SLAM 的混合跟踪

通过改进方案，跟踪方法已经具有一定的鲁棒性，但仍然难以应对设备快速、大幅运动，且当目标物体脱离画面时算法失效。而结合 IMU 传感器的 VI-SLAM 方法恰好能解决此类问题，且很适合当前的移动终端设备。但 IMU 设备长时间运行会引起误差累积进而导致"漂移"产生。本小节同时引入这两种方案进行优势互补，实现混合跟踪。具体地，完成初始化注册后，将两种跟踪方法放入两个线程中分别工作，在利用物体本身线条特征的同时借助整个场景的视觉特征进行全局跟踪，并且在同一尺度下以相机坐标系为参照基准进行坐标融合。当物体本身的位姿发生变化或 IMU 产生漂移时，利用线条跟踪结果对 VI-SLAM 系统进行校正。相应地，VI-SLAM 在设备快速运动、目标物体脱离画面时仍可对其位姿保持大致估计，可辅助实现跟踪恢复(将 VI-SLAM 跟踪结果作为物体位姿的初始估计，物体回到画面后自动重启初始化注册流程，实现闭环)。

5.5.3　实例分析

视频
DEMO

本节实验采用配备有 3.1GHz CPU、6GB RAM 和 12MP 摄像头的 iPhone 12 pro 作为硬件平台，摄像头采集图像分辨率设置为 1280×720，摄像头内参数已事先标定。笔者分别对汽车、火星着陆器、电脑主板进行拍摄，以 60Hz 帧率实时采集图像进行计算，验证本节方法。其中绿色与红色部分为以解算所得位姿绘制的 CAD 模型的线框模型，以此与实际物体的位姿进行对比(红色代表尚未初始化成功，绿色表示已初始化成功并且正在进行实时跟踪)。完整的视频 DEMO 可参考文献[14]。

5.6 基于线条特征的增强现实装配辅助原型系统

基于本章算法，笔者所在课题组尝试将增强现实技术应用于工业产品的装配过程中进行辅助引导，开发了基于线条特征的装配辅助原型系统。在此过程中我们发现将技术应用于实际场景中时尚有许多工程问题需要优化、解决，例如线下阶段依靠人工对大批量的零部件进行线条控制点采集十分繁琐，初始化注册的准确率和速度需要提高等。本节针对这些问题简要介绍相应的解决思路。

5.6.1 基于移动终端触控交互的线条模型及控制点自动提取

早期的 RAPiD 方法需要人工预先在待跟踪物体的 CAD 模型表面手动采集控制点，效率较低。近年的增强现实商业公司如 Metaio(已被苹果公司收购)、VisionLib、Vuforia 等使用软件解决此问题，需要用户先将模型导入到专用的桌面端软件中进行处理生成线条数据，然后将数据下载到移动端，同时要求用户手动调整设备位姿使线条与实物相似、相近，初始化过程会自动触发并随即进行实时跟踪。这种方式每次只能提取出某固定视角的线条模型，且要求用户须处于某一特定位置操作设备才能完成注册。为了提高注册的准确率和速度，本节也采用基于模型引导的初始化注册方式，但不同的是笔者结合计算机图形/图像相关技术，实现基于移动设备的任意位姿便携注册。首先，将目标物体的 CAD 模型显示于移动设备的屏幕中央，用户根据观察到的当前实际物体的位姿状态，可即时通过手势交互对模型进行旋转、平移、缩放操作，使其与实际物体位姿相似。交互完成后，算法自动记录模型的位姿参数，并配合模型渲染引擎的深度图(Z-buffer)提取模型上的三维边缘信息(采用 Laplace 算子)，便于引导用户进行对齐操作且作为后续注册算法的基础数据。

同时，笔者提出一种控制点自动采样/提取方法：在上一步提取完三维线条模型后，直接在其投影上进行等间隔采样(由算法自动完成，且使控制点的投影分布更均匀)，然后以相机中心为起点进行反向投影，向采样点发射射线，计算其与 CAD 模型表面的交点，作为三维控制点供后续阶段使用。为了提高鲁棒性，可同时结合交点投影处的颜色信息求取该点梯度幅值，只保留幅值足够大的点作为候选控制点，以保证该点在后续的视频帧处理过程中能稳定地被检测出来。

5.6.2 基于线条模型引导的快速准确初始化

当用户手持设备使目标物体在图像中的位置与线条模型足够靠近时，算法自动进入初始化阶段，如图 5-18 所示。在后续相机视频流的每一帧内，在线条模型（实际上是模型的投影）附近进行邻域搜索。当引导成功时，大部分模型线条都可在邻域内搜索到对应的投影线条，以此建立可能的 2D-3D 对应关系，此时注册问题转化为类 PnL 问题，可配合 RANSAC 方法求解。但为了避免干扰线条带来的误匹配，还需对该位姿进行校正。由于已知目标物体的实际位姿与其已经比较接近，因此可使其作为初始值，以最小化线条间的距离为目标，采用非线性优化算法（LM、GN 等）对前述位姿进行校正。解得位姿参数后，将三维线条进行重投影，根据重投影误差对位姿进行评价，评分满足预设标准的位姿才被作为最终的初始化结果。

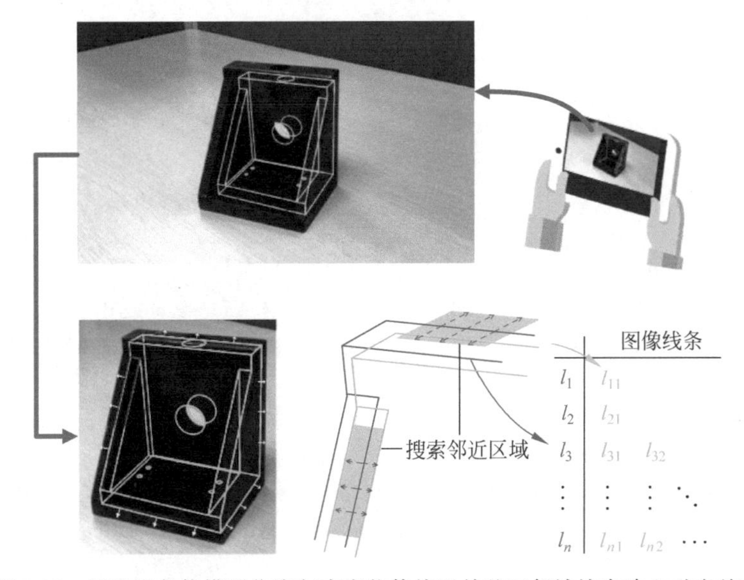

图 5-18　调整设备使模型位姿与真实物体接近并基于邻域搜索建立对应关系

5.6.3　原型系统

结合本章方法及本节的优化措施，笔者开发了基于线条特征的增强现实装配辅助原型系统。该系统基于 iOS 平台开发，用户仅需将 CAD 模型导入程序即可，不需借助任何其他独立软件。启动时 CAD 模型会被渲染于图像上方，用户依据当前视角下的目标物体位姿通过手势触控调整模型位姿使二者接近即可，控制点会被自动提取并进入初始化及实时跟踪流程。如图 5-19 所示为装配辅助原型系统用于汽车离合器片装配过程中的界面截图，装配引导信息通过三维模型和文字同时提供。系统性能还需在后续研究中继续完善。

图 5-19　桑塔纳 2000 离合器片装配辅助原型系统截图

参考文献

[1] SHAHROKNI A, VACCHETTI L, LEPETIT V, et al. Polyhedral object detection and pose estimation for augmented reality applications[C]//Proceedings of IEEE Computer Animation, 2002, 65-69.

[2] MIKOLAJCZYK K, ZISSERMAN A, SCHMID C. Shape recognition with edge-based features[C]//British Machine Vision Conference (BMVC'03). The British Machine Vision Association, 2003, 2: 779-788.

[3] DAVID P, DEMENTHON D. Object recognition in high clutter images using line features [C]//Tenth IEEE International Conference on Computer Vision, 2005, 2: 1581-1588.

[4] BLESER G, WUEST H, STRIEKER D. Online camera pose estimation in partially known and dynamic scenes[C]//IEEE/ACM International Symposium on Mixed and Augmented Reality, 2006, 56-65.

[5] KOTAKE D, SATOH K, UCHIYAMA S. A fast initialization method for edge-based registration using an inclination constraint[C]//IEEE International Symposium on Mixed and Augmented Reality, 2007, 1-10.

[6] KIM G, HEBERT M, PARK S. Preliminary development of a line feature-based object recognition system for textureless indoor objects[J]. Recent Progress In Robotics: Viable Robotic Service To Human, 2008, 370: 255-268.

[7] TRUONG H, SUKHAN L, JANG S. Model-based recognition of 3d objects using intersecting lines [C]//IEEE International Conference on Multisensor Fusion and Integration for Intelligent Systems, 2008, 656-660.

[8] QIU Z, WEI H. Line segment based man-made object recognition using invariance[C]// International Joint Conference on Artificial Intelligence, 2009, 460-464.

[9] LU Z, LI Y, WANG J, et al. 3D object recognition using line structure [C]//3rd International Conference on Digital Image Processing. International Society for Optics and Photonics, 2011: 800916-800916-5.

[10] ZHANG L L, XU C, LEE K, et al. Robust and efficient pose estimation from line

correspondences[M]//Computer Vision-ACCV 2012. Berlin Heidelberg: Springer, 2012: 217-230.

[11] ÁLVAREZ H, BORRO D. Junction assisted 3d pose retrieval of untextured 3d models in monocular images [J]. Computer Vision and Image Understanding, 2013, 117 (10): 1204-1214.

[12] LEPETIT V, FUA P. Monocular model-based 3D tracking of rigid objects: A survey[J]. Foundations and Trends in Computer Graphics and Vision, 2005, 1(1): 1-89.

[13] VACCHETTI L, LEPETIT V, FUA P. Combining edge and texture information for real-time accurate 3d camera tracking[C]//Third IEEE and ACM International Symposium on Mixed and Augmented Reality, 2004: 48-56.

[14] PENGFEI H. Edge-based real-time tracking for mobile AR on iPhone[EB/OL]. (2020-12-09)[2020-12-9]. https://www.bilibili.com/video/BV1vK41137Gd.

第6章

内核引擎与开发平台

内核(kernel)技术,有时也称为引擎(engine)技术,一般指的是用于实现某一个特定功能的开发包,提供便捷、高效的 API 接口供外部应用程序调用。对于虚拟现实应用的开发,常用的内核技术包括几何造型内核、绘制引擎和动力学引擎。

开发平台是基于多个内核技术(引擎技术)构成的复杂系统,能够为应用程序的开发提供全流程的支持,方便开发者快速构建、调试和部署应用程序。本章主要介绍虚拟现实和增强现实用到的内核引擎以及常用的开发平台。

6.1 内核引擎

6.1.1 几何造型内核

几何造型内核是建模软件最核心的基础部分,是创建仿真模型的基础。目前,主流的几何造型引擎有 4 个:Parasolid、ACIS、OpenCASCADE 和 OpenNURBS。前两者是商业引擎,后两者是开源引擎。

1. Parasolid

Parasolid 是英国 ShapeData 公司开发的几何造型引擎,它的前身是剑桥大学 CAD 实验室的第一代实体造型软件 Romulus。该公司后被一家美国公司收购。Parasolid 是一个严格的边界表示的实体建模内核,支持实体建模、通用的单元建模和集成的自由形状曲面建模。Parasolid 后来又被美国 CAD 公司 UG 收购。目前 Parasolid 由西门子公司实际控制[1],UG、Solidworks、SolidEdge 等采用 Parasolid 作为几何造型内核。

2. ACIS

ACIS 是美国 Spatial Technology 公司推出的三维几何造型引擎[2],ACI 分别是 ACIS 的三位开发者姓名的首字母缩写,而 S 取自实体(solid)的首字母。这三位开发者其实就是 Parasolid 的开发者。ACIS 对 Parasolid 进行了较大改进,采用面向对象技术构建了实体和曲面通用建模平台,它集线框、曲面和实体造型于一体。ACIS 采用 C++ 编程,有着较高的计算效率。目前 ACIS 由达索公司实际控制，AutoCAD、MDT、Inventer、Microstation 等采用 ACIS 作为几何造型内核。

3．OpenCASCADE

OpenCASCADE(OCC)是由法国马特拉(Matra)公司开发的内核[3]，主要用于曲面造型，是目前应用最广的开源几何造型内核。OCC 主要用于开发二维和三维几何建模应用程序，还可以应用于制造、分析、仿真领域。基于 OCC 开发了一个开源的几何造型系统 FreeCAD[4]。

4．OpenNURBS

OpenNURBS 同样是一个开源的几何造型内核[5]，主要用于参数曲面的建模。OpenNURBS 目前由 Rhino3D 公司维护。

6.1.2　绘制引擎

绘制引擎是用于场景的绘制，实现基本的光照、纹理、阴影以及 LOD、光线追踪等高级绘制效果的内核。绘制引擎是 OpenGL 函数的封装，并提供高级接口，方便开发者使用。许多商业软件都有自己的绘制引擎，在虚拟仿真领域，目前主流的开源绘制引擎包含：OpenSceneGraph、VisualizationToolKit。

1．OpenSceneGraph

OpenSceneGraph(OSG)是由 Robert Osfield 主导开发的一款基于节点和场景管理的图形渲染引擎[6]，主要实现图形场景管理和图形渲染绘制等功能。OSG 采用 C++开发，在图形绘制方面使用工业标准 OpenGL 进行底层渲染，支持多款平台开发，包括 Windows、Mac OS X 和大多数类型的 UNIX 和 Linux 操作系统，目前的版本还支持 iOS 和 Android 移动端的开发。OSG 作为一款开源的图形绘制引擎，得到了全球各地爱好者的认可和支持，目前有 200 人左右的团队进行维护。

OSG 是对 OpenGL 绘制函数的进一步封装，采用模块化的方式对代码进行组织，不管是使用 OSG 进行虚拟现实开发，还是从底层学习 OSG 设计架构，都为用户提供了一种很好的方式。OSG 源码从整体上可以分为 3 个模块：OSG 核心库、OSG 工具库、OSG 插件库。

1）OSG 核心库

OSG 核心库是 OSG 的核心，主要用于实现绘制场景的组织和管理，以及对场景图形的操作和进程间的调度等。它主要由以下几个子模块组成：

osg 库：提供了渲染绘制的基本功能，包括场景节点管理、图形绘制、渲染管理、智能指针、矩阵操作等。

osgViewer 库：提供了 OSG 绘制的视窗管理功能，可以实现 OSG 与各种 GUI 的窗体系统。

osgDB 库：数据读写库，提供场景中绘制模型的读写功能。

osgUtil 库：OSG 提供的通用工具类库，包括场景的更新、裁剪、遍历、数据统计、优化、法线生成等功能。

osgGA 库：提供一个与操作系统不相关的 GUI 抽象接口，为绘制场景提供一个可交互的操作器，用于在不同平台下的场景交互操作。主要包含外部设备的响应操作和场景的交互操作。外部设备包括键盘、鼠标、手柄等。场景操作器包括轨迹球操作器（trackball manipulator）、地形操作器（terrain manipulator）、飞行操作器（flight manipulator）、驾驶操作器（drive manipulator）等。用户可以对外设响应和操作器进行自定义。

2）OSG 工具库

osgAnimation 库：场景动画库，用于场景动画的管理。支持通过编程实现的动画，也支持从外部导入的动画。

osgFX 库：特殊节点效果库，用于特效节点的渲染，目前包括 6 种常用的节点特效：各向异性光照特效（anisotropic lighting）、凹凸贴图特效（bump mapping）、卡通渲染特效（cartoon）、外轮廓特效（outline）、刻线特效（scribe）、镜面高光特效（specular highlights）。用户也可以实现自定义的节点特效。

osgManipulator 库：场景中模型交互操作器，用于用户对场景中模型的交互操作，主要实现用户对场景中模型的旋转、平移、缩放等基本操作及其复合操作。

osgParticle 库：粒子系统效果库，用于模拟多种粒子效果，包括雨、雪、雾、烟、火、爆炸等。

osgPresentation 库：用于模仿幻灯片演示的三维场景库。

osgShadow 库：阴影节点库，用于向场景中的节点添加阴影效果，提高场景绘制的真实感。包含了常用的两种阴影实现技术：阴影映射（shadow mapping）和阴影体（shadow volume）。

osgSim 库：用于场景中节点的运动仿真，包括光源节点仿真、地形高程图仿真、DOF 节点变换等。

osgTerrain 库：地形库，用于地形数据的读取和管理，支持 TIF、IMAGE 和 DEM 等各种高程数据格式。

osgText 库：文字节点库，用于向场景中添加一维、二维和三维文字信息。

osgVolume 库：体绘制库，用于实现体绘制效果，包含 3 种体绘制技术：Fixed Function 体绘制、Multipass 体绘制和 RayTraced 体绘制。

osgWidget 库：UI 控件库，为场景界面提供二维、三维控件。

3）OSG 插件库

OSG 插件库是 OSG 提供的用于读写第三方软件生成模型的工具，提供了大量第三方插件，可以读取常见的建模软件所导出的模型，也能够很方便地将绘制场景中的模型转换为其他格式的模型。这种方式使得 OSG 仅需要关注绘制场景本身，而将建模工作交给更专业的第三方工具来完成，并且通过插件的方式实现不同格式模型的读写操作，节省了大量的建模工作。OSG 插件库具有可扩展性，用户还可以根据自身的需求进行定制开发。

2．VisualizationToolKit

VisualizationToolKit（VTK）是一个开源的、跨平台的、可用于处理图形图像的可视化工具包[7]。VTK是由美国通用（GE）公司的三位研究人员：肯·马丁（Ken Martin）、威尔·施罗德（Will Schroeder）和比尔·洛伦森（Bill Lorensen）共同开发的，并于1998年创建了Kitware公司来维护VTK的发展。

VTK主要用于模型的三维可视化，这里的模型不仅是图形学中的模型，还包含图像模型。此外，VTK还可以对模型进行处理。VTK除了支持传统的面绘制之外，还支持体绘制，广泛地应用于医学图像可视化。VTK在建筑学、气象学、医学、航空航天等方面都有着大量的应用，能够实现模型的真实感绘制。另外，VTK支持并行计算，能够对大规模数据进行实时绘制。VTK同样采用C++面向对象编程，并且支持多种脚本开发，包括Tcl/Tk、Java、Python。

VTK通过可视化管线（visualization pipeline）的方式完成模型的绘制。可视化管线是一种以数据流形式将模型进行传递，最终实现绘制的方式。从维度方面考虑，数据包含一维数据、二维数据、三维数据以及高维数据；从数据的表达方面考虑，数据包含结构化网格数据、多边形数据、非结构化点阵数据、非结构化网格数据等。可视化管线在每一个阶段接收数据，并对数据处理之后，将数据传递至下一个阶段。输入的数据可以是单个或者多个，同样处理之后输出的数据也可以是单个或者多个。可视化管线是VTK绘制的核心，采用这种方式，模型能够在绘制的每一个阶段进行自定义控制，从而实现不同的绘制效果。

VTK能够实现多种绘制效果：

(1) 对CT、MRI和超声扫描数据进行体绘制。通过调节传递函数，能够清楚地观察到扫描数据的内部组织。

(2) 对空气、水流、烟雾等流体数据进行绘制。能够对流体数据进行动态可视化。

(3) 对有限元数据进行绘制。能够对物理、热、电磁等有限元结果进行可视化绘制。

(4) 张量数据绘制。能够有效地对高维数据进行可视化。

(5) 网格数据绘制。能够对常见的网格模型进行可视化。

Kitware公司在VTK的基础上，开发了多个开源平台，并成功地应用到了各行各业。

(1) Insight Toolkit（ITK）是基于VTK开发的跨平台用于图像分析的工具包[8]。目前主要用于医学图像的分析和处理，可以实现图像的增强、分割、校正、重构等。

(2) ParaView是基于VTK开发的跨平台数据分析和可视化工具[9]，支持桌面式环境、网页环境、沉浸式环境等。可以对结构分析、流体力学、天体物理学、化学等领域的模型进行可视化。借助于 VTK 并行的优势，可以在超级计算机上对大型数据进行可视化。

6.1.3 动力学引擎

在虚拟现实开发中，为了更好地模拟模型在真实世界中的运动，需要引入物理引擎(动力学引擎)，通过对模型赋予真实的物理属性(质量、速度、加速度等)来计算模型在场景中的运动、碰撞等。目前常用的物理引擎如下。

1. Bullet

Bullet 是一个跨平台开源的物理引擎[10]，支持目前主流的多种平台：Windows、Linux、MAC、Playstation3、XBOX360、Wii。支持三维碰撞检测、刚体动力学、柔体动力学。目前主要应用于游戏开发、电影后期制作。

2. ODE

OpenDynamicsEngine(ODE)是一款开源的刚体动力学库[11]，主要包含刚体动力学和碰撞检测。支持常见的物理运动模拟：单摆运动、汽车运动、球体碰撞等。ODE 上手简单，开发快速，可移植性好，具有一定的鲁棒性。

3. Havok

Havok 是一款商业的物理学引擎[12]，最初是为游戏开发设计的，用于满足游戏中真实世界的模拟。2007 年被英特尔(Intel)公司收购，商业物理学引擎领域形成了 Havok 与 NVIDIA 支持的 PhysX 两强相争的局面。

Havok 同样支持 Windows、Linux、MAC、XBOX360、PlayStation3 等全平台开发，支持实时碰撞计算、动力学约束求解等。还能够通过对多核多线程的 CPU 进行优化来提供物理模拟效果的计算效率。采用 CPU+GPU 的方式对爆炸效果进行模拟，能够逼真地模拟爆炸效果。支持人体动作模拟，能够真实地模拟人类的站、走、跳、蹲、卧倒、侧倾等动作。支持布料模拟，能够模拟常见的柔性物体，例如衣服、裙子、头发、尾巴、横幅、植物等。

4. PhysX

PhysX[13] 最初由 5 名年轻的技术人员开发，2008 年被 NVIDIA 收购，NVIDIA 对 PhysX 引擎进行了重构，使得 PhysX 能够很好地支持 NVIDIA 公司的 GPU 进行加速。PhysX 支持刚体模拟、布料模拟、毛发模拟、碰撞检测、流体力学等。尽管 PhysX 同样支持 Windows、Linux、MAC、XBOX360、Playstation3 等全平台开发，然而随着被 NVIDIA 公司的收购，PhysX 被当作 NVIDIA 显卡的卖点，在一定程度上限制了 PhysX 的应用。

6.2 开发平台

6.2.1 Unity 3D

Unity3D 是一款全面的专业的商业游戏引擎[14]，能够让用户快速创建三维视频游戏、建筑可视化、实时三维动画等，被广泛用于虚拟现实软件的开发。其开发环境采用交互图形化的方法，能够即时调试运行开发的虚拟现实应用，软件还能够通过编写脚本实现复杂逻辑，软件采用插件技术，能够对虚拟现实应用进行多方位扩展。Unity3D 能够实现一次开发，多端部署，能够将虚拟现实应用方便地发布至 Windows、Mac、Wii、iPhone、WebGL、Windows Phone 和 Android 平台。

Unity3D 采用组件的方式实现不同功能的耦合，常用的组件包含坐标变换组件(transform)、光源组件(light)、相机组件(camera)、地形组件(terrain)、粒子系统组件(particle)、特效组件(effect)、网格组件(mesh)、动力学组件(physics)、音频视频组件(audio，movie)、动画组件(animation)、寻路组件(navigation)。

6.2.2 Unreal Engine

虚幻引擎(Unreal Engine，UE)是由艺铂游戏公司(Epic)开发的世界知名的、应用广泛的专业游戏引擎[15]，与 Unity3D 瓜分了目前虚拟现实应用开发市场的一大半。与 Unity3D 一样，它也采用交互图形化的方式进行开发，同样支持丰富的脚本开发，也支持目前市场上的主流平台，有丰富的资源和第三方插件的支持。UE 也采用了组件架构，支持常用的组件，如音视频、灯光、动力学、动画等。

2015 年，Epic 宣布将虚幻引擎开源，用户可以免费使用 UE 进行高度定制化开发，虽然相比于 Unity3D 开发难度较大，但是 UE 具有更高的灵活性，并且能够根据显卡的性能，创建高品质的应用。

6.2.3 Metaio

Metaio 是 2003 年由大众的一个项目衍生出来的一家增强现实初创公司[16]，专门从事增强现实和机器视觉解决方案，公司创始人为托马斯 · 阿尔特(Thomas Alt)和彼得 · 迈耶(Peter Meier)，是大众的子项目之一。

2005 年，Metaio 发布了第一款增强现实应用 KPS Click & Design，支持用户将家具的三维模型“摆放”到客厅中进行效果预览。在此之后，Metaio 陆续发布多款增强现实产品，并在 2011 年赢得了国际混合与增强现实会议追踪比赛(ISMAR Tracking Contest)大奖。

Metaio 一直专注于基于机器视觉技术的增强现实解决方案，其中多项技术已被应用于玩具、汽车装配、航空制造等多个行业。Metaio 提供的产品涵盖了整个价值链的需求，包括产品设计、验证、制造、销售和客户支持。

2015 年 5 月，Metaio 被美国苹果公司收购。

6.2.4 Vuforia

Vuforia 是高通公司(后被 PTC 公司收购)的增强现实引擎[17]，它在早期版本中实现了基于平面图像或标识的三维注册方法，允许开发者预先制作平面标识或利用摄像头拍摄平面图像作为目标进行注册。从较新版本的 Vuforia 7 开始，产品引入了"目标模型"(Model Targets)功能，这是一种把数字内容叠加到现有的计算机视觉技术未能识别的对象中，通过"Model Targets"功能，数字内容可以叠加到如汽车、家电、工业设备和机械中。

同时，Vuforia 7 也扩展了智能地形功能。无论是室内还是室外，Vuforia 的地面识别(ground plane)功能可识别出特定对象的地平线，如把数字内容叠加到地面、地板或者桌面上。此外，Vuforia 7 的 Vuforia Fusion 是一个特别为全球范围内的设备提供最佳 AR 体验的平台，它致力于解决 AR 技术(包括摄像头、传感器、软件框架如 ARKit 和 ARCore)的碎片化问题。它可以感知底层设备的功能，并将其与 Vuforia 功能融合，让开发人员可以只需单个 Vuforia API 便能获得最佳的 AR 体验。同时，Vuforia Fusion 还将为 ARCore 和 ARKit 兼容设备带来 Vuforia 的功能优化。

6.2.5 ARKit

ARKit 是美国苹果公司在 2017 年全球开发者大会(Worldwide Developers Conference，WWDC)上推出的 AR 开发平台[18]。开发人员可以使用这套工具在 iPhone 和 iPad 等移动设备上创建增强现实应用程序。

ARKit 基于单目视觉惯性 SLAM 算法实现了对环境的实时跟踪，跟踪效果稳定，对抖动、快速移动有很强的抗干扰性。其同时具备检测水平面的功能，例如可识别地面、桌面等物体，并以此为基础搭建虚拟场景。

2018 年，苹果公司在 WWDC 上升级了 ARKit 套件，推出 ARKit 2.0。该版本提供了图片识别、竖直平面检测、三维物体识别、支持自动对焦、支持多人互动等新功能，使得 AR 体验得到进一步提升。

参考文献

[1] Parasolid. A geometric modeling kernel [EB/OL]. [2019-11-14]. https://www. plm. automation. siemens. com/ global/zh/products/plm-components/parasolid. html.

[2] ACIS. A geometric modeling kernel[EB/OL]. [2019-11-14]. https://www. spatial. com.
[3] OpenCASCADE. An open source software development platform for 3D CAD,CAM,CAE, etc[EB/OL]: [2019-11-14]. https://www. opencascade. com.
[4] Free CAD. A free and open source general purpose parametric 3D CAD modeler[EB/OL]. [2019-11-14]. https://www. freecadweb. org.
[5] OpenNURBS. An open source NURBS toolkit[EB/OL]. [2019-11-14]. https://www. rhino3d. com/opennurbs.
[6] OpenSceneGraph. An open source high performance 3D graphics toolkit[EB/OL]. [2019-11-14]. https://www. openscenegraph. org.
[7] VTK. Visualization Toolkit, an open-source, freely available software system[EB/OL]. [2019-11-14]. https://www. vtk. org.
[8] ITK. Insight Toolkit, an open-source, cross-platform system for image analysis[EB/OL]. [2019-11-14]. https://www. itk. org.
[9] ParaView. An open-source, multi-platform data analysis and visualization application[EB/OL]. [2019-11-14]. https://www. paraview. org.
[10] Bullet. A real-time collision detection and multi-physics simulation SDK[EB/OL]. [2019-11-14]. https://www. bulletphysics. org.
[11] ODE. An open source, high performance library for simulating rigid body dynamics[EB/OL]. [2019-11-14]. https://www. ode. org.
[12] Havok. A modular suite of software development kits for game engines with state-of-the-art physicssimulation[EB/OL]. [2019-11-14]. https://www. havok. com.
[13] PhysX. An open-source realtime physics engine middleware SDK[EB/OL]. [2019-11-14]. https://developer. nvidia. com/gameworks-physx-overview.
[14] Unity 3D. A cross-platform game engine developed by Unity Technologies[EB/OL]. [2019-11-14]. https://www. unity. com.
[15] Unreal Engine. A game engine developed by Epic Games[EB/OL]. [2019-11-14]. https://www. unrealengine. com.
[16] Metaio. A privately held Augmented Reality (AR) company that developed software technology and provided augmented reality solutions[EB/OL]. [2019-11-14]. https://www. metaio. com.
[17] Vuforia. An augmented reality software development kit (SDK) for mobile devices[EB/OL]. [2019-11-14]. https://www. vuforia. com.
[18] ARKit. An application programming interface (API) lets third-party developers build augmented reality apps[EB/OL]. [2019-11-14]. https://developer. apple. com/augmented-reality/.

第7章

VR/AR与数字孪生

数字孪生(digital twin)是近几年被广泛关注的研究热点,是一种新颖的虚实融合技术应用模式。它的核心理念是利用通信和虚拟仿真技术,在虚拟环境中构建与真实世界物理过程同步的孪生体。自2003年被首次提出之后,相关的研究和报道在逐年增长。数字孪生技术在制造领域的应用尤其受到关注,被认为是提升制造过程智能水平的重要途径。在当前产业升级,实现智能制造的大背景下,融合数字孪生与VR/AR技术具有一定的现实意义。

当前关于数字孪生的应用还处于探索阶段,在真实工业场景中大范围推广还有很多技术问题需要解决。本章首先详细描述了数字孪生技术的国内外研究现状,重点关注在制造领域的应用案例,展示了3个典型的应用案例:数控加工、航空线缆与支架装配、发动机装配,都体现了数字孪生技术与VR/AR技术的结合。

7.1 数字孪生简介

7.1.1 数字孪生的发展历程

数字孪生的概念最早是由美国佛罗里达科技大学的格里夫斯(Grieves)教授在2003年的课程讲授中提出的。最初始的概念比较简单,但也包含了几个基本元素:物理实物、虚拟物体以及它们之间的连接。在虚拟世界中构建一个真实世界的孪生体,进而在虚拟世界中实现对真实世界的监控、分析等操作。随后众多学者探讨了数字孪生在自己领域的应用。2015年之后,数字孪生相关研究的数量出现爆发式增长,新西兰奥克兰大学的Xun Xu和北京航空航天大学的陶飞于2019年分别发表了数字孪生相关研究的综述文章[1-2],梳理了在制造领域应用数字孪生的研究工作。当前的数字孪生在加工制造中的应用可以分为几大类:智能数控系统[3]、工艺规划[4]、智能生产线[5]、智能工厂[6]、产品装配[7]。还有很多知名企业参与研究,包括美国GE公司、德国西门子公司、ABB机器人、英国石油、IBM等。从这些应用案例可以反映出数字孪生技术在促进制造模式升级改造方面巨大的应用前景。但当前数字孪生技术还处于起步阶段,与大规模的应用还存在差距。

虽然当前对数字孪生概念模型的探讨论文很多,没有形成统一标准,但最核心的3个部分是被广泛认可的,即物理实物、虚拟环境、通信技术。陶飞提出了数字孪生的五维模型(物理模型、虚拟模型、服务模型、数据模型、连接模型),如图7-1所示。Xun Xu等提出了一种数字孪生的索引模型(reference model),如图7-2所示。核心思想与五维模型类似,一个完整的数字孪生系统需要物理实物、虚拟模型、通信这3个核心功能。

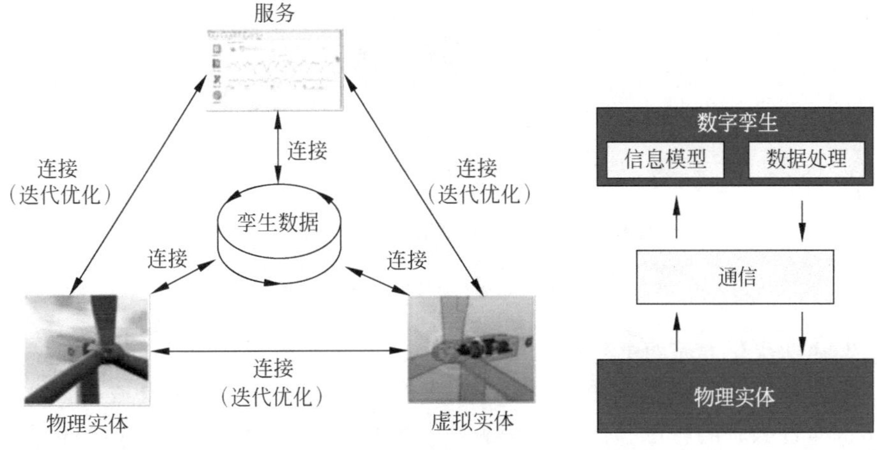

图7-1 数字孪生五维模型[8]

图7-2 数字孪生的索引模型[1]

7.1.2 数字孪生在制造中的应用

关于数字孪生在制造中应用案例的研究工作也有很多,笔者对已发表的相关论文成果进行了整理,并详细介绍几个典型的案例。这些数字孪生的应用案例也反映了当前数字孪生技术的发展现状。

美国的STEP Tools公司[3]开发了一种面向数控加工的数字孪生系统。该系统可以实时监控机床加工状态,并且成功地将多种标准化技术应用在数字孪生系统的开发中,包括STEP AP242、STEP NC AP238、MTConnect,其系统架构如图7-3所示[8]。在虚拟环境中集成了加工仿真、工步查询、刀轨展示等多项功能。但STEP Tools公司在演示中使用的加工零件比较简单,而且当前STEP-NC文件还没有被工业界大范围采用,因此该系统距离实际应用还存在差距。

美国北卡罗来纳州立大学的Yi Cai和Binil Starly等[4]提出了一种面向数控铣削的数字孪生系统,用于推测零件的表面粗糙度。他们在机床上安装传感器检测主轴的负载功率,并和加工工艺结合起来,将检测数据按照加工工步进行划分,然后分别分析表面粗糙度。

斯洛伐克布拉迪斯拉发技术大学的Vachálek Jan和Bartalský Lukas等[5]展示了一个结合数字孪生技术的智能加工生产线。他们在西门子的工厂仿真软件Plant Simulation中建立真实生产线的虚拟模型,获取真实设备的实时数据并保持虚拟模型与实际设备的状态同步,然后在仿真环境中检测关键动作的执行效率,进而提出优化生产线的策略。这个案例演示了数字孪生在生产线和工厂级别的设备

数字孪生

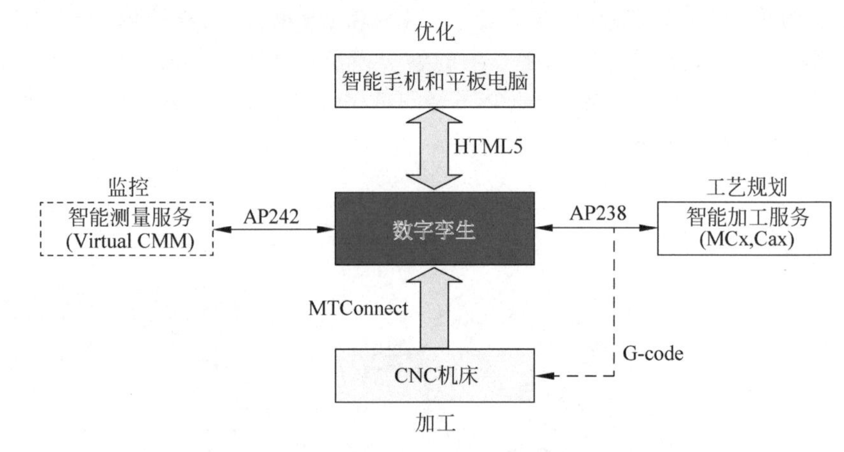

图 7-3　STEP Tools 公司的数字孪生系统架构

管理与协同优化方面的重要意义。

瑞典查尔姆斯理工大学的 Söderberg Rikard 和 Wärmefjord Kristina 等[7]将数字孪生技术应用在产品的装配中。结合现场测量数据与快速零件变形仿真方法，监测装配过程中的零件几何准确性。然后以保证装配的几何精度为目标，实时地优化装配控制策略。

上述案例反映了数字孪生在实现智能制造中的重要促进作用。笔者所在团队近年来从事理论数字孪生与 VR/AR 技术相结合的研究工作，研究成果应用在了数控加工、飞机装配和发动机装配中，取得了显著效果。

7.2　典型案例：数控加工中的数字孪生＋VR 技术

数控加工过程的虚拟仿真是 CAM 软件的一个内置功能，用于预先确定数控程序可能存在的问题。该项技术使用了 VR 的底层三维仿真功能来实现，可以划归为桌面 VR 技术的一种。数控加工仿真是构建数字孪生系统的关键技术。

7.2.1　数字孪生系统总体架构

数控加工中与数字孪生各个概念模型的对应关系是，物理实体是机床，执行加工任务，虚拟实体是构建于 VR 技术之上的虚拟加工仿真环境。虚实之间的连接使用了机床通信技术，保证虚拟实体可以同步地获取机床的实时状态。该系统的架构如图 7-4 所示。其中加工过程虚拟仿真技术是系统的核心，应用了 VR 技术，可以在 PC 桌面环境中同步地展示数控加工过程。

使用基于 STEP-NC 标准的加工过程数据，虚拟仿真系统可以通过 STEP-NC 文件获取完整的加工工艺信息，用于监控加工过程以及保持仿真过程与加工过程的同步。STEP-NC 是下一代机床信息交换标准，相比于 G 代码可以包含更丰富的结构化信息,可以表达从 CAD/CAM 中导出的加工工艺全要素信息。

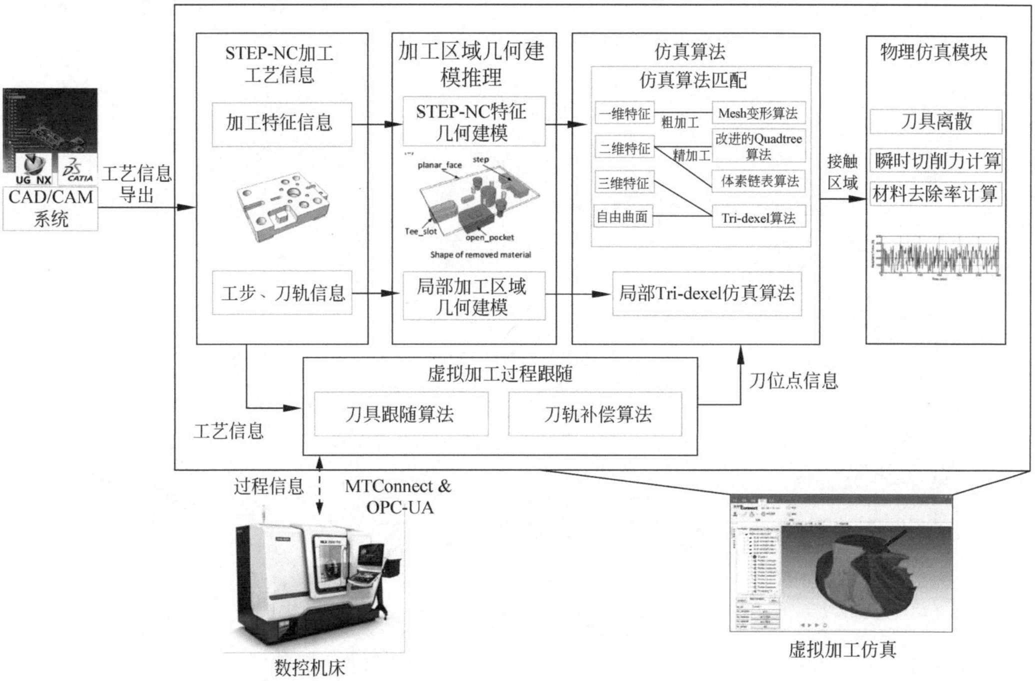

图 7-4　面向数控加工的数字孪生系统架构

通信技术采用了通用性强的 OPC-UA+MTConnect 的技术方案。该方案现在已经得到众多 CNC 系统的支持,可以从数控系统中获取 CNC 的运行状态,包括刀具位置、主轴功率等。所支持的 OPC-UA 通信技术的更新周期是 50～100ms,因此虚拟加工仿真需要在 50～100ms 之内完成毛坯几何形状更新,以保证虚实加工过程的同步。

7.2.2　加工过程几何仿真算法

三维可视化技术在几十年的发展过程中,出现了很多几何仿真方法。几何仿真关注于毛坯几何形状的变化,可以快速地计算出刀具切削之后的毛坯形状,用于验证刀具轨迹的正确性。几何仿真算法可以分为实体建模法和离散建模法。

实体建模是一种完备的 3D 模型表示方法,可以准确地描述 3D 模型的几何形状。罗切斯特大学的 Hunt 和 Voelecker[9] 于 1982 年最早提出将 CSG 建模方法应用于 2.5 轴数控铣削仿真中。随后加拿大麦克马斯特大学的 Spence[10] 等学者于 1994 年开发了一个基于 CSG 的仿真集成系统,但仅限于 2.5 轴铣削过程。美国学者 O'Connell 和 Jablokow[11] 基于刀具位置数据构建了加工零件的 B-rep 实体模型,用于 3 轴铣削仿真。早期的实体建模类的仿真研究多针对简单的加工过程,目的是表达被加工零件的几何模型。随着样条曲线曲面理论的发展,逐渐成为表达复杂刀具形状的工具。EI-Mounayri 等[12]于 1998 年使用贝塞尔曲线表示切削刃，与 B-rep 模型的工件几何形状进行布尔计算，可以精确地计算被移除的材料体积和接触区域形状。类似的研究工作还在不断发展中(图 7-5)。

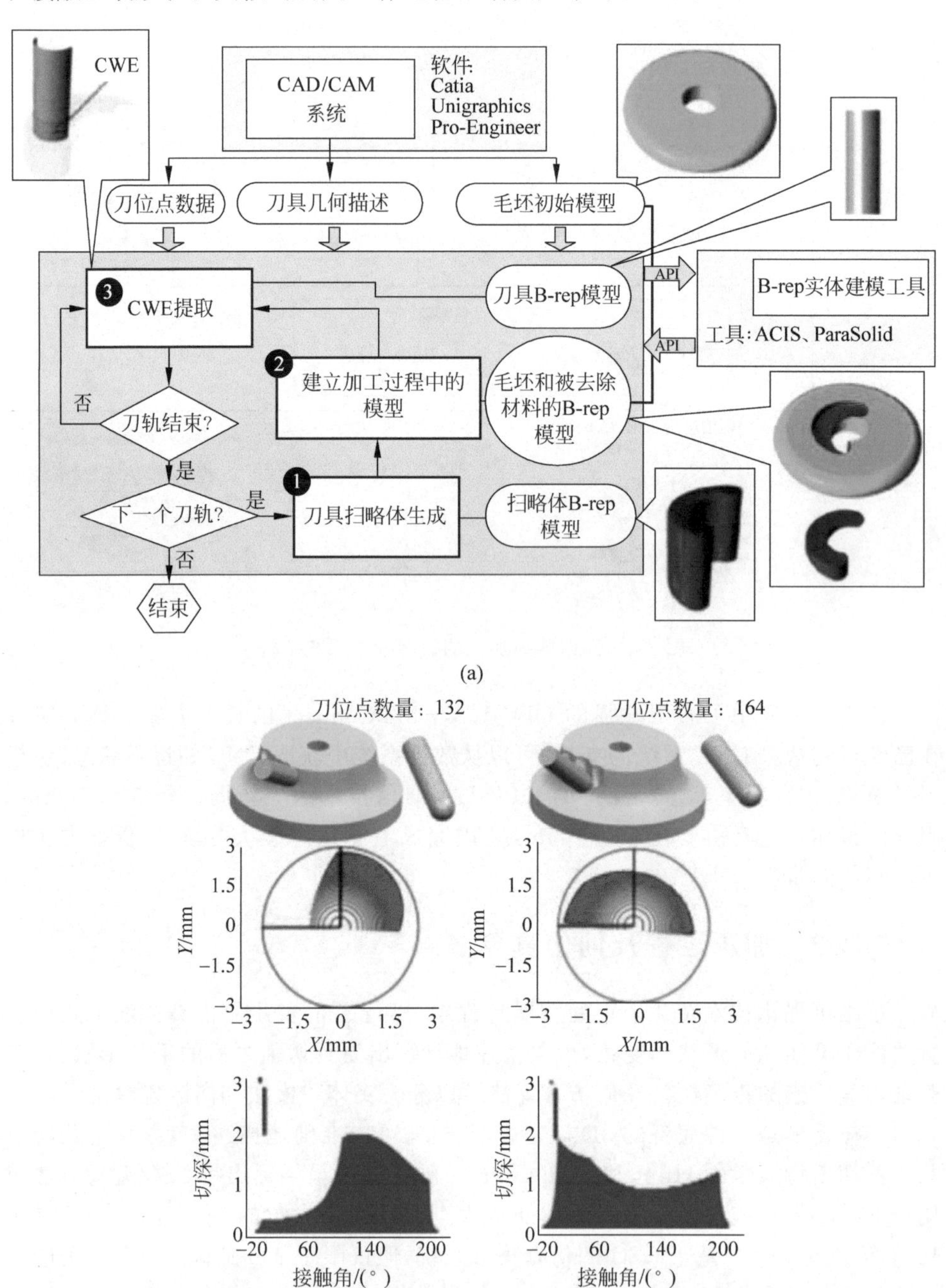

图 7-5　基于实体建模的加工仿真流程图与接触面计算

(a) 基于实体建模的加工仿真流程[13]；(b) 基于实体建模的接触面计算[14]

基于离散模型的加工仿真方法的核心思想是用有限的离散单元表达毛坯几何形状，进而简化刀具与毛坯之间布尔计算。常见的离散模型可分为三类：八叉树、Z-map、Z-buffer。如图 7-6 所示。八叉树（Octree）方法的核心思想是将毛坯递归地分割成立方体单元，并以树形结构组织立方体单元，方便快速定位相交的区域。经典的八叉树加工仿真方法可以参考中国台湾中正大学的 Hong Tzong Yau[15] 等的研究，在八叉树单元顶点上存储带符号距离值来隐式地表达毛坯的边界几何信息，然后应用移动立方体（marching cube，MC）算法生成用于三维可视化的网格模型。八叉树方法易于实现，但主要缺点是占用内存较多，不列颠哥伦比亚大学的学者 Joy[16] 尝试简化八叉树数据结构来解决这一问题。Z-map 模型的核心思想是用离散的平行线簇表示毛坯，线的高度可以依据刀具变化从而形成被加工后的几何形状，该方法最早是由剑桥大学的学者 R. O. Anderson[17] 于 1978 年提出。Z-map 原理简单，计算效率高，许多研究工作更多地关注于几何精度的提升。韩国国民大学的学者 Lee[18] 采用了倾斜采样方法，从而缓解错齿现象，改善可视化效果。Mujin Kang 等[19] 使用超采样技术增强 Z-map 算法，在相同离散精度下可以得到更高精度的结果。Z-buffer 方法也是一种离散建模方法，其借用计算机图形学中的深度缓存（Z-buffer）概念，使用图像空间中带有深度的像素点表示毛坯，每一个像素点称为 dexel。该方法的特点是布尔运算简单，仿真效率高。英国学者 Tim Van Hook[20] 于 1986 年最早提出了 Z-buffer 方法，并且实现了三轴加工仿真效果。随后康奈尔大学的学者 W. P. Wang 和 K. K. Wang[21] 给出了五轴加工中刀具

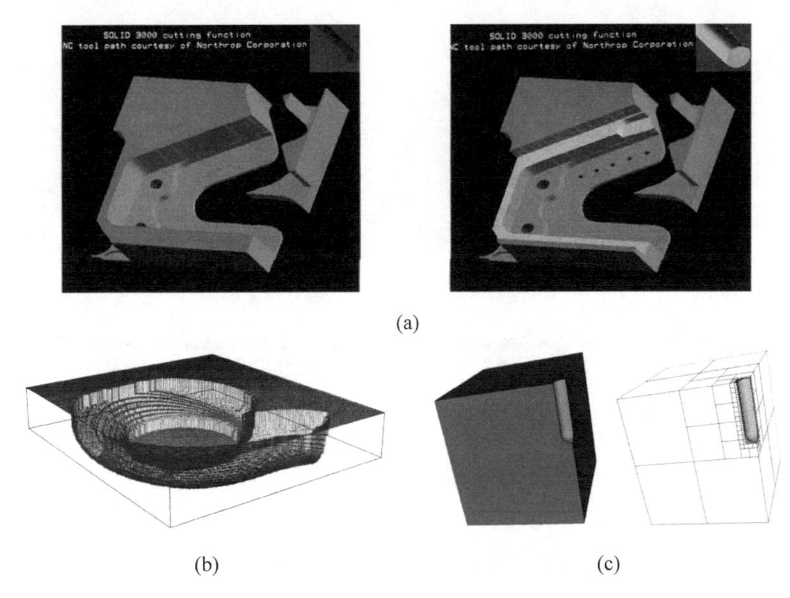

图 7-6　离散加工仿真的典型案例

(a) 基于 Z-buffer 加工仿真效果[20]；(b) 基于 Z-map 的加工仿真效果[17]；
(c) 基于八叉树的加工仿真效果[15]

扫略体几何形状的解析公式，实现了基于 Z-buffer 的五轴加工仿真。Z-buffer 方法的难点在于毛坯三维可视化，有许多研究工作在尝试解决这个问题[22]。Tri-dexel 模型是 Z-buffer 方法的重要变形，使用三组正交 dexel 模型表示毛坯形状，增加仿真精度，并且便于生成三角网格模型用于可视化[23]。

总体上，实体建模方法的计算精度是最高的，可以准确地计算刀具切触区域(cutter/workpiece engagement，CWE)和切削力，缺点是计算量过大，不适合仿真毛坯几何形状，更多地用于计算 CWE。离散方法可以在精度和效率上达到更好的平衡，也是当前商业加工仿真软件(Vericut，MasterCam)所选择的方法。

在该数字孪生系统中，实现了两种加工过程几何仿真算法：优化的基于 Tri-dexel 模型的仿真方法、基于加工特征实现的加工仿真方法。这里主要介绍第一种仿真方法，其更具有通用性。这类仿真算法使用了 Tri-dexel 作为离散化表示工件几何形状的模型。集合了 3 个 Z-buffer 数据结构，其方向分别沿着笛卡儿坐标系下 3 个主轴方向。该方法集合了基于八叉树的方法和基于 Z-buffer 方法的优点，即占用更少的内存的同时可以保证足够的仿真精度。

一个典型的基于 Tri-dexel 模型的仿真方法包含三个计算步骤。第一步由毛坯几何初始化 dexel 模型，第二步执行毛坯与刀具之间的布尔计算，第三步在 Tri-dexel 模型中生成可用于三维可视化的网格模型。在每一个获取 CNC 系统状态信息的循环中，第二步、第三步被不断执行，从而得到当前毛坯的正确形状。图 7-7 展示了一个典型的 Tri-dexel 建模过程。

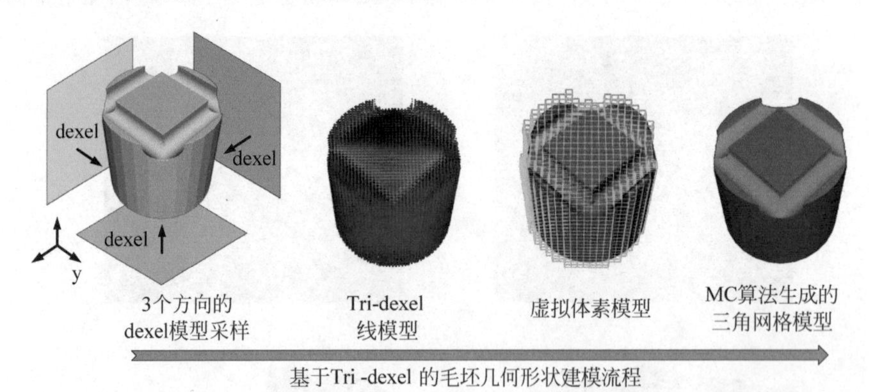

图 7-7　使用 Tri-dexel 模型实现的加工仿真流程图

为了使得参与到布尔计算的 dexel 模型的数量最少，使用刀具包围盒来缩小搜索范围。毛坯的包围盒规定了 dexel 模型构建的最大范围，在一个正方向上可以对每个 dexel 编制编号。这里假定 xy 平面上的 dexel 编号为 i-j 表示，yz 平面的编号用 j-k 表示，xz 平面的编号用 i-k 表示。刀具的包围盒也可以使用同样的编号体系进行表示。如图 7-8 所示，计算出刀具包围盒所对应的最大和最小的 dexel 编号，就可以找出每个方向上需要执行布尔计算的局部区域，可以节省计算资源。

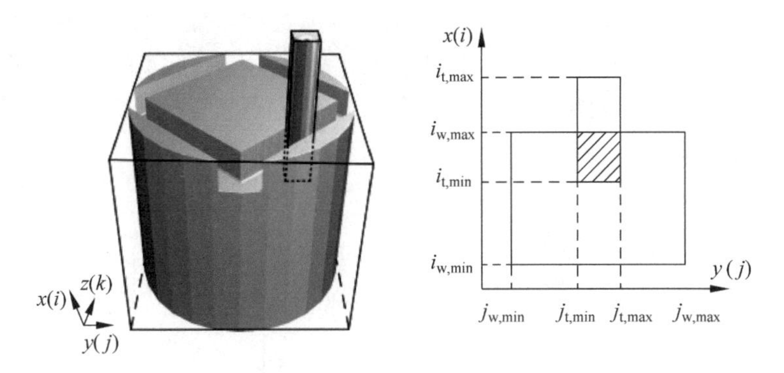

刀具与毛坯的相交情况

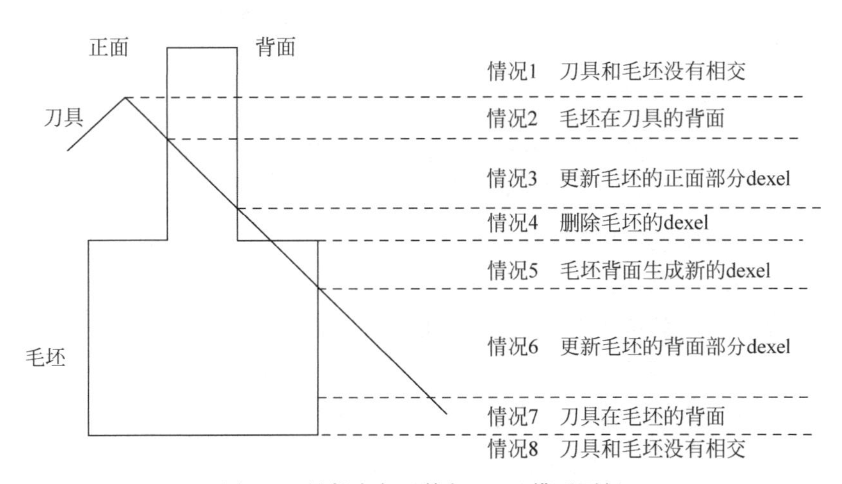

图 7-8　局部布尔运算与 dexel 模型更新

在执行布尔计算的过程中，判断每条 dexel 与刀具的位置关系。如图 7-8 所示，dexel 与刀具的位置关系存在 8 种情况，其中有 4 种情况 dexel 模型会被更新。新的 dexel 模型的近点和远点，都可以看作毛坯几何外形表面上的点。由于相交情况的判断限制在一维方向上，因此布尔计算效率很高，这也是基于 Z-buffer 模型的加工仿真方法的优势。

7.2.3　离散几何模型的三维可视化

生成 Z-buffer 模型的可视化模型是一项充满挑战的工作。早期研究的主要思路是生成毛坯几何的二维化图像。这类方法无法实现可交互的三维显示效果。而生成三维显示效果的关键是生成毛坯零件的三角网格模型。对于 Tri-dexel 模型，其生成过程比较特殊。这里提出虚拟体素的概念（virtual voxel），并结合经典的 MC 算法来生成三角网格模型。

毛坯的包围盒可以被分为一系列紧密排列的体素，一个体素的长度就等于两个相邻 dexel 的间隔距离。如图 7-9 所示，每个体素被赋予独立的唯一标识(i,j,k)。一个体素可能与 12 条 dexel 相关。图中给出了体素的唯一标识的计算公式。在程序实现上，为了快速定位体素，设计了一个 map 结构用来存储体素信息，其关键字使用体素唯一标识。

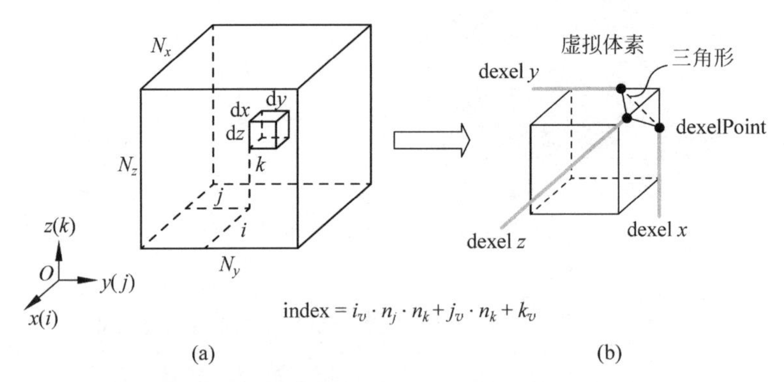

$$\text{index} = i_v \cdot n_j \cdot n_k + j_v \cdot n_k + k_v$$

(a) (b)

图 7-9 虚拟体素的编号以及与 dexel 模型的关系

(a) 体素与毛坯包围盒的位置关系；(b) 体素与 dexel 的关系

基于虚拟体素的数据结构，可以执行 MC 算法生成三角网格。根据体素的 12 条边被 dexel 顶点占用的情况，可以用一个整形标识来表达。使用该标识作为输入，MC 算法可以找到虚拟体素内部三角面片的顶点连接关系。连接关系可以分为 256 种，其中没有重复的情况，如图 7-10 所示。与传统 MC 算法不同的是，Tri-dexel 模型的优势是可以直接获取边占用情况，节省了计算量。

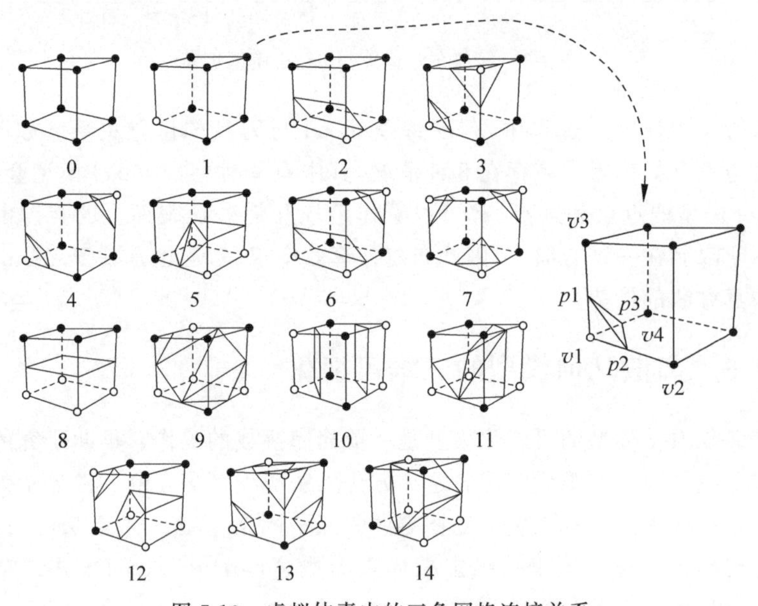

图 7-10 虚拟体素中的三角网格连接关系

对于动态的三角网格生成过程，最简单的更新策略是重建所有的三角网格结构。然而在一个仿真循环更新过程中，只有一小部分毛坯被刀具切削，因此需要更新的三角网格结构也只是一部分。为了实现局部更新，毛坯被分割为多个部分。

毛坯的分割子部分的个数和 MC 算法消耗的计算时间之间的关系如图 7-11 所示。随着子部分的数量增加，MC 算法的计算时间快速地下降。但是过多的分割毛坯并不会带来明显的效率提升，因此一般选择 8×8×8 的分割精度就可以满足数字孪生系统中与机床同步运行的需求。

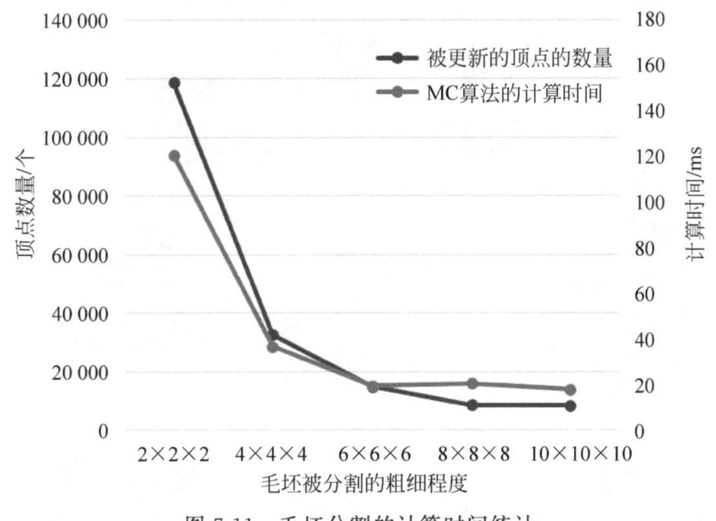

图 7-11　毛坯分割的计算时间统计

7.2.4　验证环境和典型零件

基于该系统，课题组开发了一套数字孪生软件——GrapeSim，在中国商用飞机的制造车间中得到了应用，验证了多个用于实际加工的零件。在实验中，加工过程的虚拟仿真计算通过各类优化措施，计算时间已经处于 50ms 以下，完全满足了数字孪生系统的虚实同步需求。如图 7-12 所示，所验证的零件包含了三轴加工和五轴加工，虚拟仿真的结果与实际被加工零件是一致的。

GrapeSim 软件中除了加工过程三维仿真之外，通过对数控系统的状态信息的分析，以及与理论加工工艺的对应，软件中可以评估加工过程，对一些关键指标进行推理。如图 7-13 所示，系统中可以获取的信息有：已完成的工步标识、加工时间、能耗、平均材料去除率、加工成本、表面粗糙度统计。

数控切削 1

数控切削 2

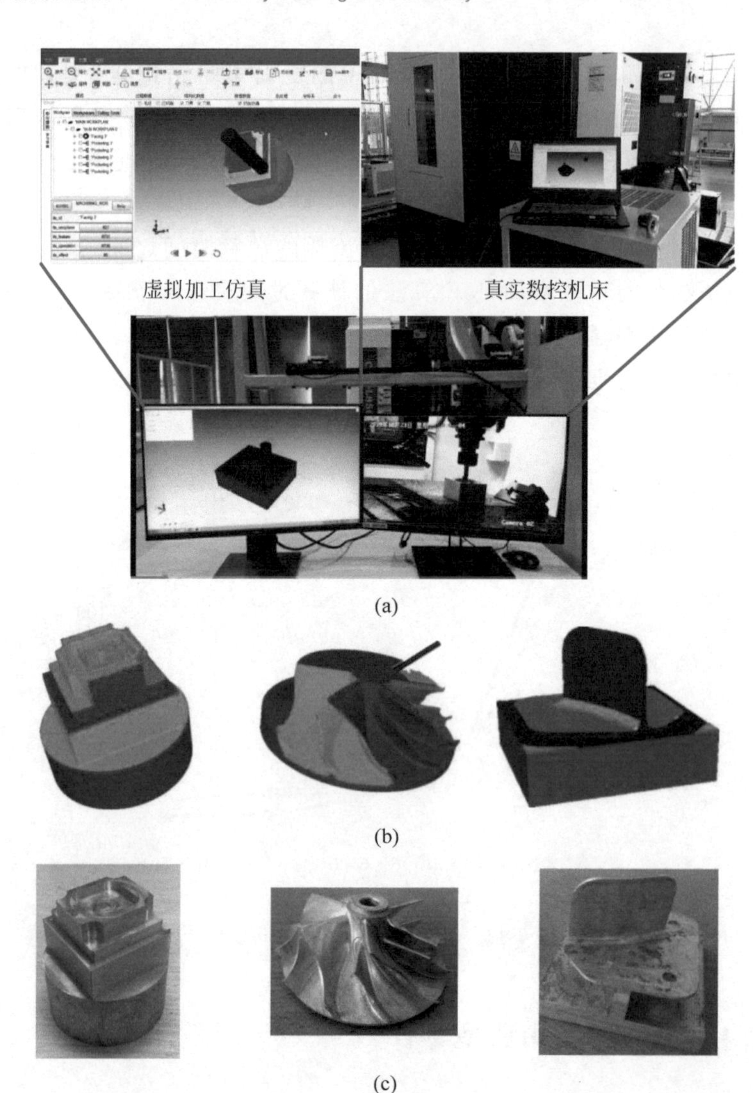

图 7-12 数字孪生系统的验证环境及虚实结果对比

（a）面向数控加工的数字孪生系统实验环境；（b）由加工仿真系统生成的被加工毛坯几何模型；（c）由数控机床加工生成的零件

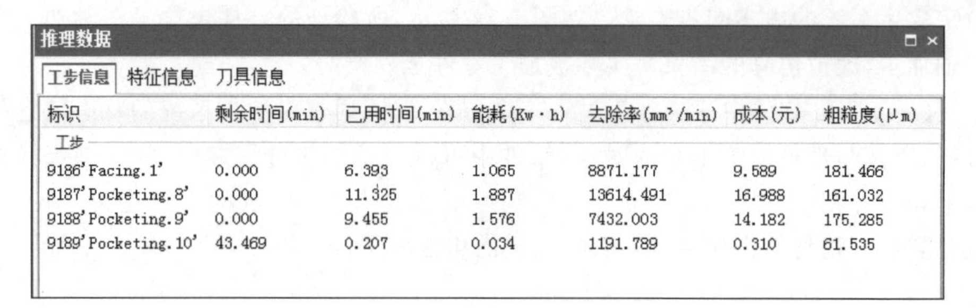
推理数据

工步信息　特征信息　刀具信息

标识	剩余时间(min)	已用时间(min)	能耗(Kw·h)	去除率(mm³/min)	成本(元)	粗糙度(μm)
工步						
9186'Facing.1'	0.000	6.393	1.065	8871.177	9.589	181.466
9187'Pocketing.8'	0.000	11.325	1.887	13614.491	16.988	161.032
9188'Pocketing.9'	0.000	9.455	1.576	7432.003	14.182	175.285
9189'Pocketing.10'	43.469	0.207	0.034	1191.789	0.310	61.535

图 7-13 加工过程关键指标推理结果

7.3 典型案例：飞机装配中的数字孪生+AR技术

飞机的分系统装配过程中，涉及的零件复杂，种类繁多，传统的纸质装配大纲对于装配人员的理解构成一定的挑战，而应用基于AR技术的辅助装配方法，可以帮助操作人员快速理解装配过程、辅助装配操作。另外，装配状态的监测对于保证装配质量非常重要，将AR技术应用于装配状态检测，可以构建其虚拟装配实体，与工艺要求进行比对，实现动态检测。这里介绍在中机身部段的系统件装配现场应用AR设备实现装配过程可视化展示技术，以及不同装配场景下的智能化辅助装配系统。该系统的功能包括AR环境下的航空线缆安装实时可视化指导，基于AR的支架安装状态检测，以及基于云服务器的集成控制技术。

7.3.1 基于AR的线缆接头装配过程可视化

基于AR的线缆接头安装辅助系统架构如图7-14所示。由于飞机上用到的线缆和接头种类极其繁多，需要参考图纸才能完成线缆和接头的安装。而线缆上的编号较小，人工辨认效率低，寻找安装孔效率也很低。因此在安装过程中自动辨认编号，定位安装孔，可以提高线缆接头安装的工作效率。

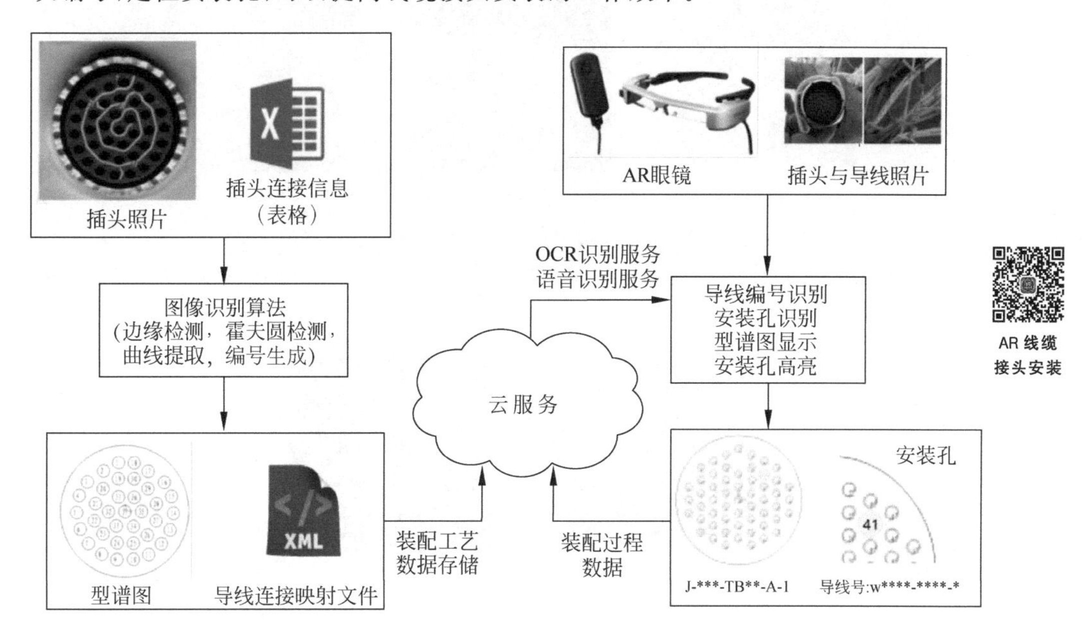

图7-14 基于AR的线缆接头安装辅助系统架构

基于AR的线缆接头安装辅助系统主要由两部分组成：数据库构建端和眼镜端。数据库构建端负责建立接头型谱图数据库，包含线缆和接头的对应关系，为眼镜端做数据准备。眼镜端负责在安装过程中显示线缆和接头信息与装配大纲中的核心步骤等，辅助工人完成线缆和接头的安装。

在数据库构建端，开发型谱图数据库构建软件，可以直接从接头的照片中提取信息，并利用 CAD 软件进行二次开发，绘制接头型谱图。首先通过图像算法提取照片中的接头型谱图信息，其计算过程如图 7-15 所示。在图像算法的开发中，提出了插头孔位小目标的检测网络，实现了对不同类别的孔位的高精度检测与识别。在识别到孔位的轮廓和编号引导线之后，就可以在程序中完成孔位编号的自动生成，产生的型谱图如图 7-16 所示。为了获得每一个孔位的编号，生成规范的型谱图，设计了无序孔位的分布排列算法。型谱图的生成利用了国产 CAD 软件 CAXA 提供的二次开发接口，在 CAD 中构建二维的准确型谱图。

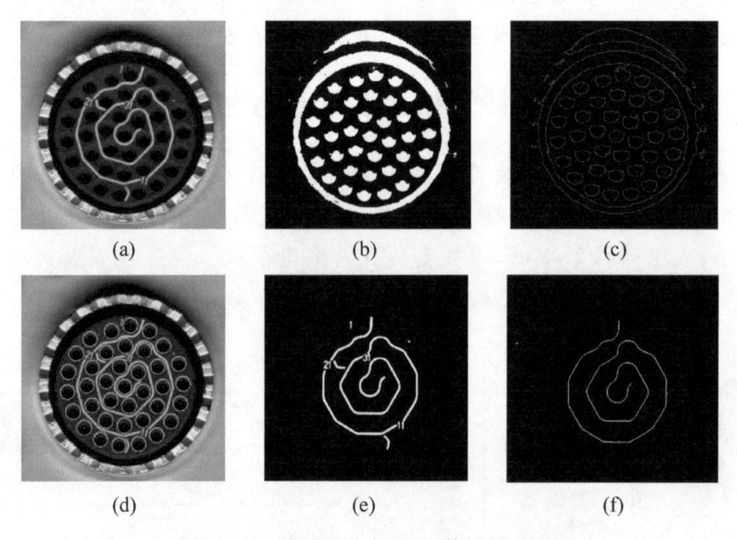

图 7-15　从照片中提取型谱图的过程

(a) 原始图像；(b) 灰度化、二值化；(c) 边缘检测；(d) 霍夫圆检测；(e) 二值化提取曲线；(f) 曲线提取

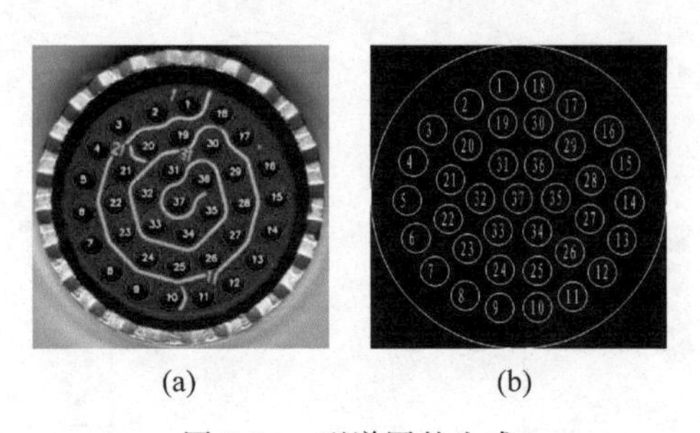

图 7-16　型谱图的生成

(a) 编号后型谱图；(b) CAXA 绘制型谱图

在操作人员佩戴 AR 眼镜执行装配操作时，其眼前展示的场景如图 7-17 所示。利用眼镜上的摄像机识别到线缆上的标号，然后与数据库中的装配工艺进行

匹配，找出正确的安装位置。这里识别编号的功能通过 OCR 相关算法实现，并且对于扭曲字体进行了特殊处理，保证了较高的识别精度。同时，操作人员还可以通过语音识别技术识别线缆编号。

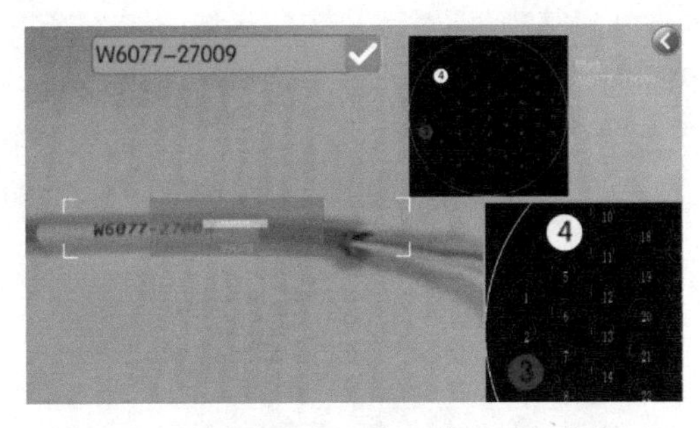

图 7-17　AR 眼镜中的装配信息可视化展示

在编号识别和型谱图构建的基础上，系统可以在 AR 眼镜中叠加显示二维的孔位频谱图，在其上高亮显示导线对应插孔，辅助导线接头安装过程。另外，还可以通过图像识别技术，对安装好的插头进行检查，实现错装导线的孔位和漏装导线的孔位的检错，在 AR 眼镜中展示检错警告。

7.3.2　基于 AR 的支架安装状态检测

支架的作用是固定线缆，它被安装在飞机机身壁板上，以保证线缆的正确走线路径。由于飞机的线缆支架种类繁多，安装过程繁琐，需要一种辅助监测对比装配状态的手段。在 AR 系统中实现采用基于图像处理的线缆支架识别功能，具有轻量、便捷、高效的特点。

基于 AR 的支架安装状态监测系统架构如图 7-18 所示。由于通过图像直接进行支架的三维模型匹配和监测需要很高的计算性能，而目前 AR 眼镜还无法满足这一要求，这里将其转化为二维图像处理的问题来解决。即预先将支架在各个角度生成二维图像，并在服务器中存储为图库。实际监测时，通过将拍摄的支架图

实物装配

装配仿真

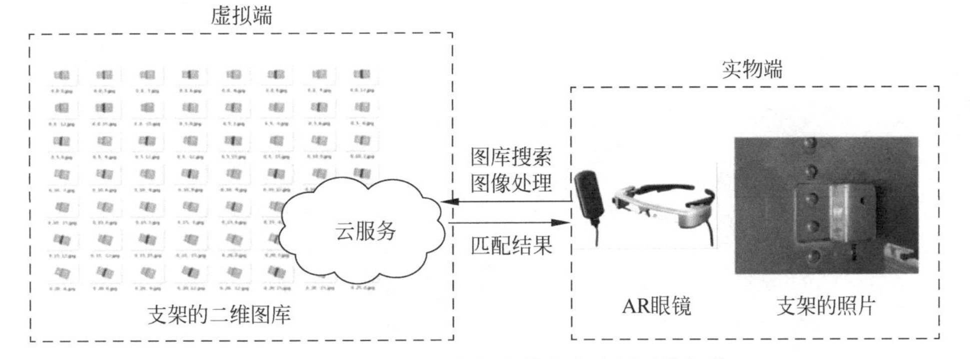

图 7-18　基于 AR 的支架安装状态监测系统架构

片进行图像处理，提取图像轮廓，计算轮廓矩，作为当前支架姿态的特征，输入到姿态数据库(图库)中进行 k 最邻近(k-nearest neighbor，kNN)搜索，查找到与其最匹配的姿态作为输出。

以单独支架状态监测为基础，面对整块装配区域的多个安装位置的支架，可以通过模板匹配的方法，识别整个区域的所有支架状态。如图 7-19 所示，首先分割装配区域的整体图像，将支架与壁板分离，然后检测每一支架的安装状态。查找装配工艺数据库，检查出漏装、反装及型号错误的问题，为现场操作人员提供安装状态的建议。

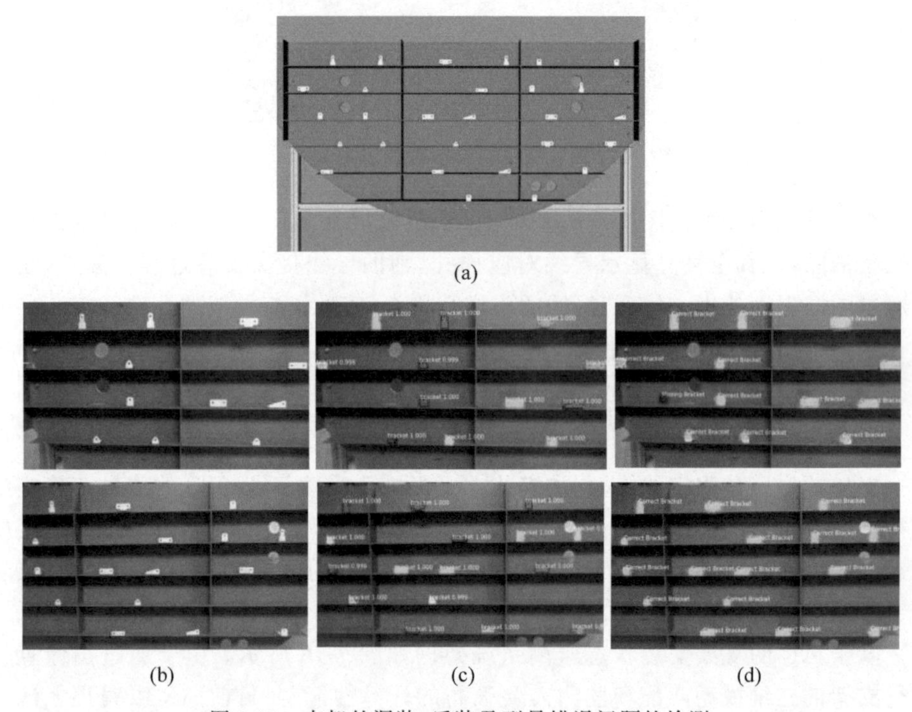

图 7-19　支架的漏装、反装及型号错误问题的检测

(a) 数据库中标准图；(b) 待检测图片；(c) 实例分割结果；(d) 安装状态检测结果

与工业机器人的结合，使得基于图像的支架状态识别技术不再局限于 AR 眼镜，可以实现自动化装配检测，减轻了操作人员负担。如图 7-20 所示，机器人的末

支架安装状态检测

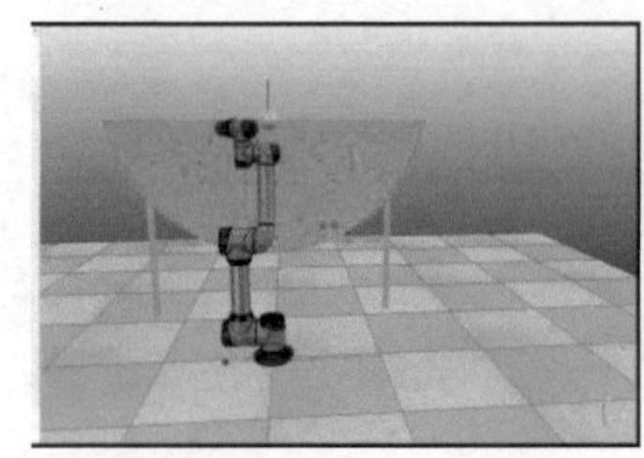

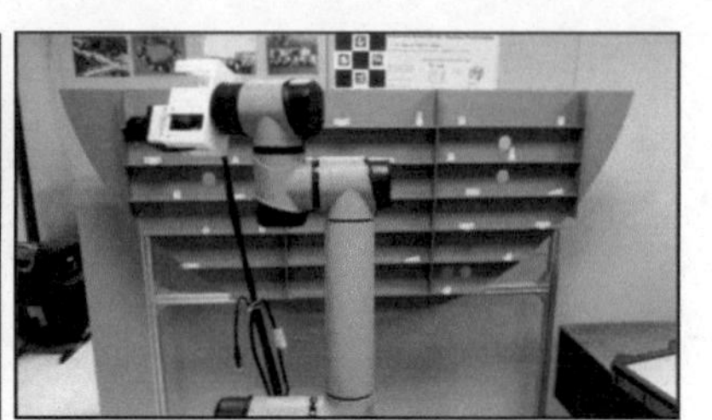

图 7-20　机器人自动化支架状态检测(仿真环境与实物对比)

端执行器安装有工业相机，可以拍摄支架的照片。在机器人虚拟仿真环境中，给定了支架位置，可以自动规划出机器人运动轨迹，实现控制真实机器人完成监测任务。

7.3.3 基于云服务的装配状态监控集成控制系统

受限于当前AR眼镜的计算能力不足和较小的存储空间，线缆接头装配和支架状态检测中，有很多功能和数据需要借助云服务来实现。如图7-21所示，云服务(GrapeServer)提供了多项功能，包括OCR、语音指令识别、支架图片监测、业务信息存储。云服务为AR智能眼镜的使用提供了有力支撑。

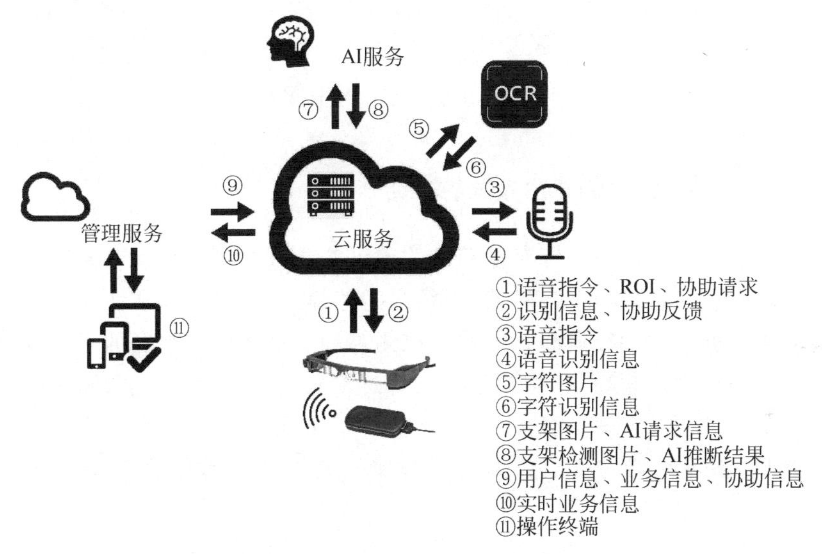

图7-21　基于AR装配的云服务架构

为了方便管理云服务中的功能，加入了管理服务(manager server)用于提供管理入口。采用浏览器/服务器模式提供后台服务，可以为用户分配管理员、观察者、监察者三种角色，并赋予不同的操作权限。管理员对系统所需信息进行维护，监察者对任务提供远程装配指导与监控，观察者对系统运行进行查看。由于在浏览器中可以完成所有操作，对云服务的管理不再受限于设备类型和工作地点。

7.4 典型案例：发动机装配中的数字孪生+VR技术

在航空发动机装配中，装配精度对于发动机的性能和可靠性有重要影响。而数字孪生与VR技术的结合，可以将装配现场的各类传感器数据与理论模型融合，实现发动机多元传感检测信息与工艺参数模型的数字化映射，形成发动机装配状态的动态感知能力。发动机装配信息融合与可视化软件系统架构如图7-22所示，在数字孪生子系统中，应用可视化技术在VR虚拟环境中融合装配工艺信息，多元传感测量数据。同时，测量子系统与数字孪生子系统保持状态同步，使得虚拟环境中可以保留完整的实物信息，用于分析装配工艺和装配质量。

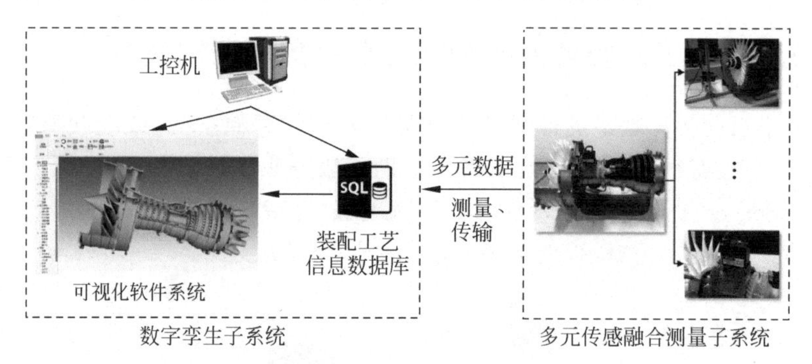

图7-22　发动机装配信息融合与可视化软件系统架构

7.4.1　多元传感融合测量系统

测量子系统实现了多类针对发动机关键工艺参数的测量技术。基于视觉图像识别技术，开发了高压涡轮转静子叶尖径向间隙检测工艺装备，在实验室环境下实现了发动机转静子叶尖径向间隙的动态检测与转子动态回转半径的关键参数检测(图7-23)。对于发动机整机，构建了多元传感检测网络，实现不同类型传感器相关测量参数的动态融合(图7-24)。在实验室环境下实现了多个关键装配工艺参数的同步测量，多传感器的测量数据可以被实时地同步于数字孪生子系统中进行处理。

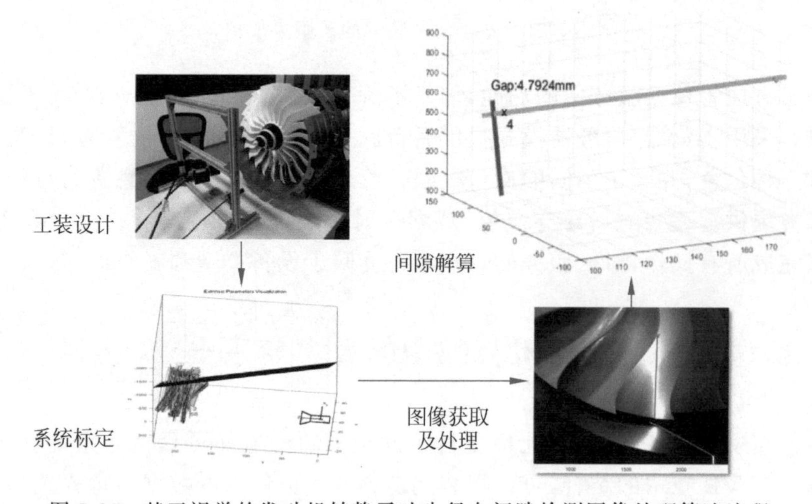

图7-23　基于视觉的发动机转静子叶尖径向间隙检测图像处理算法流程

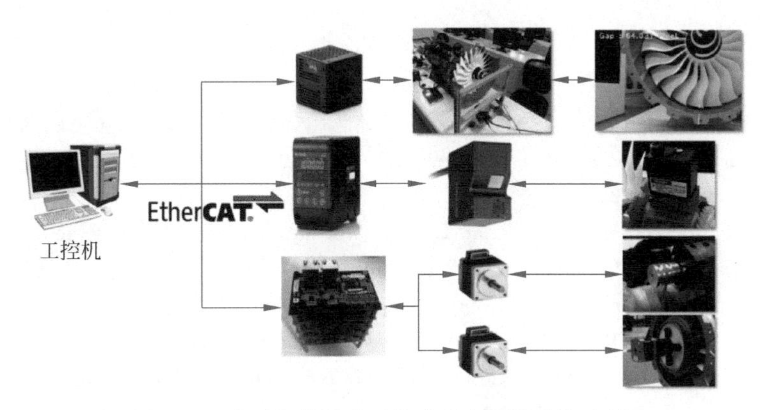

图 7-24　发动机整机多元传感融合测量系统示例

7.4.2　发动机装配信息融合与可视化软件系统

装配工艺信息的可视化是数字孪生子系统的核心功能。它是针对测量系统传输过来的实时测量工艺参数,实现多类可视化的方法。如图 7-25 所示,以转静子间隙参数为例,可以有三类不同的可视化效果。其他几何装配误差的数字化容差也可以使用类似的表达方法。在未来发动机真实运行状态中,测量系统的检测数据,以及工艺参数可视化软件系统,可用于研究发动机动态性能的评估,探究发动机整体装配状态的评估。

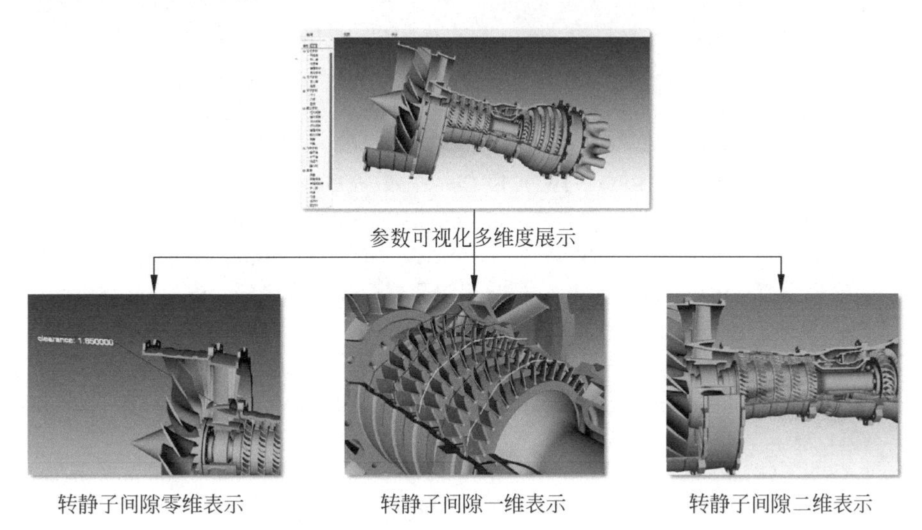

图 7-25　装配信息可视化表达方法示例

参考文献

[1] LU Y,LIU C,KEVIN I, et al. Digital Twin-driven smart manufacturing: Connotation, reference model, applications and research issues[J]. Robotics and Computer-Integrated Manufacturing,2020,61: 101837.

[2] TAO F,ZHANG H,LIU A,et al. Digital twin in industry: State-of-the-art [J]. IEEE Transactions on Industrial Informatics,2018,15(4): 2405-2415.

[3] STEP Tools Inc,Digital Twin Machining[EB/OL]. [2019-11-14]. https://www. steptools. com.

[4] CAI Y,STARLY B,COHEN P, et al. Sensor data and information fusion to construct digital-twins virtual machine tools for cyber-physical manufacturing [J]. Procedia manufacturing,2017,10: 1031-1042.

[5] VACHÁLEK J,BARTALSKÝ L, ROVNÝ O, et al. The digital twin of an industrial production line within the industry 4. 0 concept[C]// 2017 21st international conference on process control (PC). IEEE,2017: 258-262.

[6] CORONADO P D U,LYNN R, LOUHICHI W, et al. Part data integration in the Shop Floor Digital Twin: Mobile and cloud technologies to enable a manufacturing execution system[J]. Journal of manufacturing systems,2018,48: 25-33.

[7] RIKARD S,KRISTINA W,CARLSON J S, et al. Toward a Digital Twin for real-time geometry assurance in individualized production[J]. CIRP Annals,2017,66(1): 137-140.

[8] TAO F,ZHANG M,LIU Y,et al. Digital twin driven prognostics and health management for complex equipment[J]. Cirp Annals,2018,67(1): 169-172.

[9] HUNT W,VOELECKER H. An exploratory study of automatic verification of programs for numerically controlled machine tools[J]. The University of Rochester, 1982.

[10] SPENCE A D,ALTINTAS Y. A Solid Modeller Based Milling Process Simulation and Planning System [J]. Journal of Engineering for Industry-Transactions of the Asme,1994, 116(1): 61-69.

[11] O'CONNELL J M,JABLOKOW A G. Construction of solid models from NC machining programs[J]. ASME Production Engineering Division(Publication),1993,64: 157-166.

[12] EI-MOUNAYRI H, SPENCE A D, ELBESTAWI M A. Milling process simulation-A generic solid modeller based paradigm [J]. Journal of Manufacturing Science and Engineering-Transactions of the Asme,1998,120(2): 213-221.

[13] ARAS E,ALBEDAH A. Extracting cutter/workpiece engagements in five-axis milling using solidmodeler[J]. The International Journal of Advanced Manufacturing Technology, 2014,73(9-12): 1351-1362.

[14] LAZOGLU I,BOZ Y, ERDIM H. Five-axis milling mechanics for complex free form surfaces[J]. CIRP annals,2011,60(1): 117-120.

[15] YAU H T,TSOU L S. Efficient NC simulation for multi-axis solid machining with a universal APT cutter[J]. Journal of Computing and Information Science in Engineering, 2009,9(2).

[16] JOY J,FENG H Y. Frame-sliced voxel representation: An accurate and memory-efficient

modeling method for workpiece geometry in machining simulation[J]. Computer-Aided Design,2017,88: 1-13.

[17] ANDERSON R O. Detecting and eliminating collisions in NC machining[J]. Computer-Aided Design,1978,10(4): 231-237.

[18] LEE S H,LEE K S. Local mesh decimation for view-Independent three-axis NC milling simulation[J]. The International Journal of Advanced Manufacturing Technology,2002, 19(8): 579-586.

[19] KANG M J,LEE S K,KO S L. Optimization of cutting conditions using enhanced z map model[J]. CIRP Annals,2002,51(1): 429-432.

[20] VAN HOOK T. Real-time shaded NC milling display[J]. ACM SIGGRAPH Computer Graphics,1986,20(4): 15-20.

[21] WANG W P,WANG K K. Geometric modeling for swept volume of moving solids[J]. IEEE Computer graphics and Applications,1986,6(12): 8-17.

[22] HUANG Y,OLIVER J H. Integrated simulation, error assessment, and tool path correction for five-axis NC milling[J]. Journal of Manufacturing Systems,1995,14(5): 331-344.

[23] ZHANG W,PENG X,MING C L,ZHANG W. A Novel Contour Generation Algorithm for Surface Reconstruction From Dexel Data[J]. J Comput Inf Sci Eng, 2007, 7(3): 203-210.

第8章

VR/AR在制造领域中的应用

8.1 产品设计

8.1.1 虚拟设计

增强现实技术可以用在汽车、飞机等复杂产品的设计过程中，对设计的美观性、可行性进行评估并优化（图 8-1），主要表现在：

（1）高效反馈。AR 将设计模型与物理模型连接起来，提供了更直观的视觉效果和数据。

（2）高效预览。在应用 AR 技术之前，工程师需要制作多个原型产品进行效果预览。结合 AR 技术后，可以在虚拟环境中进行多种效果预览，节省了时间与制作成本。

（3）更详细的模型细节。通过 AR 技术可以更清晰地呈现不同位置、不同过程、不同制造阶段的详细模型信息。

图 8-1 增强现实技术用于虚拟设计

8.1.2 虚拟样机

狭义的虚拟样机指的是数字样机在计算机图形学领域的应用。然而，随着计算机技术的快速发展，学者和制造行业内对虚拟样机有了新的理解。目前，虚拟样机在工程领域主要描述具有复杂产品结构、复杂环境和技术、面向产品全生命周期的产品，涵盖了数控机床、机器人、医疗设施、航空航天设备、汽车运输交通设备等众多领域。

目前最典型也是最成功的虚拟样机是利用虚拟环境技术成功设计的波音 777 飞机，整个飞机 300 多万个零件全部采用数字化设计，设计过程中使用了数百台工作站，设计师协同设计开发，在关键环节能够通过虚拟现实技术进行观察，并在虚拟样机环境中模拟不同条件下的飞行情况，在没有建造物理样机的前提之下，一次试飞成功，引起了制造业的轰动[1]。

8.2　运营管理

8.2.1　生产系统的运行仿真

AR 智能眼镜在电力系统的远程作业和巡检上有非常成功的案例。当巡检工人遇到超出自身知识范畴的紧急事故或无法独立做出决策的项目时，工人可通过摄像头、智能眼镜等设备以第一视角采集现场图像并传送至远程专家处，专家通过平板、手机、PC 等设备获取第一视角的图像模拟现场观察，然后通过语音或标注的形式将解决方案实时叠加到现场图像上，巡检工人依据叠加信息进行实地操作，极大地减少了沟通和交流成本。

8.2.2　数字工厂

利用 AR 可穿戴设备可以实现生产一线人员作业实时信息采集，包括视频、音频、图像等，为企业大数据战略积累大量的数据，为工厂的数字化运维提供必要可靠的操作数据。例如在工业智能维修辅助项目中，管理人员通过智能终端设备，同时可以和材料系统、工时管理系统、维修系统对接，对生产过程中的若干环节进行管控，保证高效率和高质量。AR 本身的优势不在于创建信息，而是以不同的方式呈现、整合、优化信息和数据。在“工业 4.0”时代，AR 是一个新伙伴，但还需要和其他“伙伴”，如机器人、人工智能、3D 打印、云计算、大数据等一起实现“智能生产”。

8.3　制造过程

8.3.1　增材制造

HTC 公司内容和发行团队 Vive Studios 将和虚拟实境动态追踪技术公司

Sixense 联合开发和制作 MakeVR 应用[2]。MakeVR 在虚拟环境下能够提供专业的 CAD 绘图引擎，为使用者在虚拟环境下提供一个非常专业且具有弹性的建模工具，能够通过交互操作和 Vive 提供的三维空间定位技术，在虚拟环境下享受沉浸式设计。除此之外，设计的产品能够导出为 3D 打印格式，用于 3D 打印，从而缩短了虚拟现实应用与真实制造之间的距离。

8.3.2 虚拟装配与维修

在制造业中，增强现实可以用在机械产品的装配和维修中，南京航空航天大学的赵新灿对此进行了综述[3]。增强现实可以提供可视化的指导信息，详细地将每一个操作步骤以三维图形的形式展现出来，这种方式比手册上的文字图片更加直观。这些图形也可以是动画形式，更直观地呈现操作过程，使得指导效果更好。许多学者对这项技术进行了研究，哥伦比亚大学的 Feiner 等[4]开发了一套适用于激光打印机维修的增强现实原型系统，将虚拟打印机零件绘制到真实打印机图片上，辅助操作者维修安装。他们还研究了如何将真实物体的信息通过增强现实技术呈现给观察者，利用跟踪器定位用户位置，系统将相应可见的真实物体的提示信息显示出来，对用户进行操作指导[5]；新加坡国立大学的 Shen 等[6]研究了如何在协同式增强现实系统中显示各类可视化信息和避免信息重叠的方法；同为新加坡国立大学的 Pang 等研究开发了一个面向装配设计、评价的增强现实环境系统。该系统采用基于立体视频的增强现实技术，将真实零件和虚拟的 CAD 模型合成到一个统一环境中进行装配规划。系统提供了基于数据手套等交互设备对虚拟对象进行选择和操作的功能，采用了基于碰撞检测机制对装配过程进行仿真，装配过程设计有约束运动引导，零件的最终精确定位利用“虚拟磁力”来实现[7]；芬兰 VTT 技术研究中心在增强现实应用基础方面展开了深入研究，Tapio 等[8]专门设立了一个关于增强装配的项目 AugAsse，其主要目标即是研究利用增强现实技术提高装配工作的效率；Dirk 等[9]将增强现实技术用于汽车门锁的安装，该系统能够指导不具备任何操作经验的用户一步步完成复杂汽车门锁的安装工作，在安装过程中用户还可以通过语音识别与系统进行交互式对话；北京航空航天大学机器人研究所开发了基于增强现实的机器人遥操作系统[10]。

20 世纪 90 年代初期，美国波音公司率先将增强现实技术应用于飞机制造过程中的电力线缆连接和接线器装配，搭建了世界上第一套投入使用的增强现实系统。该系统使用光学透视式头盔作为显示设备，通过在工人的视野中叠加布线路径或文字等辅助信息，引导工人完成飞机制造过程中的电力线缆连接和接线器装配工作，其研究成果引人注目。此后波音公司在制造过程中结合了可视化、计算机视觉、光学跟踪系统等技术实现 AR 的综合应用。如图 8-2 所示，波音将增强现实应用于 737CFM56-7B 发动机的引擎系统中对工人进行操作指导与辅助，节省了 17%的装配时间并提高了 24%的良率[11]。

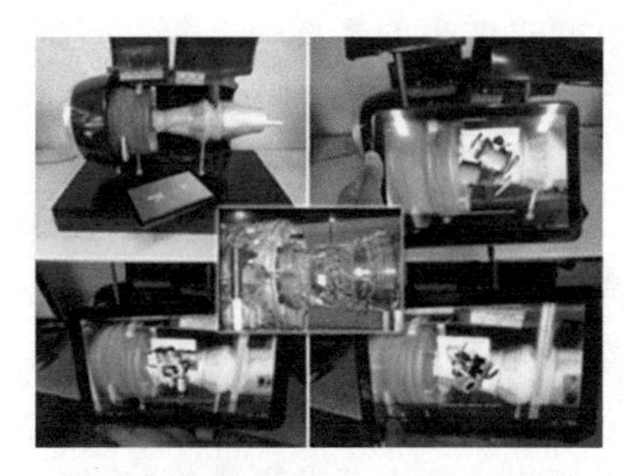

图 8-2　波音将增强现实用于发动机操作指导[9]

与此同时法国空客公司对增强现实技术也有长足的应用研究。例如，图 8-3(a)中空客公司利用基于二维标识的增强现实技术在安装供水管道的过程中一步一步地对工人进行安装指导，代替查阅纸质文档的过程，操作过程更加直观；图 8-3(b)中，与戴姆勒克莱斯勒公司合作，对座舱内布局进行可视化规划模拟，有效降低了返工率和时间成本；图 8-3(c)中，空客在 A400M 型号飞机的总装配线上借助基于移动终端的增强现实技术，针对线缆接口的安装过程对操作工人进行可视化装配辅助与指导，相比原来的工作模式在效率上得到了很大提高，大幅减少了培训成本[12]。

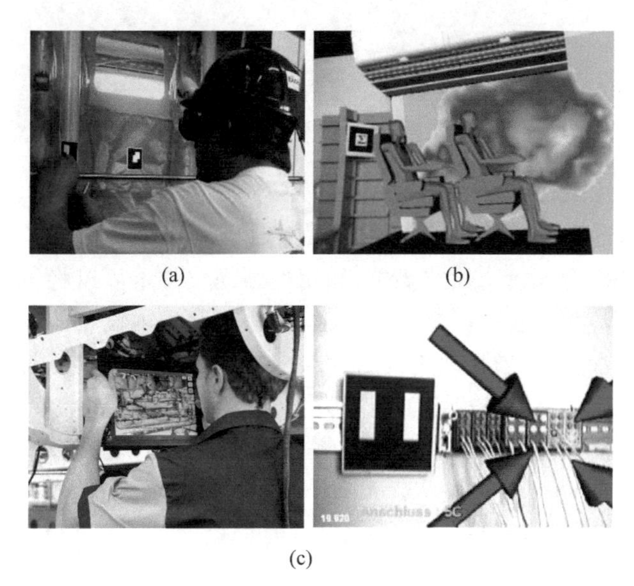

图 8-3　增强现实在法国空客公司的应用[11]

(a) 供水管道安装指导；(b) 座舱布局规划；(c) A400M 总装过程线缆管路安装指导

美国国家航空航天局（National Aeronautics and Space Administration，NASA）也对增强现实技术进行了大量应用研究[13]。例如利用平面显示器或透视式头盔将矢量图形和文字符号叠加到飞行员的视野中，提供导航和瞄准信息，以及

NASA HoloLens

接收指挥部用远程通信的方式传来的指挥命令等。近期 NASA 将微软公司的增强现实眼镜 HoloLens[14]带入太空进行实验性应用,也表明其对于增强现实技术的高度重视。

德国 Starmate 系统[15]和 Arvika 系统[16]的研制成功,同样展示了增强现实技术在复杂机电系统维修、装配领域的巨大应用潜力。Starmate 项目由欧洲共同体资助,由隶属于西班牙、意大利、法国的六家公司和一个德国的研究所共同主持,主要用于指导使用者完成设备组装和维修工作,以及对使用者进行操作培训。如图 8-4 所示为 Starmate 系统用于航空发动机维修,系统将维修流程按照工作进度准确地展示给工人,引导工人逐步完成维修任务。系统通过头盔式显示器将多种辅助信息展现给工人,包括被维修设备零件图、被维修设备的内部结构、虚拟仪表面板等,对于工人而言这些虚拟信息比文字形式的安装手册更加生动且易于理解。Arvika 项目由德国教育研究部资助,主要面向飞机汽车的装配与维修。欧洲航空防务与航天公司利用 Arvika 系统解决某型战斗机的布线问题成为一个经典案例,操作人员可以通过语音调用虚拟信息,依照每步的提示完成复杂的布线工作。

图 8-4　增强现实技术用于航空发动机维修与布线[14]

飞机驾驶舱布局复杂,显示和控制设备数目多,在前期设计阶段需要同时满足功能性要求和符合人机功效的要求,利用增强现实技术可以将设计对象信息和驾驶舱的真实环境相融合并反馈给设计人员,为驾驶舱内设备的设计和规划提供更科学的辅助手段[17]。增强现实技术对未来航空产品的设计与制造也将产生深远影响。早期航空产品设计以手工制图为主,随着计算机技术的发展,计算机辅助设计逐渐取代手工制图的方式。若在计算机辅助设计中采用增强现实技术,将真实场景和虚拟模型结合起来进行产品设计,对虚拟产品进行构思、测试、验证和分析,就可以打通设计和制造之间的壁垒,使得航空产品的设计和更改成本大幅降低。

8.3.3　质量检测

在制造过程中,增强现实技术可以用来进行质检。在每个制造环节中对生产质量进行检测,提前发现质量问题,减少返工率。例如,保时捷升级了其在莱比锡城和楚芬豪森的工厂,称之为 Porsche Production 4.0。早在 2011 年,法国空客公司开始使用基于增强现实技术的质量评估(quality assessment,QA)工具——智能增强现实工具(smart augmented reality tool,SART)。从那时起,SART被安装在大约100台设备上供超过1000名工人日常使用,如图8-5所示。

图8-5 法国空客公司的SART

8.3.4 工业仿真

随着现代制造业的发展,产品构造变得复杂多变,采用传统的三维设计软件已经难以满足设计者的需求。虚拟现实技术逐渐应用于工业仿真领域,设计者能够在沉浸式环境中进行设计和验证,能够采用交互方式动态修改产品,从不同角度观察产品,使得工业设计水平发生了质的改变。

工业仿真建立在虚拟仿真平台基础上,但是工业仿真不仅仅是虚拟场景的漫游。除了视觉上展示真实感的图形图像之外,还能够对真实世界的物理现象进行逼真的模拟,此外还需要包含多种输入和输出设备。工业仿真对上述内容进行集成,能够将工业领域的每一个工作流程进行高精度的展示,并提供动态交互手段进行调整和修改。

工业仿真通常包含四部分:虚拟设计、虚拟装配、虚拟培训和虚拟实验。虚拟设计是借助于虚拟现实技术、网络技术和产品数据管理技术等完成产品建模过程,有助于产品设计的迭代优化。传统工业设计中,最终对产品进行设计优化及性能分析检验,必须依靠物理样机。但物理样机的制作周期长,成本耗费高。虚拟现实技术的应用,使得数字化样机代替物理样机成为可能,不仅可同时由不同学科的设计人员分工设计产品的不同部分,在产品设计的初步方案确定后还能进行性能分析、有限元分析等,并能对仿真分析结果实时提出改进措施,从而实现了更低的研发成本和更短的研发周期。虚拟装配是在产品真实装配之前,采用虚拟现实技术进行模拟装配的过程,能够全方位的检查零部件之间的装配状态,降低装配返工率。虚拟培训是采用虚拟现实技术帮助初学者熟悉实际工作流程,能够极大降低企业的培训成本。虚拟实验是在虚拟现实环境中对产品的设计进行模拟验证的方法,也称为虚拟样机技术,通过虚拟实验能够对产品在真实世界的运行情况进行真实模拟,具有安全、可靠、成本低等特点。目前,虚拟现实技术已经应用在了不同的工业仿真领域,如航空航天领域、汽车领域、船舶领域。

1. 虚拟仿真在航空航天领域的应用

1) 波音公司

波音公司从20世纪90年代初就开始探讨虚拟现实技术在航空航天领域的应用,2006年,波音787梦幻飞机的虚拟下线,成为数字化制造史上的一个里程碑,如图8-6所示。采用全数字化的设计和先进的虚拟仿真技术,一架完整、逼真的波音787飞机出现在发布会现场的大屏幕上。整架飞机的数据量达到16TB,存储在

图 8-6　波音 787 虚拟下线[18]

位于 Bellevue 的计算机服务器上，可供分布于全球的波音主要合作伙伴使用。波音 787 的虚拟下线，极大地提高了制造装配的质量和效率，型号研制时间缩短了 1 年，节约开支约 20%。

2）空客公司

21 世纪初，空客就采用 Power Wall 对飞机客舱进行设计评估，并于 2007 年建设了一个 7.5m×3.0m× 3.0m（长×宽×高）的大型五面 CAVE 系统，采用了 16 台 Christie LU77 投影机（图 8-7），开展设计评估和人机工效分析。为了保证完美的沉浸感，没有在屏幕上开口安装动捕像头，而是把动捕相机安装在 CAVE 的入口处，这样的设计方案，使得运动跟踪的效果难以保证。

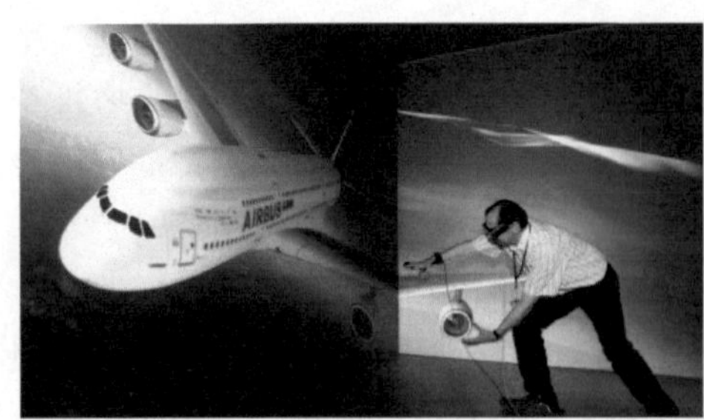

图 8-7　空客公司的 CAVE 系统及 VR 在飞机装配中的应用[19]

随着工业 4.0 和智能制造的持续升温，空客公司积极布局未来智能工厂，将其先进的智能制造理念拍摄成视频，受到全球高端制造业的广泛关注。在智能制造中，一个关键的理念是虚实一体化，通过物联网，做到实（真实物体）与虚（数字模型）的 1∶1 对应（图 8-8）。在这个先进的制造理念中，虚拟现实技术将得到进一步升华。

图 8-8　空客智能制造中的虚实一体化[19]

3）中国商飞

作为大型民机制造业的新人，中国商飞自成立之初就认识到虚拟仿真技术的重要性，先后建设了 ARJ21 飞行模拟机、C919 工程模拟器、半沉浸式虚拟仿真系统和全沉浸式虚拟仿真系统等大型工艺设备，组建了民用飞机模拟飞行、虚拟维修培训、数字仿真、虚拟试飞等方面的实验室和专业团队，积极探索虚拟仿真技术在民机全生命周期中的应用。

中国商飞北京民用飞机技术研究中心（简称北研中心）[20]于 2014 年建成了世界第一个五面全玻璃幕沉浸式虚拟仿真系统 C-CAVE（图 8-9）。该系统大小为 4.48m×3.04m×3.04m（宽×高×深），共 13 个显示通道，其中正幕、顶幕和地幕分别由 3 台专业立体投影机驱动，左幕和右幕分别由 2 台专业立体投影机驱动。

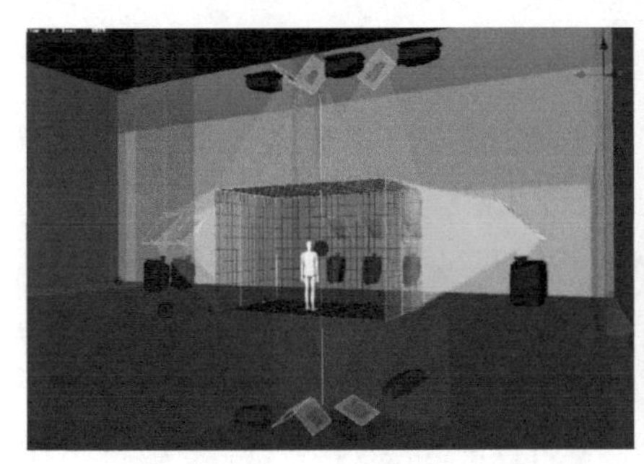

图 8-9　中国商飞北研中心的 C-CAVE 系统

立体图像由渲染集群实时产生，每个渲染节点配备有两块 NVIDIA 专业立体图卡。为了保证图像的传输质量和速度，采用双链路 DVI 接口、矩阵和光纤传输。系统安装有光学运动跟踪设备，可以实时捕捉用户的空间姿态，允许用户与虚拟场景进行自然的交互。

基于 C-CAVE 系统，北研中心的数字仿真实验室先后开展了新一代支线飞机前期论证概念方案 VR 演示、宽体客机前期论证概念方案 VR 演示、ARJ21-700 客舱内饰虚拟选型、C919 线束装配前期工艺 VR 检查、复材机翼可达性仿真验证等工作（图 8-10）。

图 8-10　北研中心基于 C-CAVE 系统开展虚拟仿真工作

北研中心还建设了一个三通道大屏幕系统（图 8-11），采用 3 台高亮度的 Christie 专业立体投影机，18m×4.5m（宽×高）的软幕由美国的 Stewart 公司制造。主要用于大型产品的外观设计评审和多学科综合设计评审。

图 8-11 北研中心的三通道大屏幕系统

4）中航工业

中航工业的各大主机所基本都建设了自己的虚拟现实设备。成都 611 所于 2007 年建设了一个四面 CAVE 系统(尺寸：3.2m×2.4m×2.4m)，采用 4 台 Barco Galaxy 7 投影机，每面屏幕的图像分辨率为 1280×1024。使用约 5 年后，又建设了一个 6 通道四面玻璃幕(底面为亚克力半硬幕)的 CAVE 系统(图 8-12)，大小为 7.0m×2.5m×2.5m，采用了 6 台 Barco Galaxy NW12 投影机。

阎良 603 所于 2010 年建设了国内第一套五面 CAVE 系统(图 8-13)，采用亚克力硬幕背投，5 台 Barco Galaxy NW12 投影机，每面分辨率 1920×1200，CAVE 空间大小为 3.84m×2.4m×2.4m。

图 8-12 成都 611 所的 6 通道四面 CAVE 系统

图 8-13 阎良 603 所的五面 CAVE 系统

沈阳 601 所于 2011 年建设了一个四面 CAVE(图 8-14)，采用背投软幕(地幕为正投硬幕)，4 台 Christie Mirage WU 7K-M 立体投影机，空间大小为 4.0m×2.5m×2.5m(宽×高×深)，动捕系统是德国 ART 公司的产品，还采购了数据衣和数据手套等辅助设备。

图 8-14 沈阳 601 所的四面 CAVE 系统

2. 虚拟仿真在轨道交通中的应用

随着轨道交通产品在国内外的竞争日益

激烈,①乘客的舒适感对于产品的市场竞争力会越来越重要;②为追求绿色环保,对产品的气动外形和结构的轻量化的要求越来越苛刻;③日常维护工作的效率、质量以及运营人员的培训,对于产品的市场成功会更加重要。这些因素使得虚拟现实、增强现实技术在轨道交通制造业中的应用前景看好。

1) 庞巴迪

庞巴迪将虚拟现实技术应用于外观的设计评审(图 8-15),还基于 VR 大屏幕系统、数据手套和虚拟装配软件 ICIDO,对产品可装配性进行分析,以更早地发现制造中的潜在问题。采用虚拟现实技术极大地缩短了产品的开发周期。

图 8-15　虚拟现实技术在庞巴迪的应用示例[21]

2) 青岛四方

中车四方股份公司(简称青岛四方)于 2010 年建设了一套 12 通道的四面 CAVE 系统(图 8-16),成像区空间为 6.56m×2.80m×2.67m (宽×高×深),正面 6 个显示通道(上下两排,每排 3 个投影机),左面、右面和地幕各两个显示通道。投影机采用的是 Barco Galaxy NW12(分辨率 1920×1200,12 000lm),玻璃幕和支撑结构也是 Barco 的产品。

3. 虚拟仿真在汽车制造中的应用

汽车制造商也在采用虚拟现实技术提升用户体验以及行业竞争力。

图 8-16　青岛四方的 12 通道四面 CAVE 系统的外观图[22]

1) 欧洲汽车

英国的宾利(Bentley)公司,在过去的 15 年里持续对虚拟现实技术的应用投入,将虚拟仿真技术的应用逐步向产品开发的上游推进,使得新型车的开发周期从原本的 54 个月,缩短至 48 个月,经济效益显著。宾利公司对虚拟现实技术的研究采取开放式策略,充分利用政府的产业支持,与科研机构和高新企业长期密切合作,分步骤地开展了车身设计评估、车内布局和内饰的评估、人机工效分析、炫光仿真、虚拟装配等方面的应用研究,力争产生实效。图 8-17 为基于大屏和虚实结合的车内设计评估。

图 8-17　宾利公司采用 VR 技术进行车内设计评估和人机工效分析[23]

德国梅塞德斯-奔驰(Mercedes-Benz)公司很早就建设了自己的大型虚拟现实系统(图 8-18),包括多视窗大屏幕和沉浸式虚拟仿真系统 CAVE。从图中可以明显看出,奔驰的 VR 应用水平非常高,不仅硬件环境优良,三维数模的处理、材质和灯光的虚拟仿真也都具有极高的专业水准。

图 8-18　基于 VR 的奔驰汽车车身和内饰的设计评审[24]

法国的标致雪铁龙公司从 1999 年就开始使用虚拟现实设备,拥有一个五面 CAVE 系统,如图 8-19。为了高分辨率地实时渲染日益增大的汽车 CAD 数模,与 Scalable Graphics 公司合作,采用开放式的渲染图形集群架构。

瑞典沃尔沃(Volvo)公司于 2016 年建设了一套Ⅵ级汽车驾驶模拟器(图 8-20),旨在新型汽车开发的早期就融入驾驶者的体验,充分实现以人为本的设计理念。一

图 8-19　标致雪铁龙公司的五面 CAVE 系统[25]

图 8-20　沃尔沃公司的Ⅵ级驾驶模拟器[26]

个高分辨率(12.3MP)的弧幕提供高真实感的视景,DiM运动平台为用户提供运动反馈。该系统可以提供真实的驾驶体验,还可用于测试新的主动安全控制算法。

2) 日本汽车

日本本田(Honda)公司除了将虚拟现实技术用于车身设计和用户体验(图8-21),还把传统的数值仿真与虚拟现实结合,开展汽车碰撞的虚拟仿真试验(图8-22)。

图8-21 本田公司虚拟现实技术在用户体验中的应用[27]

图8-22 本田开展的虚拟碰撞试验[28]

3) 美国汽车

美国福特(Ford)公司和通用(GM)公司从2000年开始探讨虚拟现实技术的应用,如图8-23。最近几年,随着VR头盔等新工具的出现,VR已不仅仅局限于汽车外形设计方面,而是越来越多地进入汽车研发的关键环节。福特公司的浸没实验室(immersion laboratory)建有高分辨率的大屏(power wall)和沉浸式的CAVE系统,已对约200个虚拟车辆原型开展了分析,积累了丰富的VR应用经验。

图8-23 通用公司和福特公司的VR应用

4）中国汽车

国内汽车制造企业对于虚拟现实技术的应用，主要以基于大屏幕的设计评估为主，北汽、上汽、一汽等汽车制造企业都建设了大屏幕系统（图 8-24）。

图 8-24　上汽的大屏幕虚拟现实系统

参考文献

[1] LIOU F W. Rapid prototyping and engineering applications: a toolbox for prototype development[M]. Taylor & Francis: Crc Press, 2007.

[2] MakeVR. The most immersive CAD-based modeling tool[EB/OL]. [2019-11-14]. https://www.viveport.com/9e94a10f-51d9-4b6f-92e4-6e4fe9383fe9.

[3] 赵新灿. 增强现实维修诱导系统关键技术研究[D]. 南京：南京航空航天大学，2007.

[4] FEINER S, BLAIR M. Knowledge-based augmented reality[J]. Communications of the ACM, 1993, 36(7): 52-62.

[5] FEINER S, BLAIR M, MARCUS H, et al. Windows on the world: 2D windows for 3D augmented reality[C]//Proceedings of UIST, 1993, 145-155.

[6] SHEN Y, ONG S K, NEE A Y C. Product information visualization and augmentation in collaborative design[J]. Computer-Aided Design, 2008, 40(9): 963-974.

[7] PANG Y, NEE A Y C, KAMAL Y, et al. Assembly design and evaluation in an augmented reality environmen[C]//Singapore-MIT Alliance Symposium, 2005.

[8] TAPIO S, SAASKI J, HAKKARAINENM, et al. Demonstration of assembly work using augmented reality[C]//CIVR'07, Amsterdam, The Netherlands, 2007, 7: 120-123.

[9] DIRK R, STRICKER D, KLINKER G. et al. Augmented reality for construction tasks: doorlock assembly[C]//Proceeding of IWAR, 1998: 31-46.

[10] 朱广超，王田苗，丑武胜，等. 基于增强现实的机器人遥操作系统研究[J]. 系统仿真学报，2004, 16(5): 943-946.

[11] MENIE. Boeing's working on augmented reality which could change space training, ops [J]. Boeing Frontiers, 2006, 10: 21.

[12] SERVÁN J, MAS F, MENÉNDEZ J L, et al. Assembly work instruction deployment using augmented reality[C]//Key Engineering Materials. Trans Tech Publications Ltd, 2012, 502: 25-30.

[13] NASA. NASA AR work[EB/OL]. [2019-11-14]. http://www.nasa.gov/externalflash/

3DV/augmented_reality. html.

[14] Microsoft. Hololens[EB/OL]. [2019-11-14]. http://www. microsoft. com/microsoft-hololens/en-us.

[15] SCHWALD B,FIGUE J,CHAUVINEAU E, et al. STARMATE: Using augmented reality technology for computer guided maintenance of complex mechanical elements[J]. E-work and ECommerce,2001,1: 196-202.

[16] SCHWALD B,LAVAL B. An augmented reality system for training and assistance to maintenance in the industrial context[J]. Journal of WSCG,2003,11(1): 425-432.

[17] BARATOFF G,REGENBRECHT H. Developing and applying AR technology in design production, service, and training [J]. Virtual and Augmented Reality Applications in Manufacturing,2004: 207-236.

[18] Boeing. Boeing 787 dreamliner [EB/OL]. [2019-11-14]. https://www. seattlepi. com/business/article/Virtual-rollout-of-the-787-1221725. php.

[19] Airbus. Virtual reality in Airbus[EB/OL]. [2019-11-14]. https://airinsight. com/airbus-3d-virtual-reality-powerwall/.

[20] COMAC. Virtual reality in COMAC[EB/OL]. [2019-11-14]. http://www. comac. cc/xwzx/gsxw/201504/10/t20150410_2442893. shtml.

[21] Bombardier. Virtual reality in Bombardier[EB/OL]. [2019-11-14]. https://ar-tracking. com/en/solutions/case-studies/simulation-training/bombardier-germany s.

[22] 青岛四方.青岛四方虚拟现实系统[EB/OL]. [2019-11-14]. http://www. projector-window. com/dealer-news/beijing/wincomn/wincomn-200420. htm.

[23] Bently. Virtual reality in Bently[EB/OL]. [2019-11-14]. https://www. hartree. stfc. ac. uk/Pages/Supporting-new-automotive-product-design. aspx.

[24] Mercedes-Benz. Virtual reality in Mercedes-Benz M-class interior[EB/OL]. [2019-11-14]. https://www. carbodydesign. com/image-library/designers-at-work-virtual-reality/.

[25] Peugeot Citroen. NVIDIA Quadro Powers VR for PSA Peugeot Citroen[EB/OL]. [2019-11-14]. https://vizworld. com/2011/05/nvidia-quadro-powers-vr-psa-peugeot-citron/.

[26] Volvo. VI-grade's DiM Driving Simulator at Volvo Car Group [EB/OL]. [2019-11-14]. https://www. barco. com/pt/customer-stories/2016/q1/2016-01-21%20-%20vi%20grade%20volvo.

[27] Honda. Honda invests in revolutionary driving simulator for future R&D activities[EB/OL]. [2019-11-14]. https://hondanews. eu/eu/no/cars/media/pressreleases/123982/honda-invests-in-revolutionary-driving-simulator-for-future-randd-activities.

[28] Honda. Honda leads industry-first development of visualization technology to advance study of crash test simulations[EB/OL]. [2019-11-14]. https://www. automotiveworld. com/news-releases/honda-leads-industry-first-development-visualization-technology-advance-study-crash-test-simulations/.